油田企业岗位技能操作标准化培训教程

采　油　工

吴登亮◎主编

中国石化出版社

图书在版编目（CIP）数据

采油工／吴登亮主编. — 北京：中国石化出版社，2021. 5
油田企业岗位技能操作标准化培训教程
ISBN 978-7-5114-6267-1

Ⅰ. ①采… Ⅱ. ①吴… Ⅲ. ①石油开采-技术培训-教材 Ⅳ. ①TE35

中国版本图书馆 CIP 数据核字（2021）第 087860 号

中国石化出版社出版发行
地址：北京市东城区安定门外大街 58 号
邮编：100011　电话：(010)57512500
发行部电话：(010)57512575
http://www. sinopec-press. com
E-mail：press@ sinopec. com
北京柏力行彩印有限公司印刷
全国各地新华书店经销
*
787×1092 毫米 16 开本 23. 5 印张 587 千字
2021 年 6 月第 1 版　2021 年 6 月第 1 次印刷
定价：138. 00 元

编　委　会

前　言

当前，中国石化西北油田分公司（以下简称“西北油田”）已迈入持续高质量发展的新征程。在改革发展的新起点、新征程上，人才是促进产业经济发展最重要的资源，因此要走好高质量发展之路，就必须对涵养好人才这一“源头活水”提出更高的要求。

为持续推进西北油田人才供给侧改革，全面实施人才强企工程和“3367”人才培养工程，本书为满足西北油田员工培训、职业技能鉴定、职业技能竞赛、验证式考核的实际需求，结合西北油田技能人才队伍建设规划，人力资源部及西北石油职业技能鉴定站以通用性、技术性、先进性、安全性、可操作性为原则，组织采油一厂、采油二厂、采油三厂、雅克拉采气厂编写了《油田企业岗位技能操作标准化培训教程》，对进一步提高技能操作人员专业知识和专业能力，打造一支适应新形式下油公司发展目标的技能人才队伍，不断提升技能人才能力素质，具有较强的现场实际操作性指导作用。

本书的编写以“国家石油石化行业职业资格标准”为依据，同时结合西北油田现场生产运行、装备技术更新等实际情况，与公开出版的《石油石化职业技能培训教程》保持一致。培训教程内容包含初级工、中级工、高级工各级别操作标准，既可以用于员工岗前技能培训，也可用于职业技能鉴定和自我技能水平提升。

本书在编写过程中得到了西北油田各级领导的关心关怀以及各单

位的大力支持和帮助，尤其是毛谦明、吴登亮、杨国宏、赵帅领、梁洪云、刘文杰等同志提出了大量的指导建议。同时，也得到了许多关心和支持西北油田技能操作人才队伍建设和发展的同仁的鼓励和宝贵意见，保证了本书的编纂，在此一并表示衷心的感谢！

由于编写人员水平有限，加之时间仓促，书中难免存在不妥之处，敬请广大读者批评指正。

目　　录

初　级　工

中　级　工

高　级　工

初级工

一、机抽掺稀井填写班报表

1. 考核要求

（1）必须穿戴劳动保护用品。
（2）工具、量具、用具准备齐全，正确使用。
（3）操作规程符合安全文明操作。
（4）按规定完成操作项目，质量达到技术要求。
（5）操作完毕，做到“工完、料净、场地清”。

2. 准备要求

（1）设备准备：

序 号	名 称	规 格	数 量	备 注
1	抽油机井	14 型	1 口	

（2）材料准备：

序 号	名 称	规 格	数 量	备 注
1	大布		2 块	
2	手套		2 双	
3	绝缘手套		1 副	

（3）工具、用具准备：

序 号	名 称	规 格	数 量	备 注
1	报表		若干	
2	钟表		1 块	
3	记录笔		1 支	
4	计算器		1 个	
5	钳形电流表		1 块	
6	试电笔		1 支	

3. 操作程序说明

1）检查流程
（1）检查井口流程开、关是否处于正常状态。

（2）检查各处流程有无“跑、冒、滴、漏”现象。

（3）机抽井检查盘根盒渗漏情况。

2）检查压力表及录取压力

（1）检查压力表量程是否合适，在1/2~2/3。

（2）检查压力表合格证、铅封、校验日期是否合格。

（3）检查外观是否清洁完好、刻度是否清晰。

（4）依次录取油压、套压、回压、井温等数据，并作好记录，录取时确保眼睛、表盘、指针三点一线。

（5）当压力波动较大时，取平均压力。

3）检查钳形电流表

（1）检查合格证、校验日期是否合格。

（2）检查电流表是否外观完好、无破损、裂痕、钳口清洁无油污，闭合良好。

（3）量程调至合适挡位。

4）录取电动机电流

（1）先用试电笔测试配电柜是否漏电，确认安全后，戴好绝缘手套打开配电柜。

（2）戴绝缘手套持钳形电流表，分开钳口，选择导线测量。

（3）所测导线垂直居中于钳口内，不得与其他导线接触，分别读取上、下行程峰值电流值。

（4）读取完毕后，关闭钳形电流表，并做好记录。

5）填写班报表、清理场地

（1）填写表头(队别、日期、井别、生产制度)。

（2）填写生产数据(巡检时间、油压、套压、回压、温度、电流、掺稀量等参数)。

（3）若有作业，填写好备注。

（4）取油样、值班人员签字。

（5）清洁现场，收拾工具。

4. 考核规定说明

（1）如发现操作过程中可能发生重大违章(如人身伤害、环境污染、设备损坏等)，将终止操作。

（2）考核采用百分制，考核项目得分按鉴定比重进行折算。

（3）考核方式说明：本项目为实际操作题，考核过程按评分标准及操作过程进行评分。

（4）考评技能说明：本项目主要测试考生对机抽掺稀井填写班报表技能掌握的熟练程度。

5. 考核时限

（1）准备工作：1min(不计入考核时间)。

（2）正式操作时间：10min。

（3）提前完成操作不加分，到时终止操作考核。

6. 评分记录表

机抽掺稀井填写班报表评分记录表

操作时间：10min　　　　考生：　　　　操作用时：

序号	考核内容	操作规程	评分要素	评分标准	配分	扣分	得分
1	准备	1. 穿戴好劳动保护用品； 2. 准备工具、用具：大布、手套、绝缘手套、报表、钟表、记录笔、计算器、钳形电流表、试电笔	准备工具、量具、用具	1. 劳动保护用品穿戴不规范扣5分； 2. 未准备工具及材料扣5分，多、少准备一件扣1分	5		
2	检查流程	1. 检查井口流程开、关是否处于正常状态； 2. 检查各处流程有无“跑、冒、滴、漏”现象； 3. 机抽井检查盘根盒渗漏情况	对生产流程的检查，确认生产安全	1. 未检查井口流程扣5分； 2.“跑、冒、滴、漏”一处未检查到位扣2分； 3. 机抽井不检查盘根盒渗漏情况扣5分	15		
3	检查压力表及录取压力	1. 检查压力表量程是否合适，在1/2~2/3之间； 2. 检查合格证、铅封、校验日期是否合格； 3. 检查外观是否清洁完好、刻度是否清晰； 4. 依次录取油压、套压、回压、井温等数据，并做好记录； 5. 当压力波动较大时，取平均压力	压力表的检查、读数、录取数据	1. 1~3条漏检查一项扣2分。 2. 依次录取油压、套压、回压、井温等数据，少1项扣5分。 3. 参数录取错误、读取数据错误，一项扣5分； 4. 当压力波动较大时，不取平均压力扣3分	20		
4	检查钳形电流表	1. 检查合格证、校验日期是否合格； 2. 检查电流表是否外观完好、无破损、裂痕、钳口清洁无油污，闭合良好； 3. 量程调至合适挡位	电流表的检查、读数、录取数据	1. 1~2条漏检查一项扣2分，不检查该项不得分； 2. 未由大向小选择量程扣5分； 3. 量程选择不合适扣5分	20		

续表

序号	考核内容	操作规程	评分要素	评分标准	配分	扣分	得分
5	录取电动机电流	1. 先用试电笔测试配电柜是否漏电，确认安全后，戴好绝缘手套打开配电柜； 2. 戴绝缘手套持钳形电流表，分开钳口，选择导线测量； 3. 所测导线垂直居中于钳口内，不得与其他导线接触，分别读取上、下行程峰值电流值； 4. 读取完毕后关闭钳形电流表，并做好记录	抽油机上、下行电流的测量方法和钳形电流表的使用	1. 未验电扣5分；验电方法不正确扣3分；未戴绝缘手套开柜门扣5分； 2. 未戴绝缘手套持钳形电流表开始测量扣5分；导线选择错误扣10分； 3. 所测导线不垂直居中扣5分，与其他导线接触扣5分； 4. 电流数据读取错误，一次扣5分，未读取峰值数据一次扣5分；读取完毕后不关闭钳形电流表扣5分； 钳形电流表与导线未分离调换挡位或关闭电流表扣10分	25		
6	清理场地，填写报表	1. 清洁现场，收拾工具； 2. 做好相应记录	填写班报表，收拾工具，清洁场地	1. 未清理现场扣5分；工具少收一件扣2分； 2. 未填写报表扣5分	15		
7	安全文明操作	1. 遵守国家或企业有关安全规定； 2. 操作过程中严格遵守“四不伤害”原则	遵守国家或企业有关安全规定	1. 每违反一项规定，从总分中扣5分； 2. 因操作不当造成人身伤害、环境污染、设备损坏，从总分中扣20分； 3. 严重违规终止操作			
备注							
合　计					100		

考评员：　　　　　　　　　　核分员：　　　　　　　　　　年　月　日

二、油井井口取油样操作

1. 考核要求

（1）必须穿戴劳动保护用品。

（2）工具、量具、用具、安全仪表、安全设备准备齐全，正确使用。

（3）操作规程符合安全文明操作。

（4）按规定完成操作项目，质量达到技术要求。

（5）操作完毕，做到“工完、料净、场地清”。

2. 准备要求

（1）设备准备：

序 号	名 称	规 格	数 量	备 注
1	生产井口	机抽井或自喷井	1套	

（2）材料准备：

序 号	名 称	规 格	数 量	备 注
1	大布		2块	
2	手套		2副	

（3）工具、用具准备：

序 号	名 称	规 格	数 量	备 注
1	取样瓶		1个	
2	污油桶		1个	
3	取样标签		若干	
4	笔		1支	

（4）气防设施准备：

序 号	名 称	规 格	数 量	备 注
1	硫化氢检测仪		1台	含硫井须携带
2	正压式空气呼吸器		1套	含硫井须携带

3. 操作程序说明

1）检查流程

（1）检查井口流程无“跑、冒、滴、漏”现象。

(2) 检查取样阀完好，能满足取样要求。

(3) 取样前观察风向。

(4) 取样时必须做好自身防护工作，劳保必须穿戴整齐。

2) 取油样操作步骤

(1) 取样时人应站在上风口。

(2) 对取样(考克)阀进行清洁。

(3) 缓慢打开取样阀，放尽死油头。

(4) 关闭取样阀。

(5) 取样：缓慢打开取样阀进行取样(所取油样不允许1次取完，至少分3次，每次间隔不少于5min；根据化验要求，采集满足化验要求的油样数量)。

(6) 关闭取样阀，擦净取样瓶与取样(考克)阀上的残油，盖好瓶盖。

3) 填写取样标签、清理场地

(1) 填写取样标签，标签内容：取样时间、取样井号、取样人、取样位置、分析项目等。

(2) 清理现场卫生。

4. 考核规定说明

(1) 如发现操作过程中可能发生重大违章(如人身伤害、环境污染、设备损坏等)，将终止操作。

(2) 考核采用百分制，考核项目得分按鉴定比重进行折算。

(3) 考核方式说明：本项目为实际操作题，考核过程按评分标准及操作过程进行评分。

(4) 考评技能说明：本项目主要测试考生对油井井口取油样技能掌握的熟练程度。

5. 考核时限

(1) 准备工作：1min(不计入考核时间)。

(2) 正式操作时间：8min。

(3) 提前完成操作不加分，到时终止操作考核。

6. 评分记录表

油井井口取油样操作评分记录表

操作时间：8min　　考生：　　操作用时：

序号	考核内容	操作规程	评分要素	评分标准	配分	扣分	得分
1	准备	1. 穿戴好劳动保护用品； 2. 准备工具、用具：大布、手套、取样瓶、污油桶、取样标签若干、笔	准备工具、用具	1. 劳动保护用品穿戴不规范扣5分； 2. 未准备工具及材料扣5分，多、少准备一件扣1分	5		

续表

序号	考核内容	操作规程	评分要素	评分标准	配分	扣分	得分
2	检查流程	1. 检查井口流程无“跑、冒、滴、漏”现象； 2. 检查取样阀是否完好，能否满足取样要求； 3. 取样前观察风向	流程检查	1. 未检查井口流程扣5分； 2. 未检查取样瓶是否干净、清洁、渗漏扣5分； 3. 未观察风向扣5分	20		
3	取油样操作步骤	1. 取样时人站在上风口； 2. 清洁取样（考克）阀； 3. 缓慢打开取样阀，放尽死油头； 4. 关闭取样阀； 5. 取样：缓慢打开取样阀进行取样，所取油样不允许1次取完，至少分3次，每次间隔不少于5min；根据化验要求，采集满足化验要求的油样数量； 6. 关闭取样阀，擦净取样瓶与取样（考克）阀上的残油，盖好瓶盖	按规范取样	1. 未站在上风口扣10分； 2. 未对取样口清洁扣2分； 3. 未放死油扣10分； 4. 未分3次取样扣5分；每次取样间隔少于5min扣5分；取样量不足化验要求的数量扣5分； 5. 未关严取样阀，一次扣2分；取样后未擦净取样瓶与取样阀上的残油，一处扣2分；未盖紧瓶盖扣2分； 6. 取样时油样溅落地面扣5分	50		
4	填写标签，清理 地	1. 规范填写标签； 2. 清洁现场，收拾工具	规范填写取样标签，清洁场地	1. 填写标签，少1项扣2分； 2. 未清理现场扣5分，工具少收或少清洁1件扣2分	25		
5	安全文明操作	1. 遵守国家或企业有关安全规定； 2. 操作过程中严格遵守“四不伤害”原则	遵守国家或企业有关安全规定	1. 每违反一项规定，从总分中扣5分； 2. 因操作不当造成人身伤害、环境污染、设备损坏，从总分中扣20分； 3. 严重违规终止操作			
备注							
合 计					100		

考评员： 核分员： 年 月 日

三、检查更换压力表操作

1. 考核要求

（1）必须穿戴劳动保护用品。
（2）工具、量具、用具准备齐全，正确使用。
（3）操作规程符合安全文明操作。
（4）按规定完成操作项目，质量达到技术要求。
（5）操作完毕，做到“工完、料净、场地清”。

2. 准备要求

（1）设备准备：

序　号	名　称	规　格	数　量	备　注
1	生产流程		1套	

（2）材料准备：

序　号	名　称	规　格	数　量	备　注
1	大布		1块	
2	手套		1副	
3	生料带		1卷	
4	压力表垫片		1个	

（3）工具、用具准备：

序　号	名　称	规　格	数　量	备　注
1	活动扳手		1把	
2	活动扳手		1把	
3	通针		1根	
4	开口扳手	17~19	1把	
5	表接头		1个	
6	污油桶		1个	
7	钢丝刷		1把	
8	压力表		2块	合适量程

3. 操作程序说明

1）检查前准备

（1）检查流程有无“跑、冒、滴、漏”现象。

（2）正确读取更换前压力值。

（3）关闭压力表考克。

（4）泄尽余压(有泄压孔的须通过泄压孔泄压)。

2）更换压力表

（1）检查新压力表(外观完好、在校验期内、铅封完好、指针落零、刻度清晰、丝扣完好无损伤、传压孔无堵塞)。

（2）缓慢卸下旧压力表。

（3）清理表接头及传压孔。

（4）新压力表缠生料带。

（5）检查、更换压力表垫片。

（6）正确安装新压力表。

（7）关闭压力表泄压阀门。

3）试压

（1）缓慢打开压力表考克，对压力表接头进行试压，不渗、不漏为合格。

（2）待压力稳定后，完全打开压力表考克。

（3）录取更换压力表后压力值。

4）清理场地

（1）清洁现场，收拾工具。

（2）填写报表。

4. 考核规定说明

（1）如发现操作过程中可能发生重大违章(如人身伤害、环境污染、设备损坏等)，将终止操作。

（2）考核采用百分制，考核项目得分按鉴定比重进行折算。

（3）考核方式说明：本项目为实际操作题，考核过程按评分标准及操作过程进行评分；

（4）考评技能说明：本项目主要测试考生对检查更换压力表技能掌握的熟练程度。

5. 考核时限

（1）准备工作：1min(不计入考核时间)。

（2）正式操作时间：8min。

（3）提前完成操作不加分，到时终止操作考核。

6. 评分记录表

检查更换压力表操作评分记录表

操作时间：8min　　考生：　　操作用时：

序号	考核内容	操作规程	评分要素	评分标准	配分	扣分	得分
1	准备	1. 穿戴好劳动保护用品； 2. 准备工具：大布、手套、生料带、压力表垫子、活动扳手、活动扳手、通针、开口扳手、表接头、污油桶、钢丝刷、合适量程的压力表	准备工具、用具	1. 劳动保护用品穿戴不规范扣5分； 2. 未准备工具及材料扣5分，多、少准备一件扣1分	5		
2	检查前准备	1. 检查流程有无“跑、冒、滴、漏”现象； 2. 正确读取更换前压力值； 3. 关闭压力表考克； 4. 泄尽余压	检查流程，录取压力	1. 未检查流程扣5分； 2. 未录取换前压力或压力读取错误扣5分； 3. 未关闭阀门泄压扣10分；开关方向错一次扣2分； 4. 未泄尽压力卸表扣20分	25		
3	更换压力表	1. 检查新压力表（外观完好、在校验期内、铅封完好、指针落零、刻度清晰、丝扣完好无损伤、传压孔无堵塞）； 2. 卸下旧压力表； 3. 清理表接头及传压孔； 4. 新压力表缠生料带； 5. 检查、更换压力表垫片； 6. 正确安装新压力表； 7. 关闭压力表泄压阀门	检查更换压力表	1. 不检查新压力表扣15分；漏检查一项扣3分； 2. 卸压力表方向错误扣2分，手抓表盘扣5分； 3. 未清理表接头及传压孔扣5分； 4. 不缠生料带扣5分，方向缠错扣5分； 5. 不检查压力表垫子扣5分； 6. 量程选择不合适扣10分；安装压力表方向错误扣5分； 7. 未关闭泄压阀试压扣20分	40		

续表

序号	考核内容	操作规程	评分要素	评分标准	配分	扣分	得分
4	试压	1. 缓慢打开压力表考克，对压力表接头进行试压，不渗、不漏为合格； 2. 待压力稳定后完全打开压力表考克； 3. 录取更换压力表后压力值	正确倒流程，正确读取压力值	1. 开关考克方向错误一次扣 2 分；未试压该项不得分，渗漏一处扣 5 分； 2. 未完全开启压力表考克扣 10 分； 3. 未录取或压力值录取错误扣 5 分	20		
5	清理场地	1. 清洁现场，收拾工具； 2. 做好相应记录	收拾工具，清洁场地	1. 未清理现场扣 5 分； 2. 工具少收一件扣 2 分	10		
6	安全文明操作	1. 遵守国家或企业有关安全规定； 2. 操作过程中严格遵守“四不伤害”原则	遵守国家或企业有关安全规定	1. 每违反一项规定，从总分中扣 5 分； 2. 因操作不当造成人身伤害、环境污染、设备损坏，从总分中扣 20 分； 3. 严重违规终止操作			
备注							
合 计					100		

考评员： 核分员： 年 月 日

四、调节机抽井定压放气阀操作

1. 考核要求

(1) 必须穿戴劳动保护用品。
(2) 工具、量具、用具准备齐全，正确使用。
(3) 操作规程符合安全文明操作。
(4) 按规定完成操作项目，质量达到技术要求。
(5) 操作完毕，做到“工完、料净、场地清”。

2. 准备要求

(1) 设备准备：

序　号	名　称	规　格	数　量	备　注
1	机抽井口流程		1套	

(2) 材料准备：

序　号	名　称	规　格	数　量	备　注
1	大布		1块	
2	手套		1副	

(3) 工具、量具、用具准备：

序　号	名　称	规　格	数　量	备　注
1	记录纸		1张	
2	笔		1支	
3	活动扳手		1把	
4	污油桶		1个	
5	生料带		1卷	
6	管钳		1把	

3. 操作程序说明

1) 检查流程
(1) 确认套压表完好。
(2) 确认生产流程是否畅通。
2) 调整前准备
(1) 记录参数(油压、套压、回压)。

（2）确认定压放气阀的调整值。

（3）验证放气阀是否灵活好用。

3）调节定压放气阀

（1）缓慢旋转压力调节丝堵，至放气阀开始排气，此时的套压为最高排气压力。

（2）继续调节丝堵，至该井套压设定值，低于设定值时放气阀自动关闭。

（3）对套压与设定值相同仍继续排气的放气阀，应待检维修或更换。

4）清理场地

（1）清洁现场，收拾、清洁工具。

（2）填写报表。

4. 考核规定说明

（1）如发现操作过程中可能发生重大违章（如人身伤害、环境污染、设备损坏等），将终止操作。

（2）考核采用百分制，考核项目得分按鉴定比重进行折算。

（3）考核方式说明：本项目为实际操作题，考核过程按评分标准及操作过程进行评分。

（4）操作技能说明：本项目主要测试考生对调节机抽井定压放气阀技能的熟练程度。

5. 考核时限

（1）准备工作：1min（不计入考核时间）。

（2）正式操作时间：10min。

（3）提前完成操作不加分，到时终止操作。

6. 评分记录表

调节机抽井定压放气阀操作评分记录表

操作时间：10min　　考生：　　操作用时：

序号	考核内容	操作规程	评分要素	评分标准	配分	扣分	得分
1	准备	1. 穿戴好劳动保护用品； 2. 准备工具：记录纸、笔、活动扳手、污油桶、生料带、管钳、大布、手套	准备工具、量具、用具	未准备工具及材料扣10分，多、少准备一件扣2分	10		
2	检查流程	1. 确认套压表完好； 2. 确认生产流程畅通； 3. 记录参数（油压、套压、回压）； 4. 确认定压放气阀的调整值； 5. 验证放气阀是否灵活好用	检查压力表完好，流程畅通	1. 未检查压力表扣10分； 2. 未确认流程畅通扣15分； 3. 未记录参数扣5分，少记录一项扣2分； 4. 未确认放气阀的调整值扣3分； 5. 未检查放气阀扣3分	30		

续表

序号	考核内容	操作规程	评分要素	评分标准	配分	扣分	得分
3	调节定压放气阀	1. 缓慢旋转压力调节丝堵，至放气阀开始排气，此时的套压为最高排气压力； 2. 继续调节丝堵，至该井套压设定值，低于设定值时放气阀自动关闭； 3. 对套压与设定值相同仍继续排气的放气阀，应待检维修或更换	调节定压放气阀的方法是否正确	1. 未缓慢调节丝堵扣10分；调节时未侧身，一次扣5分； 2. 未按设定值(±0.5MPa)调节扣20分； 3. 未判断定压放气阀是否完好扣10分	50		
4	清理场地，填写报表	1. 清洁现场，收拾工具； 2. 填写报表	收拾工具，清洁场地，规范填写报表	1. 未清理现场扣5分，工具少收一件扣2分； 2. 未填写报表扣5分	10		
5	安全文明操作	1. 遵守国家或企业有关安全规定； 2. 操作过程中严格遵守“四不伤害”原则	遵守国家或企业有关安全规定	1. 每违反一项规定，从总分中扣5分； 2. 因操作不当造成人身伤害、环境污染、设备损坏，从总分中扣20分； 3. 严重违规终止操作			
备注							
合计					100		

考评员： 核分员： 年 月 日

五、自喷井巡检操作

1. 考核要求

(1) 必须穿戴劳动保护用品。

(2) 工具、量具、用具、安全仪表、安全设备准备齐全，正确使用。

(3) 操作规程符合安全文明操作。

(4) 按规定完成操作项目，质量达到技术要求。

(5) 操作完毕，做到“工完、料净、场地清”。

2. 准备要求

(1) 设备准备：

序 号	名 称	规 格	数 量	备 注
1	自喷井流程		1套	

(2) 材料准备：

序 号	名 称	规 格	数 量	备 注
1	手套		1副	
2	大布		2块	
3	笔		1支	
4	报表		1张	

(3) 工具、用具准备：

序 号	名 称	规 格	数 量	备 注
1	活动扳手		1把	

(4) 气防设施准备：

序 号	名 称	规 格	数 量	备 注
1	硫化氢检测仪		1台	含硫井须携带
2	正压式空气呼吸器		1套	含硫井须携带

3. 操作程序说明

1）检查准备

（1）必须做好自身防护工作，劳保必须穿戴整齐。

（2）观察风向，对现场进行有毒有害气体检测。

2）自喷井巡检操作步骤

（1）检查流程有无“跑、冒、滴、漏”现象。

（2）录取井口流程油压、套压、回压、井温等参数，并做好记录。

（3）录取井口水套炉流程、炉火、进出口压力、温度、液位等参数，并做好记录。

（4）录取井口控制柜地面安全阀压力、井下安全阀压力(高压油气井)。

（5）检查阀门开、关指示牌是否正确。

（6）根据水套炉出口温度，调整好炉火。

（7）与上次巡检压力、温度等数据进行对比，如有异常及时检查、处理并上报。

3）填写报表，清理场地

（1）将各项参数填入巡检报表。

（2）若对流程或水套炉进行调整，应在报表中进行备注。

（3）清理现场卫生。

4. 考核规定说明

（1）如发现操作过程中可能发生重大违章(如人身伤害、环境污染、设备损坏等)，将终止操作。

（2）考核采用百分制，考核项目得分按鉴定比重进行折算。

（3）考核方式说明：本项目为实际操作题，考核过程按评分标准及操作过程进行评分。

（4）考评技能说明：本项目主要测试考生对自喷井巡检技能掌握的熟练程度。

5. 考核时限

（1）准备工作：1min(不计入考核时间)。

（2）正式操作时间：10min。

（3）提前完成操作不加分，到时终止操作考核。

6. 评分记录表

自喷井巡检操作评分记录表

操作时间：10min　　　　考生：　　　　操作用时：

序号	考核内容	操作规程	评分要素	评分标准	配分	扣分	得分
1	准备	1. 穿戴好劳动保护用品； 2. 工具：活动扳手、硫化氢检测仪、正压式空气呼吸器、笔、报表、手套、大布	准备工具、用具	1. 劳保穿戴不整齐扣5分； 2. 未准备工具及材料扣5分，多、少准备一件扣2分	5		

续表

序号	考核内容	操作规程	评分要素	评分标准	配分	扣分	得分
2	检查	观察风向，对现场进行有毒有害气体检测	按要求配戴正压式空气呼吸器（大于20ppm❶）	未观察风向扣5分，未检测现场有毒有害气体扣10分	15		
3	巡检操作步骤	1. 检查流程有无“跑、冒、滴、漏”现象； 2. 录取井口流程油压、套压、回压、井温等参数，并做好记录； 3. 录取井口水套炉进出口压力、温度、液位等参数； 4. 录取井口控制柜地面安全阀压力、井下安全阀压力（高压油气井）； 5. 检查阀门开关指示牌是否正确； 6. 根据水套炉出口温度，调整好炉火； 7. 与上次巡检压力、温度等数据进行对比，如有异常及时检查、处理并上报	按自喷井巡检内容及步骤进行巡检	1. 未检查流程有无“跑、冒、滴、漏”现象，扣10分； 2. 未录取记录井口参数扣10分，漏一项扣2分； 3. 未录取、记录井口水套炉参数及运行情况扣10分，漏一项扣2分； 4. 未录取井口控制柜参数扣10分； 5. 未根据出口温度调节炉火扣10分； 6. 开关指示牌一处不正确扣2分； 7. 未对比数据扣3分，未上报扣5分	65		
4	填写记录，清理场地	1. 填写报表； 2. 清洁现场，收拾工具	填写报表，收拾工具，清洁场地	1. 未填报表扣10分，少填写1项扣2分； 2. 未清理现场扣5分； 3. 工具少收一件扣除2分	15		
5	安全文明操作	1. 遵守国家或企业有关安全规定； 2. 操作过程中严格遵守“四不伤害”原则	遵守国家或企业有关安全规定	1. 每违反一项规定，从总分中扣5分； 2. 因操作不当造成人身伤害、环境污染、设备损坏，从总分中扣20分； 3. 严重违规终止操作			
备注							
合计					100		

考评员：　　　　核分员：　　　　年　月　日

❶ 1ppm = 10^{-6}。为方便使用，本书仍采用 ppm。

六、自喷井开井操作

1. 考核要求

(1) 必须穿戴劳动保护用品。

(2) 工具、量具、用具、安全仪表、安全设备准备齐全，正确使用。

(3) 操作规程符合安全文明操作。

(4) 按规定完成操作项目，质量达到技术要求。

(5) 操作完毕，做到“工完、料净、场地清”。

2. 准备要求

(1) 设备准备：

序 号	名 称	规 格	数 量	备 注
1	自喷井流程		1套	

(2) 材料准备：

序 号	名 称	规 格	数 量	备 注
1	手套		1副	
2	笔		1支	
3	报表		1张	
4	大布		2块	

(3) 工具、用具准备：

序 号	名 称	规 格	数 量	备 注
1	F扳手		1把	
2	管钳		1把	

(4) 气防设施准备：

序 号	名 称	规 格	数 量	备 注
1	硫化氢检测仪		1台	含硫井须携带
2	正压式空气呼吸器		1套	含硫井须携带

3. 操作程序说明

1) 检查准备

(1) 接到××开井通知单。

(2) 必须做好自身防护工作，劳保必须穿戴整齐。

(3) 观察风向，对现场进行有毒有害气体检测。

(4) 检查流程无“跑、冒、滴、漏”现象。

(5) 检查并倒通地面流程及生产翼立管阀门。

(6) 检查井口水套炉流程、炉火、温度、液位。

(7) 若进站井需要与站内联系确认流程，做好开井准备。

(8) 观察记录开井前油压、套压、回压等参数。

(9) 确认工作制度符合开井要求。

2) 开井操作

(1) 缓慢打开生产翼外侧生产阀门，当听到出液声应密切关注压力变化，当压力稳定后完全打开生产阀门。

(2) 沿流程检查有无“跑、冒、滴、漏”现象。

(3) 观察开井后油压、套压、回压、井口温度、水套炉进出口压力、温度是否正常。

(4) 根据水套炉出口温度，调整好炉火。

(5) 开井后观察 10min 并取样，确认无异常后方可离开。

(6) 记录各项生产参数。

3) 填写报表，清理场地

(1) 填写记录各项参数。

(2) 清理现场卫生。

4. 考核规定说明

(1) 如发现操作过程中可能发生重大违章(如人身伤害、环境污染、设备损坏等)，将终止操作。

(2) 考核采用百分制，考核项目得分按鉴定比重进行折算。

(3) 考核方式说明：本项目为实际操作题，考核过程按评分标准及操作过程进行评分。

(4) 考评技能说明：本项目主要测试考生对自喷井开井技能掌握的熟练程度。

5. 考核时限

(1) 准备工作：1min(不计入考核时间)。

(2) 正式操作时间：15min。

(3) 提前完成操作不加分，到时终止操作考核。

6. 评分记录表

自喷井开井操作评分记录表

操作时间：15min　　　　考生：　　　　操作用时：

序号	考核内容	操作规程	评分要素	评分标准	配分	扣分	得分
1	准备	1. 穿戴好劳动保护用品； 2. 准备工具：F 扳手、管钳、硫化氢检测仪、正压式空气呼吸器、笔、报表、手套、大布	准备工具、用具	1. 劳保穿戴不整齐扣 5 分； 2. 未准备工具及材料扣 5 分，多、少准备一件扣 2 分	5		

续表

序号	考核内容	操作规程	评分要素	评分标准	配分	扣分	得分
2	检查	1. 接到××开井通知单； 2. 必须做好自身防护工作，劳保必须穿戴整齐； 3. 观察风向，对现场进行有毒有害气体检测； 4. 检查流程无“跑、冒、滴、漏”现象； 5. 检查并倒通地面流程及生产翼立管阀门； 6. 检查井口水套炉流程、炉火、温度、液位； 7. 若进站井需要与站内联系确认流程，做好开井准备； 8. 观察记录开井前油压、套压、回压等参数； 9. 确认工作制度符合开井要求	流程检查，开井前准备，根据检测数据判断是否配戴正压式空气呼吸器（大于20ppm）	1. 未确认开井通知单扣2分； 2. 未观察风向扣扣5分； 3. 未检测现场有毒有害气体扣10分； 4. 未检查流程“跑、冒、滴、漏”扣10分； 5. 未检查地面流程是否倒通扣10分，倒流程顺序错扣5分（先低压后高压）； 6. 未检查水套炉扣10分，漏检查一项扣2分； 7. 未与站内联系开井扣10分； 8. 未观察记录开井前参数，一项扣2分； 9. 未确认工作制度扣10分	40		
3	开井操作	1. 确认放空阀门处于关闭状态，缓慢打开生产翼外侧生产阀门，当听到出液声应密切关注压力变化，当压力稳定后完全打开生产阀门； 2. 检查流程有无“跑、冒、滴、漏”现象； 3. 录取开井后油压、套压、回压、井口温度、水套炉进出口压力、温度是否正常； 4. 根据水套炉出口温度，调整好炉火； 5. 开井后观察10min并取样，确认无异常后方可离开； 6. 记录各项生产参数	严格按自喷井开井操作规程操作	1. 未检查放空阀门扣5分；未开生产翼外侧生产阀门扣10分；开关阀门方向错误，一次扣2分；阀门开启不到位扣5分；开阀门不平稳扣2分，不听出液声观察压力扣5分；开关阀门未站侧面扣5分；F扳手开口方向错一次扣2分； 2. 未检查流程“跑、冒、滴、漏”扣10分； 3. 未检查流程运行参数扣10分，漏一处扣2分； 4. 未调节炉火扣10分； 5. 开井后未观察生产情况扣10分，观察时间不够扣5分；未取样扣5分； 6. 未记录开井后参数扣5分，每少一项扣1分	40		

续表

序号	考核内容	操作规程	评分要素	评分标准	配分	扣分	得分
4	填写报表，清理场地	1. 填写各项数据； 2. 清洁现场，收拾工具	填写报表，收拾工具，清洁场地	1. 未填写报表扣5分，少一项扣1分； 2. 未清理现场扣5分，工具少收一件扣1分	15		
5	安全文明操作	1. 遵守国家或企业有关安全规定； 2. 操作过程中严格遵守“四不伤害”原则	遵守国家或企业有关安全规定	1. 每违反一项规定，从总分中扣5分； 2. 因操作不当造成人身伤害、环境污染、设备损坏，从总分中扣20分； 3. 严重违规终止操作			
备注							
合计					100		

考评员： 核分员： 年 月 日

七、自喷井关井操作

1. 考核要求

（1）必须穿戴劳动保护用品。

（2）工具、量具、用具、安全仪表、安全设备准备齐全，正确使用。

（3）操作规程符合安全文明操作。

（4）按规定完成操作项目，质量达到技术要求。

（5）操作完毕，做到"工完、料净、场地清"。

2. 准备要求

（1）设备准备：

序　号	名　称	规　格	数　量	备　注
1	自喷井流程		1套	

（2）材料准备：

序　号	名　称	规　格	数　量	备　注
1	手套		1副	
2	笔		1支	
3	报表		1张	
4	大布		2块	

（3）工具、用具准备：

序　号	名　称	规　格	数　量	备　注
1	F扳手		1把	
2	管钳		1把	

（4）气防设施准备：

序　号	名　称	规　格	数　量	备　注
1	硫化氢检测仪		1台	含硫井须携带
2	正压式空气呼吸器		1套	含硫井须携带

3. 操作程序说明

1）检查准备

（1）接到××关井通知单。

(2) 必须做好自身防护工作，劳保必须穿戴整齐。

(3) 观察风向，对现场进行有毒有害气体检测。

(4) 观察记录关井前油压、套压、回压、井口温度等参数。

2) 自喷井关井操作步骤

(1) 通知站内做好关井准备。

(2) 关生产翼外侧生产阀门。

(3) 关闭立管阀门、回压阀门。

(4) 打开立管放空阀门进行卸压。

(5) 卸压完成后关闭放空阀门。

(6) 记录关井时间和关井后油压、套压。

(7) 根据关井时间长短，确定对井口水套炉进行温炉(冬季)或停炉(夏季)。

(8) 对于稠油井须扫线，扫线量为管道容积的1.2~1.5倍(冬季扫线需加热)。

(9) 扫线结束后通知站内关闭进站阀门。

3) 填写报表，清理场地

(1) 填写班报表。

(2) 清理现场卫生。

4. 考核规定说明

(1) 如发现操作过程中可能发生重大违章(如人身伤害、环境污染、设备损坏等)，将终止操作。

(2) 考核采用百分制，考核项目得分按鉴定比重进行折算。

(3) 考核方式说明：本项目为实际操作题，考核过程按评分标准及操作过程进行评分。

(4) 考评操作技能说明：本项目主要测试考生对自喷井关井技能掌握的熟练程度。

5. 考核时限

(1) 准备工作：1min(不计入考核时间)。

(2) 正式操作时间：15min。

(3) 提前完成操作不加分，到时终止操作考核。

6. 评分记录表

自喷井关井操作评分记录表

操作时间：15min　　考生：　　操作用时：

序号	考核内容	操作规程	评分要素	评分标准	配分	扣分	得分
1	准备	1. 劳动保护用品； 2. 准备工具：F扳手、管钳、硫化氢检测仪、正压式空气呼吸器、笔、报表、手套、大布	准备工具、用具	1. 劳保穿戴不整齐扣5分； 2. 未准备工具及材料扣5分，多、少准备一件扣2分	5		

续表

序号	考核内容	操作规程	评分要素	评分标准	配分	扣分	得分
2	检查	1. 接到××关井通知单； 2. 必须做好自身防护工作，劳保必须穿戴整齐； 3. 观察风向，对现场进行有毒有害气体检测； 4. 观察记录关井前油压、套压、回压、井口温度等参数	流程检查、根据检测数据判断是否配戴正压式空气呼吸器（大于20ppm）	1. 未确认关井通知单扣2分； 2. 未观察风向扣5分； 3. 未检测现场有毒有害气体扣10分； 4. 未观察记录关井前参数扣10分，漏一项扣2分	20		
3	关井操作步骤	1. 通知站内做好关井准备； 2. 关生产翼外侧生产阀门； 3. 关闭立管阀门、回压阀门； 4. 打开立管放空阀门进行卸压； 5. 卸压完成后关闭放空阀门； 6. 记录关井时间、关井后油压、套压； 7. 根据关井时间长短，确定对井口水套炉进行温炉（冬季）或停炉（夏季）； 8. 对于稠油井需扫线，扫线量为管道容积的1.2～1.5倍（冬季扫线需加热）； 9. 扫线完成后通知站内关闭进站阀门	严格按自喷井关井操作规程操作	1. 未告知站内关井信息扣5分； 2. 未关生产翼外侧生产阀门扣10分，未关严扣5分；开关阀门方向错误，一次扣2分；阀门关闭不到位扣5分，关完后未回转手轮1/4～1/3圈扣2分； 3. 未关闭立管阀门、回压阀门扣10分；F扳手开口方向错一次扣2分；开关阀门次序错扣5分；未侧身开关阀门扣5分； 4. 未卸压扣10分； 5. 未观察记录关井时间、关井后油压、套压扣5分，漏一项扣2分； 6. 未根据关井时长对水套炉做出相应措施扣10分，少一项5分； 7. 未对稠油流程扫线扣10分，扫线量不够扣5分； 8. 扫线完成后未通知站内关闭进站阀门扣5分	60		
4	填写记录，清理场地	1. 填写报表； 2. 清洁现场，收拾工具	收拾工具，清洁场地	1. 未填写报表扣5分，少一项扣1分； 2. 未清理现场扣5分，工具少收一件扣1分	15		

续表

序号	考核内容	操作规程	评分要素	评分标准	配分	扣分	得分
5	安全文明操作	1. 遵守国家或企业有关安全规定； 2. 操作过程中严格遵守“四不伤害”原则	遵守国家或企业有关安全规定	1. 每违反一项规定，从总分中扣5分； 2. 因操作不当造成人身伤害、环境污染、设备损坏，从总分中扣20分； 3. 严重违规终止操作			
备注							
合　计					100		

考评员：　　　　核分员：　　　　年　月　日

八、游梁式抽油机井巡检操作

1. 考核要求

（1）必须穿戴劳动保护用品。
（2）工具、量具、用具准备齐全，正确使用。
（3）操作规程符合安全文明操作。
（4）按规定完成操作项目，质量达到技术要求。
（5）操作完毕，做到“工完、料净、场地清”。

2. 准备要求

（1）设备准备：

序号	名　称	规　格	数　量	备　注
1	抽油机	游梁式	1 台	
2	井口流程		1 套	

（2）材料准备：

序　号	名　称	规　格	数　量	备　注
1	大布	常规	2 块	
2	手套	常规	1 副	
3	笔	中性笔	1 支	
4	报表	班报表	1 张	
5	绝缘手套	低压	1 只	
6	润滑脂	3#锂基脂	1 桶	
7	验电笔	氖管	1 支	

（3）工具、用具准备：

序　号	名　称	规　格	数　量	备　注
1	活动扳手		1 把	
2	管钳		1 把	
3	平口螺丝刀		1 把	
4	钳形电流表		1 个	

(4) 气防设施准备：

序号	名称	规格	数量	备注
1	硫化氢检测仪		1台	含硫井须携带
2	正压式空气呼吸器		1套	含硫井须携带

3. 操作程序说明

1) 准备工作

(1) 穿戴整齐劳保用品，含硫化氢井需佩戴气防设施。

(2) 含硫化氢井对现场进行有毒有害气体检测。

2) 巡检内容

(1) 井口：检查光杆是否发热、有无碰挂现象，盘根盒松紧是否合适，阀门开关是否正确，流程有无“跑、冒、滴、漏”现象，记录油压、套压、回压。

(2) 悬绳器：检查悬绳器连接情况，光杆卡子及锁片有无松动，悬绳有无断丝、断股现象。

(3) 检查抽油机各连接部位是否牢固(驴头、各轴承、减速箱、支架、底座、电机、基础)、有无异常。

(4) 刹车：检查刹车，各部位连接是否完好，刹车是否完全松开，有无摩擦异响。

(5) 启动柜：验电，确认安全后确认仪表是否正常，记录运行电流，必要时使用钳形电流表检查上下行电流，线路有无老化、龟裂、配电柜内有无焦糊味。

(6) 电动机：检查电机有无异响，温度是否正常，线路是否完好。

(7) 井场：检查其他设备设施运行情况及井场卫生，看有无杂物及易燃物。

3) 清理现场

(1) 清理现场，收拾工具。

(2) 规范填写班报表。

4. 考核规定说明

(1) 如发现操作过程中可能发生重大违章(如人身伤害、环境污染、设备损坏等)，将终止操作。

(2) 考核采用百分制，考核项目得分按鉴定比重进行折算。

(3) 考核方式说明：本项目为实际操作题，考核过程按评分标准及操作过程进行评分。

(4) 考评技能说明：本项目主要测试考生对游梁式抽油机井巡检技能掌握的熟练程度。

5. 考核时限

(1) 准备工作：1min(不计入考核时间)。

(2) 正式操作时间：15min。

(3) 提前完成操作不加分，到时停止操作考核。

6. 评分记录表

游梁式抽油机井日常巡检操作评分记录表

操作时间：15min　　考生：　　操作用时：

序号	考核内容	操作规程	评分要素	评分标准	配分	扣分	得分
1	准备	1. 穿戴好劳动保护用品； 2. 准备工具：大布、手套、笔、报表、绝缘手套、润滑脂、验电笔、活动扳手、管钳、平口螺丝刀、钳形电流表	准备工具、用具	1. 劳保穿戴不整齐扣5分； 2. 未准备工具及材料扣5分，多、少准备一件扣2分	10		
2	巡检内容	1. 井口：检查光杆是否发热、有无碰挂现象，盘根盒松紧是否合适，阀门开关是否正确，流程有无“跑、冒、滴、漏”现象、记录油压、套压、回压； 2. 悬绳器：检查悬绳器连接情况，光杆卡子及锁片有无松动，悬绳有无断丝、断股现象； 3. 检查抽油机各连接部位是否牢固（驴头、各轴承、减速箱、支架、底座、电机、基础）、有无异常； 4. 刹车：检查刹车，各部位连接是否完好，刹车是否完全松开，有无摩擦异响； 5. 启动柜：验电，确认安全后确认仪表是否正常，记录运行电流，必要时使用钳形电流表检查上下行电流，线路有无老化、龟裂、配电柜内有无焦糊味； 6. 电动机：检查电机有无异响，温度是否正常，线路是否完好； 7. 井场：检查其他设备设施运行情况及井场卫生，看有无杂物及易燃物	按照“看、听、查、摸、嗅”五字作业方针巡回检查	1. 未检查光杆是否发热扣5分；未检查有无碰挂现象扣5分，一处检查未到位扣2分；未检查盘根盒松紧扣5分；未检查阀门开关是否正确扣5分，一处检查未到位扣2分；未检查流程“跑、冒、滴、漏”扣5分，一处检查未到位扣2分；未记录油压、套压、回压扣10分； 2. 未检查悬绳器连接情况扣10分；未检查光杆卡子及锁片有无松动扣5分；未检查悬绳有无断丝、断股现象扣5分； 3. 检查抽油机各连接部位是否牢固、有无异常，每漏一项扣2分； 4. 未检查刹车各部位连接是否完好、刹车是否完全松开、有无摩擦异响扣10分； 5. 未验电、未检查仪表、未记录运行电流、未检查线路有无老化、龟裂、配电柜内有无焦糊味，一处扣5分； 6. 未检查电机有无异响，温度是否正常，线路是否完好，一处扣5分； 7. 未检查其他设备设施运行情况及井场卫生，看有无杂物及易燃物一处扣5分	80		

续表

序号	考核内容	操作规程	评分要素	评分标准	配分	扣分	得分
3	清理场地，填写报表	1. 清洁现场，收拾工具； 2. 按规范填写报表	收拾工具，清洁场地，填写报表	1. 未清理现场扣5分，工具少收一件扣2分； 2. 未填写报表扣5分	10		
4	安全文明操作	1. 遵守国家或企业有关安全规定； 2. 操作过程中严格遵守“四不伤害”原则	遵守国家或企业有关安全规定	1. 每违反一项规定，从总分中扣5分； 2. 因操作不当造成人身伤害、环境污染、设备损坏，从总分中扣20分； 3. 严重违规终止操作			
备注							
合　计					100		

考评员：　　　　核分员：　　　　年　月　日

九、游梁式抽油机开井操作

1. 考核要求

（1）必须穿戴劳动保护用品。
（2）工具、量具、用具准备齐全，正确使用。
（3）操作规程符合安全文明操作。
（4）按规定完成操作项目，质量达到技术要求。
（5）操作完毕，做到“工完、料净、场地清”。

2. 准备要求

（1）设备准备：

序　号	名　称	规　格	数　量	备　注
1	抽油机井口		1套	

（2）材料准备：

序　号	名　称	规　格	数　量	备　注
1	大布		2块	
2	手套		1副	
3	绝缘手套		1只	
4	验电笔		1支	
5	润滑脂	3#锂基脂	1桶	
6	笔、报表		各1个	

（3）工具、用具准备：

序　号	名　称	规　格	数　量	备　注
1	活动扳手	450mm	2把	
2	管钳	450mm、600mm	各1把	
3	平口螺丝刀	300mm	1把	
4	防喷器专用扳手		2把	
5	小撬杠		2根	

续表

序号	名称	规格	数量	备注
6	污油桶		1个	
7	钳形电流表		1个	
8	油嘴扳手		1把	
9	生料带		2卷	
10	油嘴	8mm、10mm、12mm、14mm	各1个	
11	取样瓶	500mL	1个	

（4）气防设施准备：

序号	名称	规格	数量	备注
1	硫化氢检测仪		1台	含硫井须携带
2	空气呼吸器		1套	含硫井须携带

3. 操作程序说明

1）启动前检查

（1）接到××井开井通知，核实井号，确认工作制度。

（2）含硫化氢井必须做好自身防护工作，劳保必须穿戴整齐。

（3）通知计转站打开进站阀门。

（4）按先低压后高压的顺序倒通生产流程。

（5）对井场加热炉进行温炉。

（6）检查抽油机各连接部位是否正常，减速箱齿轮油液位是否符合要求，皮带有无老化断裂，松紧是否合适，悬绳器及毛辫子是否完好，有无断丝、断股，方卡子是否牢固。

（7）开启盘根盒二级密封及双闸板防喷器半封，调整盘根压帽松紧度。

（8）用试电笔对一级配电柜验电，确认安全后带绝缘手套打开柜门合闸送电，确认供电系统是否正常。

（9）用试电笔对启动柜验电，确认安全后带绝缘手套打开柜门，确认供电系统及仪表是否正常。

（10）打开安全销，检查刹车行程在1/2~2/3之间，各部位连接紧固。

2）启动抽油机操作

（1）检查抽油机周围是否有障碍物。

（2）缓慢松刹车，曲柄按顺时针方向运转时点动启动按钮，利用惯性启抽。

（3）曲柄静止不动时点启动(二次启动)。

（4）记录开井时间。

3）启抽后检查

（1）听抽油机各部分运转是否正常，有无碰、挂及异响，曲柄销子有无异常，平衡块有无松动，脱出现象。

（2）检查电动机温度是否正常。

（3）检查上下冲程运行电流情况(戴绝缘手套持钳形电流表测量)。

（4）检查井口压力、温度，检查有无出液。

（5）盘根盒松紧是否合适，上行测试光杆温度，下行涂抹黄油，光杆有无碰挂现象。

（6）检查地面生产流程有无“跑、冒、滴、漏”现象。

（7）计量，核实产量。

4）填写报表、清理场地

（1）将相关数据填入班报表。

（2）清洁现场、收拾工具。

4. 考核规定说明

（1）如发现操作过程中可能发生重大违章(如人身伤害、环境污染、设备损坏等)，将终止操作。

（2）考核采用百分制，考核项目得分按鉴定比重进行折算。

（3）考核方式说明：本项目为实际操作题，考核过程按评分标准及操作过程进行评分。

（4）考评技能说明：本项目主要测试考生对游梁式抽油机开井技能掌握的熟练程度。

5. 考核时限

（1）准备工作：1min(不计入考核时间)。

（2）正式操作时间：20min。

（3）提前完成操作不加分，到时终止操作考核。

6. 评分记录表

游梁式抽油机开井操作评分记录表

操作时间：20min　　　　考生：　　　　操作用时：

序号	考核内容	操作规程	评分要素	评分标准	配分	扣分	得分
1	准备	1. 穿戴好劳动保护用品； 2. 准备工具：活动扳手、管钳、平口螺丝刀、防喷器专用扳手、小撬杠、污油桶、钳形电流表、油嘴扳手、生料带、油嘴、取样瓶、大布、手套、绝缘手套、验电笔、润滑脂、笔、报表	准备工具用具	1. 劳保穿戴不整齐扣5分； 2. 未准备工具及材料扣5分、多、少准备一件扣2分	5		

续表

序号	考核内容	操作规程	评分要素	评分标准	配分	扣分	得分
2	启动前检查	1. 接到××井开井通知，核实井号，确认工作制度； 2. 含硫化氢井必须做好自身防护工作，劳保必须穿戴整齐； 3. 通知计转站打开进站阀门； 4. 按先低压后高压的顺序倒通生产流程； 5. 对井场加热炉进行温炉； 6. 检查抽油机各连接部位是否正常，减速箱齿轮油液位是否符合要求，皮带有无老化断裂，松紧是否合适，悬绳器及毛辫子是否完好，有无断丝、断股，方卡子是否牢固； 7. 开启盘根盒二级密封及双闸板防喷器半封，调整盘根压帽松紧； 8. 用试电笔对一级配电柜验电（徒手持笔），确认安全后带绝缘手套打开柜门合闸送电，确认供电系统是否正常； 9. 用试电笔对启动柜验电（徒手持笔），确认安全后带绝缘手套打开柜门，确认供电系统及仪表是否正常； 10. 打开安全销，检查刹车行程在1/2~2/3之间，各部位连接紧固	根据“看、听、摸、查、嗅”五字检查法做抽油机启动前检查	1. 未核实井号，确认工作制度扣2分； 2. 未确认进站阀门是否打开扣10分，劳保穿戴不全扣5分； 3. 未通知计转站打开进站阀门扣10分； 4. 未按先低压后高压的顺序倒通生产流程扣5分； 5. 未对井场加热炉进行温炉扣2分； 6. 未检查抽油机各连接部位是否正常，减速箱齿轮油液位是否符合要求，皮带有无老化断裂，松紧是否合适，悬绳器及毛辫子是否完好，有无断丝、断股，方卡子是否牢固，一处扣2分； 7. 未开启盘根盒二级密封扣5分，未开双闸板防喷器半封扣10分，未调整盘根压帽松紧扣5分； 8. 未验电一次扣2分，未戴绝缘手套接触配电柜扣2分，未侧身合闸扣5分，未确认供电系统及仪表是否正常扣5分； 9. 未打开打开安全销松刹车扣20分，未检查刹车扣5分	40		

续表

序号	考核内容	操作规程	评分要素	评分标准	配分	扣分	得分
3	启动抽油机操作	1. 检查抽油机周围是否有障碍物； 2. 缓慢松刹车，曲柄按顺时针方向运转时点动启动按钮利用惯性启抽； 3. 曲柄静止不动时点启动(二次启动)； 4. 记录开井时间	严格按照抽油机启停操作规程启动抽油机	1. 未检查抽油机周围是否有障碍物扣5分； 2. 松刹车过猛扣5分，逆向启抽扣10分； 3. 未利用惯性启抽扣5分； 4. 未记录开井时间扣2分	25		
4	启抽后检查	1. 听抽油机各部分运转是否正常，有无碰、挂及异响，曲柄销子有无异常，平衡块有无松动，脱出现象； 2. 检查电动机温度是否正常； 3. 检查上下冲程运行电流情况(戴绝缘手套持钳形电流表测量)； 4. 检查井口压力、温度，检查有无出液； 5. 盘根盒松紧是否合适，上行测试光杆温度，下行涂抹黄油，光杆有无碰挂现象； 6. 检查地面生产流程有无“跑、冒、滴、漏”现象； 7. 计量，核实产量	根据“看、听、摸、查、嗅”五字检查法做抽油机启动后检查	1. 未检查抽油机运转情况扣10分，每缺一项扣2分； 2. 未检查电动机温度是否正常扣5分； 3. 未检查上下冲程运行电流情况扣2分，未戴绝缘手套扣5分； 4. 检查井口压力、温度，检查有无出液，少一项扣2分； 5. 未调整盘根盒松紧扣5分，未检查光杆温度、涂抹黄油，光杆有无碰挂现象一处扣2分； 6. 未检查地面生产流程有无“跑、冒、滴、漏”现象扣5分，一处检查不到扣2分； 7. 未计量，核实产量扣2分	20		
5	填写报表，清理场地	1. 将相关数据填入班报表； 2. 清洁现场，收拾工具	规范填写报表、收拾工具、清洁场地	1. 不填写报表扣5分，少一项扣2分； 2. 未清理现场扣5分，工具少收一件扣2分	10		

续表

序号	考核内容	操作规程	评分要素	评分标准	配分	扣分	得分
6	安全文明操作	1. 遵守国家或企业有关安全规定； 2. 操作过程中严格遵守“四不伤害”原则	遵守国家或企业有关安全规定	1. 每违反一项规定，从总分中扣5分； 2. 因操作不当造成人身伤害、环境污染、设备损坏，从总分中扣20分； 3. 严重违规终止操作			
备注							
合　　计					100		

考评员：　　　　　　　　核分员：　　　　　　　　年　月　日

十、游梁式抽油机关井操作

1. 考核要求

(1) 必须穿戴劳动保护用品。
(2) 工具、量具、用具准备齐全，正确使用。
(3) 操作规程符合安全文明操作。
(4) 按规定完成操作项目，质量达到技术要求。
(5) 操作完毕，做到“工完、料净、场地清”。

2. 准备要求

(1) 设备准备：

序　号	名　称	规　格	数　量	备　注
1	抽油机井		1 套	

(2) 材料准备：

序　号	名　称	规　格	数　量	备　注
1	大布		2 块	
2	手套		1 副	
3	绝缘手套		1 只	
4	验电笔		1 支	
5	笔		1 支	
6	报表		1 张	

(3) 工具、用具准备：

序　号	名　称	规　格	数　量	备　注
1	活动扳手		1 把	
2	管钳		1 把	
3	小撬杠		2 根	
4	防喷器专用扳手		2 把	

(4) 气防设施准备：

序 号	名 称	规 格	数 量	备 注
1	硫化氢检测仪		1台	含硫井须携带
2	空气呼吸器		1套	含硫井须携带
3	备用气瓶		1个	

3. 操作程序说明

1) 关井前检查

(1) 核对井号确认关井信息。

(2) 落实关井后是否需要进行扫线、处理井筒等作业。

(3) 含硫化氢井需对现场进行有毒有害气体检测，做好防范措施。

(4) 记录井口参数(包括油压、套压、回压、井温、电流、电压等参数)。

(5) 根据关井时间长短，确定对井口水套炉进行温炉(冬季)或停炉(夏季)。

2) 停机操作

(1) 启动柜外壳验电，确认无电，确认安全后戴绝缘手套打开柜门。

(2) 按抽油机停止按扭，根据油井情况，让驴头停在适当的位置，刹紧刹车。

(3) 记录停机时间。

(4) 一级配电柜验电，确认安全后戴绝缘手套侧身拉闸断电。

(5) 打好安全销。

3) 关井操作

(1) 关闭盘根盒二级密封及双闸板防喷器半封(掺稀井需用稀油处理井筒)。

(2) 关闭套管外侧阀门(掺稀井提前通知计转站停止掺稀)，关闭立管阀门。

(3) 如需扫线，待作业完毕后关闭回压阀门。

(4) 通知计转站关闭进站阀门。

4) 记录参数，清理现场

(1) 将相关数据填入班报表。

(2) 收拾工具，清理现场。

4. 考核规定说明

(1) 如发现操作过程中可能发生重大违章(如人身伤害、环境污染、设备损坏等)，将终止操作。

(2) 考核采用百分制，考核项目得分按鉴定比重进行折算。

(3) 考核方式说明：本项目为实际操作题，考核过程按评分标准及操作过程进行评分。

(4) 考评技能说明：本项目主要测试考生对游梁式抽油机关井技能掌握的熟练程度。

5. 考核时限

(1) 准备工作：1min(不计入考核时间)。

（2）正式操作时间：15min。

（3）提前完成操作不加分，到时停止操作考核。

6. 评分记录表

游梁式抽油机关井操作评分记录表

操作时间：15min　　考生：　　操作用时：

序号	考核内容	操作规程	评分要素	评分标准	配分	扣分	得分
1	准备	1. 穿戴好劳动保护用品； 2. 准备工具：大布、手套、绝缘手套、验电笔、笔、报表、活动扳手、管钳、小撬杠、防喷器专用扳手	准备工具、量具、用具	1. 未准备工具及材料扣10分，多、少准备一件扣2分； 2. 劳保穿戴不整齐扣5分	10		
2	关井前检查	1. 核对井号确认关井信息； 2. 落实关井后是否需要进行扫线、处理井筒等作业； 3. 含硫化氢井需对现场进行有毒有害气体检测，做好防范措施； 4. 记录井口参数（包括油压、套压、回压、井温、电流、电压等参数）； 5. 根据关井时间长短，确定对井口水套炉进行温炉（冬季）或停炉（夏季）	确认关井信息、录取参数、调整炉火	1. 未核对井号确认关井信息扣5分； 2. 未落实关井后是否需要进行扫线、处理井筒等作业扣5分； 3. 含硫化氢井未对现场进行有毒有害气体检测扣5分，未做防范措施扣10分； 4. 未记录井口参数扣5分，漏一项扣2分； 5. 未调整水套炉火温炉扣5分	30		
3	停机操作	1. 启动柜外壳验电，确认无电，确认安全后戴绝缘手套打开柜门； 2. 按抽油机停止按扭，根据油井情况，让驴头停在适当的位置，刹紧刹车； 3. 记录停机时间； 4. 一级配电柜验电，确认安全后戴绝缘手套侧身拉闸断电； 5. 打好安全销	严格按操作步骤操作	1. 未验电扣5分，未戴绝缘手套接触柜门扣5分； 2. 停机位置不合适扣5分；未刹紧刹车扣10分； 3. 未记录停机时间扣2分； 4. 未验电扣5分，未戴绝缘手套接触柜门扣5分；未侧身拉闸断电扣5分； 5. 未打好安全销扣10分	30		

续表

序号	考核内容	操作规程	评分要素	评分标准	配分	扣分	得分
4	关井操作	1. 关闭盘根盒二级密封及双闸板防喷器半封（掺稀井需用稀油处理井筒）； 2. 关闭套管外侧阀门（掺稀井提前通知计转站停止掺稀），关闭立管阀门； 3. 如需扫线，待作业完毕后关闭回压阀门； 4. 通知计转站关闭进站阀门	停抽油机操作	1. 未关闭盘根盒二级密封扣 5 分；未关闭双闸板防喷器半封扣 10 分；未口述掺稀井需用稀油处理井筒扣 3 分； 2. 未关闭套管外侧阀门扣 5 分，掺稀井未提前通知计转站停止掺稀扣 10 分，未关闭立管阀门扣 5 分； 3. 如需扫线的井，未口述扫线扣 3 分，扫线后未关闭回压阀门扣 5 分； 4. 关井后未通知计转站关闭进站阀门扣 5 分	20		
5	填写报表，清理现场	1. 将相关数据填入班报表； 2. 收拾工具，清理现场	规范填写班报表，清理现场	1. 未填写班报表扣 5 分，漏填一项扣 2 分； 2. 未清理扣 5 分，未收拾工具扣 5 分，少收一件扣 2 分	10		
6	安全文明操作	1. 遵守国家或企业有关安全规定； 2. 操作过程中严格遵守“四不伤害”原则	遵守国家或企业有关安全规定	1. 每违反一项规定，从总分中扣 5 分； 2. 因操作不当造成人身伤害，从总分中扣 20 分； 3. 严重违规取消考核			
备注							
合 计					100		

考评员： 核分员： 年 月 日

十一、皮带式抽油机巡检操作

1. 考核要求

(1) 必须正确穿戴、使用劳动保护用品。
(2) 工具、量具、用具准备齐全，正确使用。
(3) 操作规程符合安全文明操作。
(4) 按规定完成操作项目，质量达到技术要求。
(5) 操作完毕，做到“工完、料净、场地清”。

2. 准备要求

(1) 设备准备：

序号	名称	规格	数量	备注
1	皮带式抽油机		1 台	

(2) 材料准备：

序号	名称	规格	数量	备注
1	手套		1 副	
2	大布		2 块	
3	纸、笔、生料带		各 1 个	

(3) 工具、用具准备：

序号	名称	规格	数量	备注
1	绝缘手套		1 只	
2	活动扳手		1 把	
3	管钳		1 把	
4	试电笔		1 支	
5	平口起子		1 把	
6	润滑脂		1 桶	
7	钳形电流表		1 个	

(4) 气防设施准备:

序 号	名 称	规 格	数 量	备 注
1	硫化氢检测仪		1台	含硫井须携带
2	空气呼吸器		1套	含硫井须携带

3. 操作程序说明

1) 准备工作

(1) 穿戴整齐劳保用品，含硫化氢井须佩戴气防设施。

(2) 含硫化氢井对现场进行有毒有害气体检测。

2) 巡检内容

(1) 检查抽油机各连接部位是否紧固、有无松动。

(2) 检查刹车各部位连接是否牢固，刹车是否灵活好用。

(3) 检查抽油机供电系统是否正常。

(4) 检查电动机温度是否正常。

(5) 检查抽油机电机皮带是否完好、检查齿轮箱机油液位是否在1/2~2/3之间，检查链条箱柜门是否漏油。

(6) 检查光杆载荷皮带是否完好。

(7) 检查抽油机运转是否正常。

(8) 记录油井生产各项参数。

(9) 调整盘根盒松紧，检查光杆温度，涂抹黄油。

(10) 检查地面流程有无“跑、冒、滴、漏”。

(11) 检查井口水套炉运行是否正常。

3) 清理现场，收拾工具，填写报表

(1) 清理现场，收拾工具。

(2) 规范填写班报表。

4. 考核规定说明

(1) 如发现操作过程中可能发生重大违章(如人身伤害、环境污染、设备损坏等)，将终止操作。

(2) 考核采用百分制，考核项目得分按鉴定比重进行折算。

(3) 考核方式说明：本项目为实际操作题，考核过程按评分标准及操作过程进行评分。

(4) 考评技能说明：本项目主要测试考生对皮带式抽油机巡检技能掌握的熟练程度。

5. 考核时限

(1) 准备工作：1min(不计入考核时间)。

(2) 正式操作时间：10min。

(3) 提前完成操作不加分，到时停止操作考核。

6. 评分记录表

皮带式抽油机巡检操作评分记录表

操作时间：10min　　　　考生：　　　　操作用时：

序号	考核内容	操作规程	评分要素	评分标准	配分	扣分	得分
1	工具准备	1. 穿戴好劳动保护用品； 2. 准备工具：手套、大布、纸、笔、生料带、绝缘手套、375mm活动扳手、600mm管钳、试电笔、300mm平口起子、润滑脂、钳形电流表	准备工具、量具、用具	1. 劳保穿戴不整齐扣5分； 2. 未准备工具及材料扣5分，多、少准备一件扣2分	10		
2	准备工作	1. 穿戴防护用品，含硫化氢井需佩戴气防设施； 2. 含硫化氢井对现场进行有毒有害气体检测	安全防护	1. 含硫化氢井未对现场进行有毒有害气体检测扣5分； 2. 含硫化氢井未佩戴气防设施扣10分	10		
3	巡检内容	1. 检查抽油机各连接部位是否紧固、有无松动； 2. 检查刹车各部位连接是否牢固，刹车是否灵活好用； 3. 检查抽油机供电系统是否正常； 4. 检查电动机温度是否正常； 5. 检查抽油机电机皮带是否完好、检查齿轮箱机油液位是否在1/2~2/3之间，检查链条箱柜门是否漏油； 6. 检查光杆载荷皮带是否完好； 7. 检查抽油机运转是否正常； 8. 记录油井生产各项参数； 9. 调整盘根盒松紧，检查光杆温度，涂抹黄油； 10. 检查地面流程有无“跑、冒、滴、漏”； 11. 检查井口水套炉运行是否正常	按照“看、听、查、摸、嗅”五字作业方针巡回检查	1. 未检查抽油机各连接部位是否紧固漏一处扣2分； 2. 未检查刹车各部位连接是否牢固，刹车是否灵活好用，漏一处扣2分； 3. 未检查抽油机供电系统是否正常扣5分； 4. 未检查电动机温度是否正常扣10分； 5. 未检查抽油机电机皮带是否完好、未检查齿轮箱机油液位、未检查链条箱柜门是否漏油，漏一处扣2分； 6. 未检查光杆载荷皮带是否完好扣10分； 7. 未检查抽油机运转是否正常扣5分； 8. 未记录油井生产各项参数扣10分，少一项扣2分； 9. 未调整盘根盒松紧、检查光杆温度、涂抹黄油，漏一处扣2分； 10. 未检查地面流程有无“跑、冒、滴、漏”扣5分，少一处扣2分； 11. 未检查井口水套炉运行是否正常扣5分	70		

续表

序号	考核内容	操作规程	评分要素	评分标准	配分	扣分	得分
4	收拾工具填写报表	1. 规范填写班报表； 2. 清理现场、收拾工具	规范填写班报表	1. 未填写报表扣5分，漏一项扣2分； 2. 未清理现场扣5分、工具少收一件扣2分	10		
5	安全文明操作	1. 遵守国家或企业有关安全规定； 2. 操作过程中严格遵守“四不伤害”原则	遵守国家或企业有关安全规定	1. 每违反一项规定，从总分中扣5分； 2. 因操作不当造成人身伤害，从总分中扣20分； 3. 严重违规取消考核			
备注							
合　计					100		

考评员：　　　　核分员：　　　　年　月　日

十二、皮带式抽油机开井操作

1. 考核要求

(1) 必须正确穿戴、使用劳动保护用品。
(2) 工具、量具、用具准备齐全，正确使用。
(3) 操作规程符合安全文明操作。
(4) 按规定完成操作项目，质量达到技术要求。
(5) 操作完毕，做到“工完、料净、场地清”。

2. 准备要求

(1) 设备准备：

序号	名称	规格	数量	备注
1	皮带式抽油机		1 台	

(2) 材料准备：

序号	名称	规格	数量	备注
1	手套		1 副	
2	大布		2 块	
3	纸、笔、生料带		各 1 个	

(3) 工具、用具准备：

序号	名称	规格	数量	备注
1	绝缘手套		1 只	
2	活动扳手	375mm	1 把	
3	管钳	600mm	1 把	
4	试电笔		1 支	
5	平口起子		1 把	
6	防喷器扳手		1 把	
7	油嘴扳手		1 把	
8	污油桶		1 个	

（4）气防设施准备：

序 号	名 称	规 格	数 量	备 注
1	硫化氢检测仪		1台	含硫井须携带
2	空气呼吸器		1套	含硫井须携带

3. 操作程序说明

1）开井前准备

（1）接到××井开井通知，核实井号，确认工作制度。

（2）含硫化氢井必须做好自身防护工作，劳保必须穿戴整齐。

（3）通知计转站打开进站阀门。

（4）按先低压后高压的顺序倒通生产流程。

（5）如果是掺稀井需提前倒通掺稀流程，确保掺稀稳定。

（6）对井场加热炉进行温炉。

（7）记录开井前参数。

2）开井前检查

（1）检查抽油机各连接部位是否正常，减速箱齿轮油液位是否在1/2～2/3之间，电动机皮带有无老化断裂，松紧是否合适。

（2）检查悬绳器、方卡子是否牢固，载荷皮带是否完好，悬绳有无断丝、断股。

（3）检查链条箱润滑油液位是否合适，配重块有无脱落现象，检查换向机构是否正常。

（4）开启盘根盒二级密封及双闸板防喷器半封，调整盘根压帽松紧。

（5）用试电笔对一级配电柜验电（徒手持笔），确认安全后戴绝缘手套打开柜门合闸送电，确认供电系统是否正常。

（6）用试电笔对变频启动柜验电（徒手持笔），确认安全后带绝缘手套打开柜门，侧身合闸送电，确认供电系统及仪表是否正常。

（7）检查手动刹车是否灵活好用，各部位连接紧固，电磁刹车连接完好。

3）启动抽油机操作

（1）松刹车，将抽油机停在自由位置。

（2）点启动按钮启动抽油机。

（3）记录开井时间。

4）启抽后检查

（1）听抽油机各部分运转是否正常，有无碰、挂及异响。

（2）检查电动机温度是否正常。

（3）检查上、下冲程运行电流情况（戴绝缘手套持钳形电流表测量）。

（4）检查井口压力、温度，检查有无出液。

（5）盘根盒松紧是否合适，上行测试光杆温度，下行涂抹黄油，光杆有无碰挂现象。

（6）检查地面生产流程有无“跑、冒、滴、漏”现象。

（7）记录开井后生产参数。

(8) 计量，核实产量。

5) 填写报表，清理场地

(1) 将相关数据填入班报表。

(2) 清洁现场，收拾工具。

4. 考核规定说明

(1) 如发现操作过程中可能发生重大违章(如人身伤害、环境污染、设备损坏等)，将终止操作。

(2) 考核采用百分制，考核项目得分按鉴定比重进行折算。

(3) 考核方式说明：本项目为实际操作题，考核过程按评分标准及操作过程进行评分。

(4) 考评技能说明：本项目主要测试考生皮带式抽油机井开井技能掌握的熟练程度。

5. 考核时限

(1) 准备工作：1min(不计入考核时间)。

(2) 正式操作时间：15min。

(3) 提前完成操作不加分，到时停止操作考核。

6. 评分记录表

皮带式抽油机开井操作评分记录表

操作时间：15min　　　　考生：　　　　操作用时：

序号	考核内容	操作规程	评分要素	评分标准	配分	扣分	得分
1	准备	1. 穿戴好劳动保护用品； 2. 准备工具：手套、大布、纸、笔、生料带、绝缘手套、活动扳手、管钳、试电笔、平口起子、防喷器扳手、油嘴扳手、污油桶	准备工具、用具	1. 未穿戴好劳动防护用品，扣5分； 2. 未准备工具、用具及材料扣5分，多、少准备一件扣2分	10		
2	开井前准备	1. 接到××井开井通知，核实井号，确认工作制度； 2. 含硫化氢井必须做好自身防护工作，劳保必须穿戴整齐； 3. 通知计转站打开进站阀门； 4. 按先低压后高压的顺序倒通生产流程； 5. 口述：掺稀井需提前倒通掺稀流程，确保掺稀稳定； 6. 对井场加热炉进行温炉； 7. 记录开井前参数	确认开井通知，落实工作制度，倒通生产流程	1. 未核实井号，确认工作制度扣2分； 2. 硫化氢井未做好自身防护扣10分； 3. 未通知计转站打开进站阀门扣15分； 4. 未按先低压后高压的顺序倒通生产流程扣10分，顺序错扣5分； 5. 未口述掺稀井未提前掺稀扣5分； 6. 未对井场加热炉进行温炉扣5分； 7. 未记录开井前参数扣3分	15		

续表

序号	考核内容	操作规程	评分要素	评分标准	配分	扣分	得分
3	开井前检查	1. 检查抽油机各连接部位是否正常，减速箱齿轮油液位是否在1/2~2/3之间，电动机皮带有无老化断裂，松紧是否合适； 2. 检查悬绳器、方卡子是否牢固，载荷皮带是否完好，悬绳有无断丝、断股； 3. 检查链条箱润滑油液位是否合适，配重块有无脱落现象，检查换向机构是否正常； 4. 开启盘根盒二级密封及双闸板防喷器半封，调整盘根压帽松紧； 5. 用试电笔对一级配电柜验电（徒手持笔），确认安全后戴绝缘手套打开柜门合闸送电，确认供电系统是否正常； 6. 用试电笔对变频启动柜验电（徒手持笔），确认安全后带绝缘手套打开柜门，侧身合闸送电，确认供电系统及仪表是否正常； 7. 检查手动刹车是否灵活好用，各部位连接紧固，电磁刹车连接完好	根据“看、听、摸、查、嗅”五字检查法做抽油机启动前检查	1. 未检查抽油机各连接部位是否正常，少一处扣2分； 2. 未检查悬绳器、方卡子是否牢固，载荷皮带是否完好，悬绳有无断丝、断股，少一处扣2分； 3. 未检查链条箱润滑油液位是否合适，配重块有无脱落现象，检查换向机构是否正常，少一处扣2分； 4. 未开启盘根盒二级密封扣5分，未打开双闸板防喷器半封扣10分，未调整盘根压帽松紧扣2分； 5. 未验电扣3分，未戴绝缘手套接触柜门扣3分，未侧身合闸扣3分，未检查供电系统扣3分； 6. 未检查仪表是否正常扣3分； 7. 未检查刹车扣5分，漏一处扣2分	35		
4	启动抽油机操作	1. 松刹车，将抽油机停在自由位置； 2. 点启动按钮启动抽油机； 3. 记录开井时间	正确启动抽油机	1. 未松刹车启抽扣终止考试； 2. 不会启动抽油机扣5分； 3. 未记录开井时间扣3分	10		

续表

序号	考核内容	操作规程	评分要素	评分标准	配分	扣分	得分
5	启抽后检查	1. 听抽油机各部分运转是否正常，有无碰、挂及异响； 2. 检查电动机温度是否正常； 3. 检查上、下冲程运行电流情况； 4. 检查井口压力、温度，检查有无出液； 5. 盘根盒松紧是否合适，上行测试光杆温度，下行涂抹黄油，光杆有无碰挂现象； 6. 检查地面生产流程有无“跑、冒、滴、漏”现象； 7. 记录开井后生产各项参数； 8. 计量，核实产量	启抽后的检查	1. 未检查抽油机运转情况扣 5 分； 2. 未检查电动机温度扣 3 分； 3. 未检查上、下冲程运行电流扣 5 分，测电流方法不正确扣 5 分，未戴绝缘手套持钳形电流表测量扣 3 分； 4. 未检查井口压力、温度、出液情况扣 5 分，漏一处扣 2 分； 5. 未检查盘根盒松紧扣 2 分，未测试光杆温度扣 2 分，未涂抹黄油扣 2 分，方法不正确每处扣 2 分，未检查光杆有无碰挂现象扣 3 分； 6. 未检查地面生产流程有无“跑、冒、滴、漏”现象扣 3 分； 7. 未记录开井后生产参数扣 5 分，少一项扣 1 分； 8. 未计量核实产量扣 3 分	20		
6	填写报表，清理场地	1. 将相关数据填入班报表； 2. 清洁现场，收拾工具	规范填写报表，收拾工具，清洁场地	1. 未填写报表扣 5 分，漏一项扣 2 分； 2. 未清理现场扣 5 分、工具少收一件扣 2 分	10		
7	安全文明操作	1. 遵守国家或企业有关安全规定； 2. 操作过程中严格遵守“四不伤害”原则	遵守国家或企业有关安全规定	1. 每违反一项规定，从总分中扣 5 分； 2. 因操作不当造成人身伤害，从总分中扣 20 分； 3. 严重违规取消考核			
备注							
合　计					100		

考评员：　　　　核分员：　　　　年　月　日

十三、皮带式抽油机关井操作

1. 考核要求

（1）必须正确穿戴、使用劳动保护用品。
（2）工具、量具、用具准备齐全，正确使用。
（3）操作规程符合安全文明操作。
（4）按规定完成操作项目，质量达到技术要求。
（5）操作完毕，做到“工完、料净、场地清”。

2. 准备要求

（1）设备准备：

序 号	名 称	规 格	数 量	备 注
1	抽油机井		1套	

（2）材料准备：

序 号	名 称	规 格	数 量	备 注
1	大布		2块	
2	手套		1副	
3	绝缘手套		1只	
4	验电笔		1支	
5	笔		1支	
6	报表		1张	

（3）工具、用具准备：

序 号	名 称	规 格	数 量	备 注
1	活动扳手	375mm	1把	
2	管钳	600mm	1把	
3	小撬杠		2根	
4	防喷器专用扳手		1把	

（4）气防设施准备：

序号	名称	规格	数量	备注
1	硫化氢检测仪		1台	含硫井须携带
2	空气呼吸器		1套	含硫井须携带

3. 操作程序说明

1）关井前检查

（1）核对井号确认关井信息。

（2）落实关井后是否需要进行扫线、处理井筒等作业。

（3）含硫化氢井须对现场进行有毒有害气体检测，做好防范措施。

（4）记录井口参数(包括油压、套压、回压、井温、电流、电压等参数)。

（5）根据关井时间长短，确定对井口水套炉进行温炉(冬季)或停炉(夏季)。

2）停机操作

（1）验电确认安全，旋转抽油机启停开关，根据油井情况，停在适当的位置，刹紧刹车。

（2）用试电笔对变频控制柜验电，确认安全后戴绝缘手套开柜门侧身拉闸断电。

（3）记录停机时间。

（4）用试电笔对一级配电柜验电，确认安全后戴绝缘手套开柜门侧身拉闸断电。

3）关井操作

（1）关闭盘根盒二级密封及双闸板防喷器半封(掺稀井需用稀油处理井筒)。

（2）关闭套管外侧阀门(掺稀井提前通知计转站停止掺稀)，关闭立管阀门。

（3）稠油井需扫线，扫线量为管容的1.2~1.5倍，作业完毕后关闭回压阀门。

（4）通知计转站关闭进站阀门。

4）填写班报表，清理现场

（1）将相关数据填入班报表。

（2）收拾工具，清理现场。

4. 考核规定说明

（1）如发现操作过程中可能发生重大违章(如人身伤害、环境污染、设备损坏等)，将终止操作。

（2）考核采用百分制，考核项目得分按鉴定比重进行折算。

（3）考核方式说明：本项目为实际操作题，考核过程按评分标准及操作过程进行评分。

（4）考评技能说明：本项目主要测试考生对皮带式抽油机关井技能掌握的熟练程度。

5. 考核时限

（1）准备工作：1min(不计入考核时间)。

（2）正式操作时间：10min。

（3）提前完成操作不加分，到时停止操作考核。

6. 评分记录表

皮带式抽油机关井操作评分记录表

操作时间：10min　　　　考生：　　　　操作用时：

序号	考核内容	操作规程	评分要素	评分标准	配分	扣分	得分
1	准备	1. 劳动保护用品； 2. 准备工具：大布、手套、绝缘手套、验电笔、笔、报表、活动扳手、管钳、小撬杠、防喷器专用扳手	准备工具、量具、用具	1. 劳保穿戴不整齐扣5分； 2. 未准备工具及材料扣5分、多、少准备一件扣2分	10		
2	关井前检查	1. 核对井号确认关井信息； 2. 落实关井后是否需要进行扫线、处理井筒等作业； 3. 含硫化氢井需对现场进行有毒有害气体检测，做好防范措施； 4. 记录井口参数(包括油压、套压、回压、井温、电流、电压等参数)； 5. 根据关井时间长短，确定对井口水套炉进行温炉(冬季)或停炉(夏季)	确认关井信息、录取参数、调整炉火	1. 未核对井号确认关井信息扣5分； 2. 未落实关井后是否需要进行扫线、处理井筒等作业扣5分； 3. 含硫化氢井未对现场进行有毒有害气体检测扣5分，未做防范措施扣10分； 4. 未记录井口参数扣5分，漏一项扣2分； 5. 未调整水套炉扣5分	30		
3	停机操作	1. 验电确认安全，旋转抽油机启停开关，根据油井情况，停在适当的位置，刹紧刹车； 2. 用试电笔对变频控制柜验电，确认安全后戴绝缘手套开柜门侧身拉闸断电 3. 记录停机时间； 4. 用试电笔对一级配电柜验电，确认安全后戴绝缘手套侧身拉闸断电	严格按操作步骤操作	1. 不会停抽扣5分，停机位置不合适扣2分，未刹紧刹车扣10分； 2. 未验电扣5分，未戴绝缘手套接触柜门扣3分，未侧身拉闸断电扣3分； 3. 未记录停机时间扣2分； 4. 未验电扣5分，未戴绝缘手套接触柜门扣5分，未侧身拉闸断电扣5分	30		

续表

序号	考核内容	操作规程	评分要素	评分标准	配分	扣分	得分
4	关井操作	1. 关闭盘根盒二级密封及双闸板防喷器半封(掺稀井需用稀油处理井筒); 2. 关闭套管外侧阀门(掺稀井提前通知计转站停止掺稀),关闭立管阀门; 3. 稠油井需扫线,扫线量为管容的1.2~1.5倍,作业完毕后关闭回压阀门; 4. 通知计转站关闭进站阀门	停抽油机操作	1. 未关闭盘根盒二级密封扣5分,未关闭双闸板防喷器半封扣10分,未口述掺稀井需用稀油处理井筒扣3分; 2. 未关闭套管外侧阀门扣5分,掺稀井未提前通知计转站停止掺稀扣10分,未关闭立管阀门扣5分; 3. 未口述抽油井扫线扣3分,扫线不彻底扣5分,扫线后未关闭回压阀门扣5分; 4. 关井后未通知计转站关闭进站阀门扣5分	20		
5	填写班报表,清理现场	1. 将相关数据填入班报表; 2. 收拾工具,清理现场	规范填写班报表	1. 未填写班报表扣5分,漏填一项扣2分; 2. 未清理现场扣5分,未收拾工具扣5分,少收一件扣2分	10		
6	安全文明操作	1. 遵守国家或企业有关安全规定; 2. 操作过程中严格遵守"四不伤害"原则	遵守国家或企业有关安全规定	1. 每违反一项规定,从总分中扣5分; 2. 因操作不当造成人身伤害,从总分中扣20分; 3. 严重违规取消考核			
备注							
			合计		100		

考评员: 核分员: 年 月 日

十四、电潜泵巡检操作

1. 考核要求

（1）必须穿戴劳动保护用品。

（2）工具、量具、用具准备齐全，正确使用。

（3）操作规程符合安全文明操作。

（4）按规定完成操作项目，质量达到技术要求。

（5）操作完毕，做到“工完、料净、场地清”。

2. 准备要求

（1）设备准备：

序 号	名 称	规 格	数 量	备 注
1	电动潜油泵井		1口	生产井

（2）材料准备：

序 号	名 称	规 格	数 量	备 注
1	大布		2块	
2	手套		1副	
3	笔		1支	
4	记录本		1本	

（3）工具、用具准备：

序 号	名 称	规 格	数 量	备 注
1	试电笔		1支	
2	管钳	600mm	1把	
3	绝缘手套		1只	

3. 操作程序说明

1）检查井口流程

（1）检查井口生产流程，各闸门的开关状态是否正常。

（2）检查井口各连接部位是否紧固，有无“跑、冒、滴、漏”现象。

2）检查、录取井口生产参

（1）录取油压、套压、回压、温度等生产参数。

（2）检查加热炉运行情况，记录相关参数。

3）检查油井出液情况

（1）通过参数核实出液情况，听油井出液声是否正常。

（2）通过取样观察出液状况。

4）检查接线盒、升压变压器

（1）先用试电笔测试接线盒外壳是否漏电，确认安全后，戴好绝缘手套打开接线盒。

（2）检查盒内有无老化、焦糊味及接线桩是否牢固。

（3）观察升压变压器油箱液位是否正常，变压器是否漏油。

5）检查控制柜

（1）先用试电笔测试控制柜是否漏电，确认安全后，戴好绝缘手套打开控制柜门。

（2）控制柜内无异响、异味等异常现象。

（3）录取显示屏上的各项参数并做好记录(运行电流、运行电压、运行频率)。

（4）检查电流卡片记录仪运行是否正常，曲线是否清晰流畅。

（5）检查变频柜风扇运转是否正常。

（6）检查室内环境温度是否过高，有空调的应检查其运行是否正常。

（7）有滤波柜应检查其运行情况。

6）填写报表，清理场地

（1）将相关生产数据填入班报表。

（2）清洁现场，收拾工具，做好相应记录。

4. 考核规定说明

（1）如发现操作过程中可能发生重大违章(如人身伤害、环境污染、设备损坏等)，将终止操作；

（2）考核采用百分制，考核项目得分按鉴定比重进行折算。

（3）考核方式说明：本项目为实际操作题，考核过程按评分标准及操作过程进行评分。

（4）考评技能说明：本项目主要测试考生对电潜泵巡检技能掌握的熟练程度。

5. 考核时限

（1）准备工作：1min(不计入考核时间)。

（2）正式操作时间：15min。

（3）提前完成操作不加分，到时终止操作考核。

6. 评分记录表

电潜泵巡检操作评分记录表

操作时间：15min　　考生：　　操作用时：

序号	考核内容	操作规程	评分要素	评分标准	配分	扣分	得分
1	准备	1. 穿戴好劳动保护用品； 2. 准备工具：大布、手套、笔、记录本、试电笔、管钳、绝缘手套	准备工具、用具	1. 劳保穿戴不整齐扣 5 分； 2. 未准备工具及材料扣 5 分，多、少准备一件扣 2 分	5		

续表

序号	考核内容	操作规程	评分要素	评分标准	配分	扣分	得分
2	检查井口流程	1. 检查井口生产流程，各闸门的开关状态是否正常； 2. 检查井口各连接部位是否紧固，有无“跑、冒、滴、漏”现象	检查井口生产流程，确认油井正常安全生产	1. 未检查生产流程扣10分，一处检查不到位扣2分； 2. 一处跑冒滴漏未发现扣2分，发现不处理一处扣5分	20		
3	检查录取井口生产参数	1. 录取油压、套压、回压、温度等生产参数； 2. 检查加热炉运行情况，记录相关参数	取全取准油井生产参数，确保所录取数据真实有效	1. 压力表读数误差超过±0.2，一处扣5分；参数录取错误扣10分，未做记录扣5分； 2. 未检查水套炉扣5分，少一处扣2分	10		
4	检查油井出液情况	1. 通过参数核实出液情况，听油井出液声是否正常； 2. 通过取样观察出液状况	检查油井出液是否正常	1. 未核实参数，检查油井出液是否正常扣3分； 2. 未取样观察扣2分	5		
5	检查接线盒、升压变压器	1. 先用试电笔测试接线盒外壳是否漏电，确认安全后，戴好绝缘手套打开接线盒； 2. 检查盒内有无老化、焦糊味及接线桩是否牢固； 3. 落实升压变压器油箱液位是否正常，变压器是否漏油	检查接线盒、升压变压器是否存在异常，是否存在安全隐患	1. 未验电扣5分； 2. 未带绝缘手套接触接线盒扣10分，不检查接线盒扣10分； 3. 未落实升压变压器油箱液位扣5分，不检查变压器是否漏油扣5分	20		
6	检查控制柜	1. 先用试电笔测试控制柜是否漏电，确认安全后，戴好绝缘手套打开控制柜门； 2. 控制柜应无异响异味等异常现象； 3. 录取显示屏上的各项参数并做好记录（电流、电压、频率）； 4. 检查电流卡片记录仪运行是否正常，笔头是否清晰流畅； 5. 检查变频柜风扇运转是否正常； 6. 检查室内环境温度是否过高，有空调的应检查其运行情况； 7. 检查滤波柜运行是否正常	规范操作带电设备，严格按变频柜操作规程操作，录取运行参数	1. 未验电扣5分，验电方法不正确扣2分，未戴绝缘手套接触带电设备扣5分； 2. 未检查控制柜扣5分； 3. 参数录取错误扣10分，漏一项扣2分； 4. 未检查电流卡片记录仪扣5分，未检查笔头扣5分，损坏电流卡片扣5分； 5. 未检查变频柜风扇扣10分； 6. 未检查室内环境温度扣5分，未检查空调口3分； 7. 未检查滤波柜扣5分	30		

续表

序号	考核内容	操作规程	评分要素	评分标准	配分	扣分	得分
7	填写报表，清理场地	1. 将相关生产数据填入班报表； 2. 清洁现场，收拾工具，做好相应记录	规范填写报表收拾工具，清洁场地	1. 未填报表扣5分，漏一项扣2分； 2. 未清理现场扣5分，工具少收一件扣2分	10		
8	安全文明操作	1. 遵守国家或企业有关安全规定； 2. 操作过程中严格遵守"四不伤害"原则	遵守国家或企业有关安全规定	1. 每违反一项规定，从总分中扣5分； 2. 因操作不当造成人身伤害、环境污染、设备损坏，从总分中扣20分； 3. 严重违规终止操作			
备注							
合　计					100		

考评员：　　　　核分员：　　　　年　月　日

十五、电潜泵开井操作

1. 考核要求

（1）必须穿戴劳动保护用品。
（2）工具、量具、用具准备齐全，正确使用。
（3）操作规程符合安全文明操作。
（4）按规定完成操作项目，质量达到技术要求。
（5）操作完毕，做到"工完、料净、场地清"。

2. 准备要求

（1）设备准备：

序 号	名 称	规 格	数 量	备 注
1	电动潜油泵井		1 口	生产井

（2）材料准备：

序 号	名 称	规 格	数 量	备 注
1	大布		2 块	
2	手套		1 副	
3	笔		1 支	
4	报表		1 张	

（3）工具、用具准备：

序 号	名 称	规 格	数 量	备 注
1	试电笔		1 支	
2	管钳	600mm	1 把	
3	绝缘手套		1 只	
4	电流卡片		1 张	
5	F 扳手		1 把	

3. 操作程序说明

1）检查并倒通井口流程

（1）核实开井通知单信息，通知计转站打开进站阀门，如有加药、掺稀、伴水应倒通流程提前试注，确保压力、流量稳定。

（2）检查油井工作制度是否符合开井条件。

（3）检查井口生产流程，各闸门开关状态。

（4）检查井口各连接部位是否紧固，有无“跑、冒、滴、漏”现象。

（5）确认放空阀门关闭，依次打开回压阀门、打开立管阀门、打开生产阀门、打开套管定压阀或掺稀阀门。

（6）记录开井前油压、套压等数据。

（7）由专业人员检查地面供电系统及地面设备是否完好。

（8）配电柜验电，确认安全后，戴好绝缘手套送电。

2）检查控制屏

（1）用试电笔检查隔离开关控制柜是否漏电，确认安全后，戴好绝缘手套送电。

（2）检查控制屏，根据开井通知单设置运行参数。

（3）填写并安装电流卡片。

3）启动电潜泵

（1）按下启动按钮，启泵。

（2）查阅运行参数，看运行是否平稳。

（3）根据实际运行电流重新设定过、欠载值，欠载值为实际工作电流的80%，过载值为实际工作电流的120%。

4）启泵后检查

（1）确认出液是否正常，如不出液需憋泵。

（2）观察油压变化至趋于稳定并取油样。

（3）检查流程有无“跑、冒、滴、漏”现象。

（4）复核变频柜运行电流、电压。

（5）检查电流卡片记录仪运行情况。

（6）记录开井后生产数据，待生产运行平稳后方可离开。

5）填写报表，清理场地

（1）规范填写班报表。

（2）清洁现场，收拾工具，做好相应记录。

4. 考核规定说明

（1）如发现操作过程中可能发生重大违章（如人身伤害、环境污染、设备损坏等），将终止操作。

（2）考核采用百分制，考核项目得分按鉴定比重进行折算。

（3）考核方式说明：本项目为实际操作题，考核过程按评分标准及操作过程进行评分。

（4）测量技能说明：本项目主要测试考生对电潜泵开井技能掌握的熟练程度。

5. 考核时限

（1）准备工作：1min（不计入考核时间）。

（2）正式操作时间：20min。

（3）提前完成操作不加分，到时停止操作考核。

6. 评分记录表

电潜泵开井操作评分记录表

操作时间：20min　　　　考生：　　　　操作用时：

序号	考核内容	操作规程	评分要素	评分标准	配分	扣分	得分
1	准备	1. 穿戴好劳动保护用品； 2. 准备工具：大布、手套、笔、报表、试电笔、管钳、绝缘手套、电流卡片、F扳手	准备工具、量具、用具	1. 劳保穿戴不整齐扣5分； 2. 未准备工具及材料扣5分，多、少准备一件扣2分	5		
2	检查并倒井口流程	1. 核对开井通知单信息，通知计转站打开进站阀门，如有加药、掺稀、伴水应倒通流程提前试注，确保压力、流量稳定； 2. 检查油井工作制度是否符合开井条件； 3. 检查井口生产流程，各闸门的开关状态； 4. 检查井口各连接部位是否紧固，有无“跑、冒、滴、漏”现象； 5. 确认放空阀门关闭，依次打开回压阀门、打开立管阀门、打开生产阀门、打开套管定压阀或掺稀阀门； 6. 记录开井前油压、套压； 7. 口述：由专业人员检查地面供电系统及地面设备是否完好； 8. 配电柜验电，确认安全后，戴好绝缘手套送电	检查井口生产流程，确认油井正常安全生产	1. 未核对开井通知单扣2分，未通知计转站打开进站阀门扣10分；如有加药、掺稀、伴水等，未口述倒通流程提前试注扣2分； 2. 未检查油井工作制度是否符合开井条件扣5分； 3. 未检查井口生产流程，各闸门的开关状态扣5分； 4. 未检查井口各连接部位是否紧固，有无“跑、冒、滴、漏”现象扣5分； 5. 未关闭放空阀门扣5分，倒错流程扣10分，顺序错一处扣2分； 6. 未记录开井前油压、套压扣3分； 7. 未口述由专业人员检查地面供电系统及地面设备是否完好未口述扣2分； 8. 未验电扣3分，验电方法不正确扣2分，未侧身合闸扣5分	35		

续表

序号	考核内容	操作规程	评分要素	评分标准	配分	扣分	得分
3	检查控制屏	1. 用试电笔检查隔离开关控制柜是否漏电，确认安全后，戴好绝缘手套送电； 2. 检查控制屏，根据开井通知单设置运行参数； 3. 填写并安装电流卡片	检查控制屏是否正常，调整运行参数、安装电流卡片	1. 未检查隔离开关控制柜是否漏电扣 3 分，未戴好绝缘手套送电扣 5 分； 2. 未根据开井通知单设置运行参数扣 5 分； 3. 安装电流卡片方法不正确扣 5 分，卡片内容漏填一项扣 2 分	20		
4	启动电潜泵	1. 按下启动按钮，启泵； 2. 观察运行参数，看运行是否平稳； 3. 根据实际运行电流重新设定过、欠载值，口述：欠载值为实际工作电流的 80%，过载值为实际工作电流的 120%	正确启动电潜泵	1. 不会启动扣 10 分； 2. 未观察运行参数是否平稳扣 2 分； 3. 未依据运行电流需重新设定过、欠载值扣 5 分，不清楚过、欠载值设置范围扣 10 分	15		
5	启泵后检查	1. 确认出液是否正常，如不出液需憋泵； 2. 观察油压变化至趋于稳定并取油样； 3. 检查流程有无“跑、冒、滴、漏”现象； 4. 复核变频柜运行电流、电压； 5. 检查电流卡片记录仪运行情况； 6. 记录开井后生产参数，待生产运行平稳后方可离开	确认启泵后生产安全	1. 启泵后未确认井口出液情况扣 3 分； 2. 启泵后未观察井口参数变化情况扣 3 分，未取样的扣 5 分； 3. 未检查流程有无“跑、冒、滴、漏”扣 5 分，少一处扣 1 分； 4. 未复核变频柜运行电流、电压的扣 3 分； 5. 未检查电流卡片记录仪运行情况扣 3 分； 6. 未记录开井后生产参数扣 5 分，少一项扣 1 分	15		
6	填写报表，清洁现场	1. 规范填写班报表； 2. 清洁现场，收拾工具，做好相应记录	规范填写报表收拾工具，清洁场地	1. 不填报表扣 5 分，漏一项扣 2 分； 2. 未清理现场扣 5 分，工具少收一件扣 2 分	10		

续表

序号	考核内容	操作规程	评分要素	评分标准	配分	扣分	得分
7	安全文明操作	1. 遵守国家或企业有关安全规定； 2. 操作过程中严格遵守“四不伤害”原则	遵守国家或企业有关安全规定	1. 每违反一项规定，从总分中扣5分； 2. 因操作不当造成人身伤害、环境污染、设备损坏，从总分中扣20分； 3. 严重违规终止操作			
备注							
合 计					100		

考评员：　　　　核分员：　　　　年　月　日

十六、电潜泵关井操作

1. 考核要求

(1) 必须穿戴劳动保护用品。
(2) 工具、量具、用具准备齐全，正确使用。
(3) 操作规程符合安全文明操作。
(4) 按规定完成操作项目，质量达到技术要求。
(5) 操作完毕，做到“工完、料净、场地清”。

2. 准备要求

(1) 设备准备：

序　号	名　称	规　格	数　量	备　注
1	电动潜油泵井		1 口	生产井

(2) 材料准备：

序　号	名　称	规　格	数　量	备　注
1	大布		2 块	
2	手套		1 副	
3	笔		1 支	
4	报表		1 张	

(3) 工具、用具准备：

序　号	名　称	规　格	数　量	备　注
1	试电笔		1 支	
2	管钳	600mm	1 把	
3	绝缘手套		1 只	
4	F 扳手		1 把	

3. 操作程序说明

1) 停泵前检查
(1) 检查井口生产流程。
(2) 检查井口各连接部位是否紧固，有无“跑、冒、滴、漏”现象。
(3) 记录关井前油压、套压、回压、温度、电流、电压、频率等生产参数。

2）检查控制屏并停机

（1）验电，确认安全。

（2）按下停止按钮，观察显示屏是否显示“rdy”停机。

（3）取下电流卡片并填写相应的信息。

（4）验电确认安全，依次拉下隔离开关和总电源开关、断电。

3）停泵后操作

（1）井口压力稳定后，关闭采油树生产阀门及注入阀门（掺稀井、掺水井应先通知注入单位停止掺稀、掺水），并记录关井参数。

（2）关闭立管阀门、回压阀门。

（3）开立管放空阀泄压，压力泄尽后关闭放空阀门。

（4）稠油井必须对生产流程进行扫线，扫线量为实际管容的1.2～1.5倍，扫线完毕后通知计转站关闭进站阀门。

（5）据关井时间长短，确定对井口水套炉进行温炉或停炉。

4）填写报表，清理场地

（1）将相关数据填入班报表。

（2）清洁现场，收拾工具，做好相应记录。

4. 考核规定说明

（1）如发现操作过程中可能发生重大违章（如人身伤害、环境污染、设备损坏等），将终止操作。

（2）考核采用百分制，考核项目得分按鉴定比重进行折算。

（3）考核方式说明：本项目为实际操作题，考核过程按评分标准及操作过程进行评分。

（4）考评技能说明：本项目主要测试考生对电潜泵关井技能掌握的熟练程度。

5. 考核时限

（1）准备工作：1min（不计入考核时间）。

（2）正式操作时间：10min。

（3）提前完成操作不加分，到时停止操作考核。

6. 评分记录表

电潜泵关井操作评分记录表

操作时间：10min　　考生：　　操作用时：

序号	考核内容	操作规程	评分要素	评分标准	配分	扣分	得分
1	准备	1. 穿戴好劳动保护用品； 2. 准备工具：大布、手套、笔、报表、试电笔、管钳、绝缘手套、电流卡片、F扳手	准备工具、量具、用具	1. 劳保穿戴不整齐扣5分； 2. 未准备工具及材料扣5分，多、少准备一件扣2分	5		

续表

序号	考核内容	操作规程	评分要素	评分标准	配分	扣分	得分
2	停泵前检查	1. 检查井口生产流程； 2. 检查井口各连接部位是否紧固，有无“跑、冒、滴、漏”现象； 3. 记录关井前油压、套压、回压、温度、电流、电压、频率等生产参数	检查井口生产流程，确认油井正常安全生产	1. 未检查生产流程扣10分； 2. 检查不到位，一处扣2分； 3. 未记录停泵前生产参数，一处扣2分	25		
3	检查控制屏并停机	1. 验电，确认安全； 2. 按下停止按钮，观察显示屏是否显示“rdy”停机； 3. 取下电流卡片并填写相应的信息； 4. 验电确认安全，依次拉下隔离开关和总电源开关、断电	检查控制屏是否正常，停机	1. 未验电扣5分，验电方法不正确扣2分、未带绝缘手套接触带电设备扣5分； 2. 未观察控制屏扣5分； 3. 未取电流卡片扣5分，未观察运行情况扣3分，电流卡片记录数据少填一项扣2分； 4. 未戴绝缘手套拉闸断电扣5分，未侧身拉闸断电扣5分	25		
4	停泵后检查	1. 井口压力稳定后，关闭采油树生产阀门及注入阀门(口述：掺稀井、掺水井应先通知注入单位停止掺稀、掺水)，并记录关井参数； 2. 关闭立管阀门、回压阀门； 3. 开立管放空阀泄压，压力泄尽后关闭放空阀门； 4. 稠油井必须对生产流程进行扫线，扫线量为实际管容的1.2~1.5倍，扫线完毕后通知计转站关闭进站阀门； 5. 据关井时间长短，确定对井口水套炉进行温炉或停炉	关停电潜泵，严格按照电潜泵启停操作规程操作	1. 未在确认压力稳定关井扣3分，未口述扣2分，未记录关井参数扣5分，少一项扣2分； 2. 未关闭立管阀门、回压阀门扣5分，关阀门未侧身扣5分； 3. 未泄压扣3分，压力泄尽后不关闭放空阀门扣5分； 4. 稠油井未对生产流程进行扫线机处理井筒扣10分，扫线完毕后未通知计转站关闭进站阀门扣5分； 5. 未检查调整水套炉炉火或停炉扣5分	30		

续表

序号	考核内容	操作规程	评分要素	评分标准	配分	扣分	得分
5	填写报表，清理场地	1. 将相关数据填入班报表； 2. 清洁现场，收拾工具，做好相应记录	规范填写报表收拾工具，清洁场地	1. 未填写班报表扣5分，少一项扣2分； 2. 未清理现场扣5分，工具少收一件扣2分	15		
6	安全文明操作	1. 遵守国家或企业有关安全规定； 2. 操作过程中严格遵守“四不伤害”原则	遵守国家或企业有关安全规定	1. 每违反一项规定，从总分中扣5分； 2. 因操作不当造成人身伤害、环境污染、设备损坏，从总分中扣20分； 3. 严重违规终止操作			
备注							
合　计					100		

考评员：　　　　核分员：　　　　年　月　日

十七、注水井巡检操作

1. 考核要求

(1) 必须穿戴劳动保护用品。
(2) 工具、量具、用具准备齐全，正确使用。
(3) 操作规程符合安全文明操作。
(4) 按规定完成操作项目，质量达到技术要求。

2. 准备要求

(1) 设备准备：

序　号	名　称	规　格	数　量	备　注
1	单井注水流程		1套	

(2) 材料准备：

序　号	名　称	规　格	数　量	备　注
1	大布		2块	
2	手套		1副	
3	笔		1支	
4	报表		1本	

(3) 工具、用具准备：

序　号	名　称	规　格	数　量	备　注
1	绝缘手套		一只	
2	试电笔	500V	一支	
3	量油尺	5m	一把	

3. 操作程序说明

1) 井口检查
(1) 检查记录油套压。
(2) 检查各连接处有无“跑、冒、滴、漏”现象。
2) 检查高压注水泵
(1) 听运转声音是否正常。
(2) 看各连接部位有无松动、渗漏，电流电压是否正常。

(3) 检查电机电流电压是否在规定范围内。

(4) 摸(用手背)电机温度是否发烫。

(5) 检查泵压是否符合注水压力要求。

(6) 先用试电笔测试启动柜是否漏电，确认安全后，戴好绝缘手套打开启动柜检查电缆有无老化，连接是否牢固，仪表是否完好，有无异响及异味。

3) 检查喂水泵

(1) 听运转声音是否正常。

(2) 看各连接部位有无松动、渗漏。

(3) 摸(用手背)电机温度是否发烫。

(4) 嗅启动开关有无异味。

4) 量取储水罐液位

(1) 记录水表底数或量取水罐液位，观察液位下降情况。

(2) 检查上水情况是否正常。

(3) 观察来水压力。

5) 填写报表，收拾工具，清洁现场

(1) 将相关数据填入班报表。

(2) 收拾工具，清洁现场。

4. 考核规定说明

(1) 如发现操作过程中可能发生重大违章(如人身伤害、环境污染、设备损坏等)，将终止操作。

(2) 考核采用百分制，考核项目得分按鉴定比重进行折算。

(3) 考核方式说明：本项目为实际操作题，考核过程按评分标准及操作过程进行评分。

(4) 考评技能说明：本项目主要测试考生对注水井巡检技能掌握的熟练程度。

5. 考核时限

(1) 准备工作：1min(不计入考核时间)。

(2) 正式操作时间：10min。

(3) 提前完成操作不加分，到时终止操作考核。

6. 评分记录表

注水井巡检操作评分记录表

操作时间：10min　　考生：　　操作用时：

序号	考核内容	操作规程	评分要素	评分标准	配分	扣分	得分
1	准备	1. 穿戴好劳动保护用品； 2. 准备工具：大布、手套、绝缘手套、试电笔、量油尺、笔、报表	准备工具、量具、用具	1. 劳保穿戴不整齐扣5分； 2. 未准备工具及材料扣5分，多、少准备一件扣2分	5		

续表

序号	考核内容	操作规程	评分要素	评分标准	配分	扣分	得分
2	井口检查	1. 检查记录油套压； 2. 检查各连接处有无“跑、冒、滴、漏”现象	能正确记录油套压，会检查	1. 未记录油套压扣5分，未三点一线看压力值扣2分，读数误差超过±0.2扣2分； 2. 未观察各连接部位扣5分，漏一处扣2分	15		
3	检查高压注水泵	1. 听注水泵及电机运转声音是否正常； 2. 看各连接部位有无松动、渗漏，电流电压是否正常； 3. 检查电机电流电压是否符合要求； 4. 摸(用手背)电机温度是否发烫； 5. 检查泵压是否符合注水压力要求； 6. 先用试电笔测试启动柜是否漏电，确认安全后，戴好绝缘手套打开启动柜检查电缆有无老化，连接是否牢固，仪表是否完好，有无异响及异味	注水泵及配电设施的检查操作，按“五字检查法”检查	1. 未听设备运转声音是否正常扣5分； 2. 未检查各连接部位扣5分，漏一项扣2分； 3. 未检查电流电压扣3分； 4. 未检查电机温度扣5分； 5. 未检查注水压力扣5分； 6. 未验电扣5分，验电方法不正确扣2分，不戴绝缘手套接触带电设备扣5分，未检查电缆及连接情况扣3分，未检查仪表扣3分，未检查异响异味扣3分	30		
4	检查喂水泵	1. 听运转声音是否正常； 2. 看各连接部位有无松动、渗漏； 3. 摸(用手背)电机温度是否发烫， 4. 嗅启动开关有无异味	喂水泵及配电设施的检查操作，按“五字检查法”检查	1. 未听设备运转声音是否正常扣5分； 2. 未检查各连接部位扣5分，漏一项扣2分； 3. 未检查电机温度扣5分； 4. 未检查异响异味扣3分	20		
5	量取储水罐液位	1. 记录水表底数或量取水罐液位，观察液位下降情况； 2. 检查上水情况是否正常； 3. 观察来水压力	计量准确，按规范操作	1. 未记录水表底数或量取水罐液位扣10分，未观察液位下降情况扣3分； 2. 未检查上水情况扣5分； 3. 未观察来水压力扣5分	15		
6	填写报表，清理场地	1. 将相关数据填入班报表； 2. 清洁现场，收拾工具，做好相应记录	按规范填写报表	1. 未填写报表扣5分，少填一项扣2分，错误一项扣2分； 2. 未清理现场扣5分，工具少收一件扣2分	15		

续表

序号	考核内容	操作规程	评分要素	评分标准	配分	扣分	得分
7	安全文明操作	1. 遵守国家或企业有关安全规定； 2. 操作过程中严格遵守“四不伤害”原则	遵守国家或企业有关安全规定	1. 每违反一项规定，从总分中扣5分； 2. 因操作不当造成人身伤害、环境污染、设备损坏，从总分中扣20分； 3. 严重违规终止操作			
备注							
合　　计					100		

考评员：　　　　　　核分员：　　　　　　年　月　日

十八、开关高压双闸板防喷器操作

1. 考核要求

(1) 必须穿戴劳动保护用品。
(2) 工具、量具、用具准备齐全，正确使用。
(3) 操作规程符合安全文明操作。
(4) 按规定完成操作项目，质量达到技术要求。
(5) 操作完毕，做到“工完、料净、场地清”。

2. 准备要求

(1) 设备准备：

序号	名称	规格	数量	备注
1	抽油机井	常规	1口	

(2) 材料准备：

序号	名称	规格	数量	备注
1	绝缘手套		1只	
2	劳保手套		1副	

(3) 工具、用具准备：

序号	名称	规格	数量	备注
1	防喷器专用扳手		2把	
2	验电笔		1支	
3	开关警示牌		1个	
4	笔		1支	
5	报表		1张	

3. 操作程序说明

1) 录取井口参数
(1) 记录井口油压、套压、回压、井温等参数。
(2) 读井口参数数据时，眼睛、指针、刻度保持三点一线。

2）停机操作

（1）启动柜外壳验电，确认无电。

（2）带绝缘手套开柜门，侧身按启动柜停止按钮，拉刹车将抽油机停在要求位置。

（3）记录停机时间，记录油压、套压参数。

（4）将警示牌放在配电柜门醒目位置。

（5）启动柜操作时，人必须站在配电柜侧面，防止电弧伤人。

3）关闭双闸板防喷器操作

（1）用双闸板防喷器专用扳手对称关闭半封锁紧丝杆，保证光杆居中。

（2）检查确认防喷器半封是否完全关闭，挂双闸板防喷器开关状态牌。

4）开启双闸板防喷器

（1）记录井口油压、套压、回压、井温等参数。

（2）检查抽油机周围有无障碍物，确定井口流程是否畅通。

（3）用双闸板防喷器专用扳手对称开启半封锁紧丝杆。

（4）检查防喷器半封是否开启，在防喷器半封锁紧轴处有开口视窗，可进行查看，确认开启。

（5）将开关状态牌调整至开启状态。

5）启机操作

（1）缓慢松开抽油机刹车，控制抽油机曲柄转速，防止转速过快造成抽油机机械损伤。

（2）取下抽油机总控制柜开关警示牌。

（3）先用试电笔测试启动柜是否漏电，确认安全后，戴好绝缘手套打开启动柜门。

（4）利用惯性启抽（或二次点启）。

（5）记录电流、电压参数及抽油机启抽时间。

6）运行检查

检查抽油机运转是否正常，各连接部分无异响，光杆与防喷器无偏磨、刮擦现象。

7）记录参数，清理场地

（1）记录油压、套压、回压、井温等参数。

（2）清洁现场，收拾、清洁工具。

4. 考核规定说明

（1）如发现操作过程中可能发生重大违章（如人身伤害、环境污染、设备损坏等），将终止操作。

（2）考核采用百分制，考核项目得分按鉴定比重进行折算。

（3）考核方式说明：本项目为实际操作题，考核过程按评分标准及操作过程进行评分。

（4）考评技能说明：本项目主要测试考生对开关高压双闸板防喷器技能掌握的熟练程度。

5. 考核时限

（1）准备工作：1min（不计入考核时间）。

（2）正式操作时间：10min。

（3）提前完成操作不加分，到时终止操作考核。

6. 评分记录表

开关高压双闸板防喷器操作评分记录表

操作时间：10min　　　　考生：　　　　操作用时：

序号	考核内容	操作规程	评分要素	评分标准	配分	扣分	得分
1	准备	1. 穿戴好劳动保护用品； 2. 准备工具：防喷器专用扳手、验电笔、开关警示牌、笔、报表	准备工具、用具	1. 劳保穿戴不整齐扣5分； 2. 未准备工具及材料扣5分，多、少准备一件扣2分	5		
2	录取井口参数	1. 记录井口油压、套压、回压、井温等参数； 2. 读井口参数数据时，眼睛、指针、刻度保持三点一线	取全取准油井参数	1. 未记录井口参数扣5分，漏一项扣2分； 2. 录取参数方法不正确扣5分	5		
3	停机操作	1. 启动柜外壳验电，确认无电； 2. 带绝缘手套开柜门，侧身按启动柜停止按钮，拉刹车将抽油机停在要求位置； 3. 记录停机时间，记录油压、套压、温度参数； 4. 将警示牌放在配电柜门醒目位置； 5. 启动柜操作时，人必须站在配电柜侧面，防止电弧伤人	验电、停机操作	1. 未验电扣5分，验电方法不正确扣2分； 2. 未戴绝缘手套接触带电设备扣5分，停机不到位一次扣5分； 3. 未记录停机时间扣3分，录取参数方法不正确扣2分，参数少记录一项扣2分； 4. 未挂警示牌扣5分； 5. 启动柜操作人未站侧面扣3分	15		
4	关闭双闸板防喷器操作	1. 用双闸板防喷器专用扳手对称关闭半封锁紧丝杆，保证光杆居中； 2. 检查确认防喷器半封是否完全关闭，挂双闸板防喷器开关状态牌	关闭双闸板防喷器半封操作	1. 未按要求对称关闭扣10分，未检查关闭后半封状态扣5分； 2. 未检查确认是否关严扣5分，未挂开关牌扣5分	20		

续表

序号	考核内容	操作规程	评分要素	评分标准	配分	扣分	得分
5	开启双闸板防喷器	1. 记录井口油压、套压、回压、井温等参数； 2. 检查抽油机周围有无障碍物，确定井口流程是否畅通； 3. 用双闸板防喷器专用扳手对称开启半封锁紧丝杆； 4. 检查防喷器半封是否开启，在防喷器半封锁紧轴处有开口视窗，可进行查看，确认开启； 5. 将开关状态牌调整至开启状态	开启双闸板防喷器半封操作	1. 未记录参数扣5分，少记录一项扣2分； 2. 未检查抽油机周围障碍物扣5分，未检查井口流程是否畅通扣5分； 3. 双闸板防喷器半封未对称开启扣10分； 4. 未确认半封是否完全打开，扣5分； 5. 开关牌未调整扣5分	20		
6	启机操作	1. 缓慢松开抽油机刹车，控制抽油机曲柄转速，防止转速过快造成抽油机机械损伤； 2. 取下抽油机总控制柜开关警示牌； 3. 先用试电笔测试启动柜是否漏电，确认安全后，戴好绝缘手套打开启动柜门； 4. 利用惯性启抽(或二次点启)； 5. 记录电流、电压参数及抽油机启抽时间	按规范启动抽油机操作	1. 未缓慢松刹车扣5分，未控制曲柄转速扣3分； 2. 未取警示牌扣2分； 3. 未验电扣5分，验电方法不正确扣2分，未戴绝缘手套扣5分； 4. 未利用惯性启抽扣5分，逆向启抽扣10分； 5. 未记录参数扣5分，漏一项扣2分	20		
7	运行检查	检查抽油机运转是否正常，各连接部分无异响，光杆与防喷器无偏磨、刮擦现象	运行检查	未检查扣5分，少一项扣2分	5		
8	记录参数，清理场地	1. 记录油压、套压、回压、井温等参数； 2. 清洁现场，收拾工具，做好相应记录	按规范录取参数	1. 未录取参数扣5分，录取方法不正确扣5分，少一项扣2分； 2. 未清理现场扣5分，工具少收一件扣2分	10		

续表

序号	考核内容	操作规程	评分要素	评分标准	配分	扣分	得分
9	安全文明操作	1. 遵守国家或企业有关安全规定； 2. 操作过程中严格遵守“四不伤害”原则	遵守国家或企业有关安全规定	1. 每违反一项规定，从总分中扣5分； 2. 因操作不当造成人身伤害、环境污染、设备损坏，从总分中扣20分； 3. 严重违规终止操作			
备注							
合　计					100		

考评员：　　　　核分员：　　　　年　月　日

十九、注水井注水操作

1. 考核要求

（1）必须穿戴劳动保护用品。
（2）工具、量具、用具准备齐全，正确使用。
（3）操作规程符合安全文明操作。
（4）按规定完成操作项目，质量达到技术要求。
（5）操作完毕，做到“工完、料净、场地清”。

2. 准备要求

（1）设备准备：

序 号	名 称	规 格	数 量	备 注
1	单井注水流程		1套	

（2）材料准备：

序 号	名 称	规 格	数 量	备 注
1	大布		2块	
2	手套		2副	
3	笔		1支	
4	报表		1本	

（3）工具、用具准备：

序 号	名 称	规 格	数 量	备 注
1	绝缘手套		1支	
2	试电笔		1支	
3	量油尺	5m	1把	木尺
4	F扳手		1把	
5	活动扳手	300mm、375mm	各1把	

3. 操作程序说明

1）注水前检查

（1）检查井口设备、记录注水前油、套压。

（2）检查有无油嘴，有油嘴的必须取出。

（3）检查地面设备注水泵、喂水泵流程、仪表是否正常；储水罐液位是否充足（液位大于 2/3）。

（4）检查地面供电系统及启动柜是否正常。

2）不同采油方式的注水形式（口述）

（1）自喷井：根据注水设计要求及入井管串选择注水方式（正注、反注），稠油井注水后必须按照设计要求注稀油。

（2）电泵井：注水方式为反注，注水过程中严格控制好套压，注水压力不得超过该流程设计最高压力的 80%，确保电缆密封头安全，稠油井注水后必须环注稀油至泵吸入口以下。

（3）管式泵：注水方式为反注，注水过程中严格控制好套压，注水压力不得超过该流程设计最高压力的 80%，确保井口流程安全，稠油井注水后必须环注稀油至泵吸入口以下。

（4）抽稠泵：注水方式为正注，注水前必须泄压压井，利用吊车配合拆除高压双闸板防喷器、上提柱塞出泵筒、安装高压转换接头、试压合格后实施注水，压力一般不得超过 25MPa，注水后必须环注稀油至泵吸入口以下，若反注，注水方式与管式泵一致。

3）倒流程操作

（1）依次打开储水罐出口阀门、喂水泵进、出口阀门、注水泵进口阀门。

（2）打开回流调节阀门。

4）启泵操作

（1）验电确认安全后，戴绝缘手套合上电源，侧身启动喂水泵。

（2）排尽泵内空气后，关闭放空阀；验电确认安全后，戴绝缘手套合侧身启动柱塞泵，空转运行。

（3）启泵后，注意观察泵出口压力，调节泵压，当泵压略大于井口压力时，打开井口注水阀门，打开泵出口闸门。

（4）记录水表底数及核实储水罐液位。

（5）注水正常后，按要求调整回流阀开度，调整注水量。

（6）记录起泵时间。

（7）核实注水量是否达到注水要求。

5）启泵后检查

（1）观察井口注水流程有无“跑、冒、滴、漏”。

（2）检查来水量是否满足要求，做好相应记录。

6）填写班报表，清理场地

（1）将相关生产数据及运行参数填入班报表。

（2）清洁现场，收拾工具，做好相应记录。

4. 考核规定说明

（1）如发现操作过程中可能发生重大违章（如人身伤害、环境污染、设备损坏等），将终止操作。

（2）考核采用百分制，考核项目得分按鉴定比重进行折算。

（3）考核方式说明：本项目为实际操作题，考核过程按评分标准及操作过程进行评分。

（4）考评技能说明：本项目主要测试考生对注水井注水技能掌握的熟练程度。

5. 考核时限

（1）准备工作：1min（不计入考核时间）。

（2）正式操作时间：15min。

（3）提前完成操作不加分，到时终止操作考核。

6. 评分记录表

注水井注水操作评分记录表

操作时间：15min　　考生：　　操作用时：

序号	考核内容	操作规程	评分要素	评分标准	配分	扣分	得分
1	准备	1. 穿戴好劳动保护用品； 2. 准备工具：记录本、笔、活动扳手、大布、绝缘手套、试电笔、手套、量油尺、F扳手	准备工具、量具、用具	1. 劳保穿戴不整齐扣5分； 2. 未准备工具及材料扣5分，多、少准备一件扣2分	5		
2	开井前检查	1. 检查井口设备、记录注水前油套压； 2. 检查有无油嘴，有油嘴的必须取出； 3. 检查地面设备注水泵、喂水泵流程、仪表是否正常；储水罐液位是否充足（液位大于2/3）； 4. 检查地面供电系统及启动柜是否正常	按规范操作	1. 未检查井口设备扣5分，未记录注水前油套压扣2分； 2. 未检查确认油嘴扣5分，有油嘴未取出扣5分； 3. 未检查地面设备注水泵、喂水泵流程、仪表是否正常；储水罐液位是否充足（液位大于2/3）扣10分，漏一项扣3分； 4. 未检查地面供电系统及启动柜是否正常扣5分	15		

续表

序号	考核内容	操作规程	评分要素	评分标准	配分	扣分	得分
3	不同井口注水要求	1. 自喷井：根据注水设计要求及入井管串选择注水方式（正注、反注），稠油井注水后必须按照设计要求注稀油； 2. 电泵井：注水方式为反注，注水过程中严格控制好套压，注水压力不得超过该流程设计最高压力的80%，确保电缆密封头安全，稠油井注水后必须环注稀油至泵吸入口以下； 3. 管式泵：反注时，注水过程中严格控制好套压，注水压力不得超过该流程设计最高压力的80%，确保井口流程安全，稠油井注水后必须环注稀油至泵吸入口； 4. 抽稠泵：正注时，注水前必须泄压压井，拆除高压双闸板防喷器，上提柱塞出泵筒，安装高压转换接头，试压合格后实施注水，压力不超25MPa，注水后环注稀油至泵吸入口，反注时注水方式与管式泵一致	按规范逐项口述	未口述扣15分，少一项扣5分；口述不清，一处扣2分	15		
4	倒流程操作	1. 依次打开储水罐出口阀门、喂水泵进、出口阀门、注水泵进口阀门； 2. 打开回流调节阀门	倒流程遵循先低压后高压顺序	1. 顺序错一处扣5分； 2. 倒流程错误或未打开回流调节阀停止操作	15		

续表

序号	考核内容	操作规程	评分要素	评分标准	配分	扣分	得分
5	启泵操作	1. 验电，戴绝缘手套合闸上电，侧身启动喂水泵； 2. 排尽泵内空气后，关闭放空阀；验电确认安全后，戴绝缘手套合侧身启动柱塞泵，空转运行； 3. 启泵后观察泵出口压力，调节泵压，当泵压略大于井口压力时，打开井口注水阀门，打开泵出口闸门； 4. 记录水表底数及储水罐液位； 5. 注水正常后，按要求调整回流阀开度，调整注水量； 6. 记录启泵时间； 7. 核实注水量是否达到注水要求	按规范启泵和调整注入量	1. 未验电扣5分，验电方法不正确扣2分，未戴绝缘手套接触带电设备扣5分，不侧身合闸扣5分； 2. 未排空气或空气未排尽扣10分； 3. 未调节泵压扣10分，泵压未达到井口注水压力开启注水阀门扣10分； 4. 未记录水表底数及核实储水罐液位； 5. 未调整注水量扣10分，调整后注水量未达到要求扣5分； 6. 未记录启泵时间扣3分； 7. 未核实注水量扣5分	30		
6	启泵后检查	1. 观察井口注水流程有无“跑、冒、滴、漏”； 2. 检查供水量是否满足要求，做好相应记录	确认生产安全	1. 未观察扣5分，漏一处扣2分； 2. 未核实供水量扣5分，未记录扣5分	10		
7	填写报表，清理场地	1. 将相关生产数据填入班报表； 2. 清洁现场，收拾工具	按规范填写班报表，清洁现场	1. 未填写报表扣5分，漏一项扣2分； 2. 未清理现场扣5分；工具少收一件扣2分	10		
8	安全文明操作	1. 遵守国家或企业有关安全规定； 2. 操作过程中严格遵守“四不伤害”原则	遵守国家或企业有关安全规定	1. 每违反一项规定，从总分中扣5分； 2. 因操作不当造成人身伤害、环境污染、设备损坏，从总分中扣20分； 3. 严重违规终止操作			
备注							
合计					100		

考评员： 核分员： 年 月 日

二十、抽油机例保操作

1. 考核要求

(1) 必须穿戴劳动保护用品。
(2) 工具、用具准备齐全，正确使用。
(3) 操作规程符合安全文明操作。
(4) 按规定完成操作项目，质量达到技术要求。
(5) 操作完毕，做到“工完、料净、场地清”。

2. 准备要求

(1) 设备准备：

序号	设备名称	规格	数量	备注
1	抽油机	14 型	1 台	

(2) 材料准备：

序号	材料名称	规格	数量	备注
1	黄油		1 桶	
2	大布		若干	
3	手套		若干	
4	黄油嘴		若干	

(3) 工具、用具准备：

序　号	名　称	规　格	数　量	备　注
1	保养记录		1 本	
2	活动扳手	300mm、375mm 450mm	各 1 把	
3	管钳	600mm	1 把	
4	电工工具		1 套	
5	螺丝刀		1 把	

续表

序号	名称	规格	数量	备注
6	黄油枪		1把	
7	绝缘手套		1只	
8	笔		1支	
9	安全带		1副	
10	工具包		1个	
11	严禁合闸警示牌		1个	
12	防爆胶泥		1袋	

3. 操作程序说明

1）停抽操作

（1）检查井口流程，记录参数。

（2）启动柜验电，侧身带绝缘手套停机，拉刹车、将抽油机停在合适位置，打上安全销。

（3）侧身断电，挂警示牌，记录停抽时间。

2）清洁设备

（1）清洁抽油机外部油污。

（2）清洁减速箱呼吸阀及刹车片。

3）紧固

紧固各部位连接螺栓，包括悬绳器、减速箱、底座、基础、电机、平衡重、曲柄销、中轴、尾轴、支架等。

4）润滑

（1）用黄油枪对中轴承、尾轴承、曲柄销子、电动机黄油嘴处加注黄油。

（2）刹车换向轴加注黄油。

（3）减速箱润滑油静止液位处于2/3处。

5）调整

（1）检查刹车灵活好用，刹车锁块在行程的1/2~2/3之间，超出范围要调整。

（2）检查皮带松紧度(以下压两指为合适)，不合适需调整。

（3）检查四点一线，14型抽油机应小于4mm，否则进行调整。

（4）检查驴头、悬绳器、光杆、井口对中，不合适需调整。

（5）检查后配重失载架位置是否与配重块对正、距离是否合适，否则进行调整。

（6）测电流，平衡率达到85%~115%，否则进行调整。

6）电器检查

（1）检查接地、触点是否完好，连接线有无老化、断脱、烧蚀现象。

（2）检查配电柜各紧固螺栓，是否紧固并打扫柜内灰尘。

（3）检查启动柜、电机进线孔洞处是否用防爆胶泥封堵。

7）启抽操作

（1）检查抽油机周围是否有障碍物。

（2）打开安全销。

（3）验电、取下警示牌、侧身合闸送电。

（4）启动柜验电，松刹车，利用惯性启动抽油机。

（5）记录开抽时间。

（6）观察抽油机运行是否平稳，有无碰挂现象。

8）填写报表，清洁场地，收拾工具用具

（1）将相关数据填入设备保养记录和班报表。

（2）清洁现场，收拾、清洁工具，做好相应记录。

4. 考核规定说明

（1）如发现操作过程中可能发生重大违章（如人身伤害、环境污染、设备损坏等），将终止操作。

（2）考核采用百分制，考核项目得分按鉴定比重进行折算。

（3）考核方式说明：本项目为技能笔试题，考核过程按评分标准及操作过程进行评分。

（4）考评操作说明：本项目主要测试考生对抽油机例保技能掌握的熟练程度。

5. 考核时限

（1）准备工作：1min（不计入考核时间）。

（2）正式操作时间：30min。

（3）提前完成操作不加分，到时间终止操作。

6. 评分记录表

抽油机例保操作评分记录表

操作时间：30min　　　　考生：　　　　操作用时：

序号	考核内容	操作规程	评分要素	评分标准	配分	扣分	得分
1	准备工作	1. 穿戴好劳动保护用品； 2. 准备工具：准备活动扳手、管钳、电工工具、螺丝刀、黄油枪、绝缘手套、笔、安全带、工具包、严禁合闸警示牌、防爆胶泥、黄油、大布、手套、黄油嘴	准备工具、量具、用具	1. 劳保穿戴少一件扣2分； 2. 工具多、少一件扣2分	5		

续表

序号	考核内容	操作规程	评分要素	评分标准	配分	扣分	得分
2	停抽操作	1. 检查井口流程，记录参数； 2. 启动柜验电，侧身带绝缘手套停机，拉刹车、将抽油机停在合适位置，打上安全销； 3. 侧身断电，挂警示牌，记录停抽时间	检查流程后，正确停机、断电，并将抽油机停在合适位置	1. 未检查井口流程扣5分，不做记录扣2分，未验电扣5分，方法不正确扣2分； 2. 未带绝缘手套扣5分，柜门一次不关扣2分，停机不刹车扣5分； 3. 不断电扣5分，未侧身扣5分，安全销不打扣10分，停机位置不当扣5分，断电后未挂警示牌扣5分， 不记录停机时间扣2分	10		
3	清洁设备	1. 清洁抽油机外部油污； 2. 清洁减速箱呼吸阀及刹车片	清洁设备卫生	1. 未清洁抽油机外部油污，一处扣2分； 2. 未清洁减速箱呼吸阀及刹车片各扣5分	5		
4	紧固	紧固各部位连接螺栓，包括悬绳器、减速箱、底座、基础、电机、平衡重、曲柄销、中轴、尾轴、支架等	紧固各部位连接螺栓	漏紧固一处扣5分	15		
5	润滑	1. 用黄油枪对中轴承、尾轴承、曲柄销子、电动机黄油嘴处加注黄油； 2. 刹车换向轴加注黄油； 3. 减速箱润滑油静止液位处于2/3处	润滑各润滑部位，加足黄油	1. 少加注润滑油，一处扣5分； 2. 刹车连杆未加黄油扣5分； 3. 未静止检查减速箱润滑油液位扣10分	15		
6	调整	1. 检查刹车灵活好用，刹车锁块在行程的1/2~2/3之间，超出范围要调整； 2. 检查皮带松紧度，不合适需调整； 3. 检查四点一线，小于4mm，否则进行调整； 4. 检查驴头、悬绳器、光杆、井口对中，不合适需调整； 5. 检查后配重失载架位置是否与配重块对正、距离是否合适，否则进行调整； 6. 测电流，平衡率达到85%~115%，否则进行调整	调整刹车行程；皮带松紧；悬绳器水平对中；失载架位置、高度	1. 未检查刹车扣5分，不合适未调整扣5分； 2. 未检查皮带扣5分，不合适未调整扣5分； 3. 未检查四点一线扣5分，不合适未调整扣5分； 4. 未检查对中一处扣2分，不合适未调整扣5分； 5. 未检查后配重失载架位置扣2分，不合适(3~5cm)未调整扣5分； 6. 未检查平衡率扣5分，不合适未调整扣5分	20		

续表

序号	考核内容	操作规程	评分要素	评分标准	配分	扣分	得分
7	电器检查	1. 检查接地、触点是否完好，连接线有无老化、断脱、烧蚀现场； 2. 检查配电柜各紧固螺栓是否紧固，并打扫柜内灰尘； 3. 检查启动柜、电机进线孔处是否用防爆胶泥封堵	检查抽油机供电系统	1. 未对电器绝缘、接地保护、触点接触情况进行检查，一处扣5分； 2. 未检查紧固螺栓扣5分、柜内未除尘扣2分； 3. 未检查进线孔防爆胶泥封堵情况扣5分，不合格未处理扣5分	10		
8	启抽操作	1. 检查抽油机周围是否有障碍物； 2. 打开安全销； 3. 验电、取下警示牌、侧身合闸送电； 4. 启动柜验电，松刹车，利用惯性启动抽油机； 5. 记录开抽时间； 6. 观察抽油机运行是否平稳，有无碰挂现象	启抽，检查运转情况填保养记录	1. 未检查障碍物扣3分； 2. 未打开安全销启抽终止操作； 3. 未摘警示牌扣3分，合闸未侧身扣5分； 4. 未检查配电箱带电扣5分，未松刹车扣5分，未利用惯性启抽扣5分，逆向启抽扣5分； 5. 未记录开抽时间扣2分； 6. 未检查运行情况扣3分	10		
9	填写报表，清理场地	1. 将相关数据填入设备保养记录和班报表； 2. 清洁现场，收拾工具，做好相应记录	按规范填写报表，收拾工具，清洁场地	1. 未填写报表扣5分，漏一项扣2分，未填写设备保养记录扣5分； 2. 未清理现场扣5分，工具少收一件扣2分	10		
10	安全文明操作	1. 遵守国家或企业有关安全规定； 2. 操作过程中严格遵守“四不伤害”原则	遵守国家或企业有关安全规定	1. 每违反一项规定，从总分中扣5分； 2. 因操作不当造成人身伤害、环境污染、设备损坏，从总分中扣20分； 3. 严重违规终止操作			
备注							
			合　计		100		

考评员：　　　　　　　　　　核分员：　　　　　　　　　　年　月　日

二十一、装油操作(含硫化氢)

1. 考核要求

(1) 必须穿戴劳动保护用品。
(2) 工具、量具、用具准备齐全,正确使用。
(3) 操作规程符合安全文明操作。
(4) 按规定完成操作项目,质量达到技术要求。
(5) 操作完毕,做到“工完、料净、场地清”。

2. 准备要求

(1) 设备准备:

序 号	名 称	规 格	数 量	备 注
1	生产流程		1 套	

(2) 材料准备:

序 号	名 称	规 格	数 量	备 注
1	大布		2 块	
2	防油手套		1 副	
3	铅封		若干	
4	纸		1 本	
5	笔		1 支	

(3) 工具、用具准备:

序 号	名 称	规 格	数 量	备 注
1	正压式空气呼吸器		1 套	
2	腕式 H_2S 检测仪		1 台	
3	绝缘手套		1 只	
4	试电笔		1 支	
5	钟表		1 块	

3. 操作程序说明

1) 装油前检查
(1) 检查车辆防火罩是否关闭。

(2) 装油车辆到站后由值班人员指挥引导其停至指定位置。

(3) 检查司机证件是否齐全有效。

(4) 请司机到释放静电装置处释放人体静电。

(5) 检查车辆静电链是否合格有效接触地面。

(6) 检查车辆是否存在其他安全隐患。

(7) 检验油票，包括日期、起点、终点、盖章、承运单位、过磅量、调度签字等。

(8) 向队部汇报装油车辆到站并核实装油车辆信息。

(9) 对司机进行安全告知并让其签字确认登记。

(10) 记录车辆到站时间。

2) 装油前操作

(1) 使用 H_2S 检测仪检测环境 H_2S 浓度并佩戴好正压式呼吸器。

(2) 将静电夹夹连接于车体指定金属裸露部位(确认清洁)。

(3) 请司机离开装油现场到值班室等待。

(4) 检查装油泵供电是否正常并对装油泵盘泵。

(5) 对储油罐检尺，确定实液位；

(6) 倒通装油泵前后闸门并确认流程通畅。

(7) 取下接油桶并安装导流管。

3) 装油操作

(1) 打开放油闸门。

(2) 用试电笔确认配电柜无电后启动装油泵。

(3) 在装油平台上观察原油是否完全装入罐车有无外漏。

(4) 轻质油装车时要控制流速。

(5) 当原油液位装至距车辆罐口下缘 15~25cm 处时停泵关闭放油闸门并取下装油导管，装好接油桶。

(6) 盖好油罐车罐口盖子并打好铅封(前、后罐口，卸油口都要打铅封)。

(7) 取下静电接地并通知司机将车辆开离装油现场，引导至指定位置停车。

(8) 对储油罐二次检尺，确定空液位，计算装油量。

(9) 冬季装油结束必须对放油管线控管线，防止凝堵。

4) 填写报表，清理场地

(1) 在油票的规定区域填写装油方数、铅封号、装车时间以及装油人员签名。

(2) 记录车辆离站时间、记录铅封编号，向队部汇报装油车辆的离站时间、装油方数、装油时间。

(3) 填写装油报表。

(4) 清洁现场，收拾工具。

4. 考核规定说明

(1) 如发现操作过程中可能发生重大违章(如人身伤害、环境污染、设备损坏等)，将终止操作。

(2) 考核采用百分制，考核项目得分按鉴定比重进行折算。

（3）考核方式说明：本项目为实际操作题，考核过程按评分标准及操作过程进行评分。

（4）考评技能说明：本项目主要测试考生对装油技能的掌握和对 H2S 危害的熟悉程度。

5. 考核时限

（1）准备工作：1min(不计入考核时间)。

（2）正式操作时间：15min。

（3）提前完成操作不加分，到时终止操作考核。

6. 评分记录表

装油操作(含硫化氢)评分记录表

操作时间：15min　　考生：　　操作用时：

序号	考核内容	操作规程	评分要素	评分标准	配分	扣分	得分
1	准备	1. 穿戴好劳动保护用品； 2. 准备工具：绝缘手套、腕式 H_2S 检测仪、试电笔、正压式空气呼吸器、大布、防油手套、铅封若干、纸、笔、钟表	准备工具、量具、用具	1. 劳保穿戴不整齐扣 5 分； 2. 未准备工具及材料扣 5 分，多、少准备一件扣 2 分	5		
2	装油前检查	1. 检查车辆防火罩是否关闭； 2. 装油车辆到站后由值班人员指挥引导其停至指定位置； 3. 检查司机证件是否齐全有效； 4. 请司机到释放静电装置处释放人体静电； 5. 检查车辆静电链是否合格有效接触地面； 6. 检查车辆是否存在其他安全隐患； 7. 检验油票，包括日期、起点、终点、盖章、承运单位、过磅量、调度签字等； 8. 向队部汇报装油车辆到站并核实装油车辆信息； 9. 对司机进行安全告知并让其签字确认登记； 10. 记录车辆到站时间	对车辆本身的隐患、油票检验必须到位并将结果汇报至队部	1. 未检查或检查不到位，一项扣 3 分； 2. 未向队部汇报检查结果扣 2 分； 3. 未记录车辆到站时间扣 2 分	25		

续表

序号	考核内容	操作规程	评分要素	评分标准	配分	扣分	得分
3	装油前操作	1. 使用 H_2S 检测仪检测环境 H_2S 浓度并佩戴好正压式呼吸器； 2. 将静电夹夹连接于车体指定金属裸露部位(确认清洁)； 3. 请司机离开装油现场到值班室等待； 4. 检查装油泵供电是否正常并对装油泵盘泵； 5. 对储油罐检尺，确定实液位； 6. 倒通装油泵前后闸门并确认流程通畅； 7. 取下接油桶并安装好装油导管	佩戴好 H_2S 检测仪、正压式空气呼吸器，正确连接静电接地	1. 进入装油地点未佩戴 H_2S 检测仪、正压式空气呼吸器或是装油时未建立呼吸的该项操作不得分并终止操作； 2. 静电接地未连接或连接错误扣 10 分，未连接终止操作； 3. 未请司机离开装油现场扣 5 分； 4. 为检查装油泵供电、盘泵扣 2 分； 5. 未检尺储油罐确认实液位扣 3 分； 6. 倒通装油流程有误、闸门开错一次扣 3 分； 7. 未取下接油桶、安装导流管启泵终止考核	30		
4	装油操作	1. 打开放油闸门； 2. 用试电笔确认配电柜无电后启动装油泵； 3. 在装油平台上观察原油是否完全装入罐车有无外漏； 4、轻质油装车时要控制流速； 5. 当原油液位装至距车辆罐口下缘 15～25cm 处时停泵关闭装油闸门并取下装油导管套上接油桶； 6. 盖好油罐车罐口盖子并打好铅封(前、后罐口，卸油口都要打铅封)； 7. 取下静电接地并通知司机将车辆开离装油现场，引导至指定位置停车； 8. 对储油罐二次检尺，确定空液位，计算装油量； 9. 冬季装油结束必须对放油管线控管线，防止凝堵	正确使用试电笔进行验电，将原油装至距车辆罐口下缘 15～25cm 后停泵关闭闸门为车辆打好铅封	1. 未打开放油闸门就起泵装油的扣 10 分，打开有误扣 3 分； 2. 未验电或验电不正确扣 3 分； 3. 未观察确认原油正确装入罐车扣 2 分； 4. 装轻质油不控制流速扣 10 分； 5. 装油量过少或过多的扣 5 分，未及时停泵关闭装油闸门导致冒罐的该项操作不得分； 6. 未对储油罐二次检尺核算装油量扣 5 分； 7. 未口述冬季装油对放油管线控管线扣 5 分	30		

续表

序号	考核内容	操作规程	评分要素	评分标准	配分	扣分	得分
5	填写报表，清理场地	1. 在油票的规定区域填写装油方数、铅封号、装车时间以及装油人员签名； 2. 记录车辆离站时间、记录铅封编号，向队部汇报装油车辆的离站时间、装油方数、装油时间； 3. 填写装油报表； 4. 清洁现场，收拾工具	填写相关资料，向队部汇报相关信息，收拾工具，清洁场地	1. 未填写票据扣 10 分，少一项扣 2 分； 2. 未填写装油报表扣 3 分； 3. 未清理现场扣 5 分，工具少收一件扣 2 分	10		
6	安全文明操作	1. 遵守国家或企业有关安全规定； 2. 操作过程中严格遵守“四不伤害”原则	遵守国家或企业有关安全规定	1. 每违反一项规定，从总分中扣 5 分； 2. 因操作不当造成人身伤害、环境污染、设备损坏，从总分中扣 20 分； 3. 严重违规终止操作			
备注							
合　计					100		

考评员：　　　　核分员：　　　　年　月　日

二十二、卸油操作(含硫化氢)

1. 考核要求

(1) 必须穿戴劳动保护用品。
(2) 工具、量具、用具准备齐全，正确使用。
(3) 操作规程符合安全文明操作。
(4) 按规定完成操作项目，质量达到技术要求。
(5) 操作完毕，做到“工完、料净、场地清”。

2. 准备要求

(1) 设备准备：

序号	名称	规格	数量	备注
1	生产流程		1 套	

(2) 材料准备：

序号	名称	规格	数量	备注
1	大布		2 块	
2	防油手套		1 副	

(3) 工具、用具准备：

序号	名称	规格	数量	备注
1	正压式空气呼吸器		1 套	
2	腕式 H_2S 检测仪		1 台	
3	绝缘手套		1 副	
4	试电笔		1 支	
5	钟表		1 块	
6	手钳子		1 把	

3. 操作程序说明

1) 卸油前检查
(1) 检查司机及车辆证件是否齐全有效。
(2) 检查车辆防火罩是否关闭。

(3) 检查车辆静电链是否合格有效接触地面。

(4) 检查车辆是否存在其他安全隐患。

(5) 检验油票，包括装油数量、日期、起点、终点、盖章、承运单位、过磅量、调度签字等。

(6) 向队部汇报卸油车辆到站并核实卸油车辆信息。

(7) 对司机进行安全告知并让其签字确认登记。

(8) 司机到释放静电装置处释放人体静。

(9) 卸油车辆到站后由值班人员指挥引导其停至指定位置。

(10) 记录车辆到站时间。

2) 卸油前操作

(1) 佩用 H_2S 检测仪检测环境 H_2S 浓度并佩戴好正压式呼吸器。

(2) 将静电夹夹连接于车体指定金属裸露部位(确认清洁)。

(3) 引导司机离开卸油现场到值班室等待。

(4) 检查卸油泵供电是否正常并盘泵。

(5) 倒通卸油泵前后闸门并确认流程通畅。

(6) 取下接油桶并安装好卸油导管。

3) 卸油操作

(1) 核对铅封号、剪断铅封打开卸油闸门及装车人孔盖。

(2) 对储液罐检尺，确定空罐罐容及液位。

(3) 用试电笔确认配电柜无电后启动卸油泵。

(4) 调节卸油闸门让卸油量与卸油泵排量保持稳定。

(5) 整车卸完后停泵关闭卸油闸门并取下卸油导管套上接油桶。

(6) 取下静电接地并通知司机将车辆开离卸油现场，引导至指定位置停车。

(7) 对储液罐二次检尺，计算卸油量。

4) 填写报表，清理场地

(1) 在油票内填写卸油方数、卸油时间以及操作人员。

(2) 记录车辆离站时间、记录铅封编号、向队部汇报卸油车辆的离站时间、卸油方数、卸油时间。

(3) 填写报表。

(4) 清洁现场，收拾工具，做好相应记录。

4. 考核规定说明

(1) 如发现操作过程中可能发生重大违章(如人身伤害、环境污染、设备损坏等)，将终止操作。

(2) 考核采用百分制，考核项目得分按鉴定比重进行折算。

(3) 考核方式说明：本项目为实际操作题，考核过程按评分标准及操作过程进行评分。

(4) 考评技能说明：本项目主要测试考生对卸油技能的掌握和对 H_2S 危害的熟悉程度。

5. 考核时限

(1) 准备工作：1min（不计入考核时间）。

(2) 正式操作时间：15min。

(3) 提前完成操作不加分，到时停止操作考核。

6. 评分记录表

卸油操作（含硫化氢）评分记录表

操作时间：15min　　考生：　　操作用时：

序号	考核内容	操作规程	评分要素	评分标准	配分	扣分	得分
1	准备	1. 穿戴好劳动保护用品； 2. 准备工具：绝缘手套、正压式空气呼吸器、试电笔、腕式 H_2S 检测仪、手钳子、防油手套、大布	准备工具、量具、用具	1. 劳保穿戴不整齐扣 5 分； 2. 未准备工具及材料扣 5 分，多、少准备一件扣 2 分	5		
2	卸油前检查	1. 检查司机及车辆证件是否齐全有效； 2. 检查车辆防火罩是否关闭； 3. 检查车辆静电链是否合格有效接触地面； 4. 检查车辆是否存在其他安全隐患； 5. 检验油票，包括装油数量、日期、起点、终点、盖章、承运单位、过磅量、调度签字等； 6. 向队部汇报卸油车辆到站并核实卸油车辆信息； 7. 对司机进行安全告知并让其签字确认登记； 8. 司机到释放静电装置处释放人体静； 9. 卸油车辆到站后由值班人员指挥引导其停至指定位置； 10. 记录车辆到站时间	对车辆本身的隐患、油票检验必须到位并将结果汇报至队部	1. 一项未检查或检查不到位扣 3 分； 2. 未向队部汇报检查结果扣 2 分； 3. 未释放静电扣 5 分； 4. 未正确指挥卸油车辆扣 5 分，指挥不当扣 2 分； 5. 未记录车辆到站时间扣 2 分	25		

续表

序号	考核内容	操作规程	评分要素	评分标准	配分	扣分	得分
3	卸油前操作	1. 佩用 H_2S 检测仪检测环境 H_2S 浓度并佩戴好正压式呼吸器； 2. 将静电夹夹连接于车体指定金属裸露部位(确认清洁)； 3. 引导司机离开卸油现场到值班室等待； 4. 检查卸油泵供电是否正常并盘泵； 5. 倒通卸油泵前后闸门并确认流程通畅； 6. 取下接油桶并安装好卸油导管	佩戴好 H_2S 检测仪、正压式空气呼吸器，正确连接静电接地	1. 进入卸油地点未佩戴 H_2S 检测仪、正压式空气呼吸器或是卸油时未建立呼吸的该项操作不得分并终止操作； 2. 静电接地未连接或连接错误扣5分； 3. 未引导司机离开卸油现场扣5分； 4. 未检查卸油泵供电扣5分，未检查卸油泵(盘泵)扣3分； 5. 倒通卸油流程有误、闸门开错一次扣5分； 6. 接油桶未取下及导管未安装或不到位停止操作	30		
4	卸油操作	1. 核对铅封号、剪断铅封打开卸油闸门及装车人孔盖； 2. 对储液罐检尺，确定空罐罐容及液位； 3. 用试电笔确认配电柜无电后启动卸油泵； 4. 调节卸油闸门让卸油量与卸油泵排量保持稳定； 5. 整车卸完后停泵关闭卸油闸门并取下卸油导管套上接油桶； 6. 取下静电接地并通知司机将车辆开离卸油现场，引导至指定位置停车； 7. 对储油罐二次检尺，计算卸油量	严格按照装卸油管理规定进行操作	1. 未核对铅封号扣3分； 2. 未检尺储油罐确认空液位、确认罐容扣5分； 3. 未验电扣5分，未检查卸油泵就启泵扣5分； 4. 未调节确认卸油量与卸油泵排量保持稳定扣5分； 5. 未控制流速扣5分； 6. 卸油过程中因操作不当导致冒罐的该项操作不得分； 7. 车辆启动前未摘下静电接地夹扣10分； 8. 未二次检尺储液罐核算卸油量扣5分	30		

续表

序号	考核内容	操作规程	评分要素	评分标准	配分	扣分	得分
5	填写报表，清理场地	1. 在油票内填写卸油方数、卸油时间以及操作人员； 2. 记录车辆离站时间、记录铅封编号、向队部汇报卸油车辆的离站时间、卸油方数、卸油时间； 3. 填写报表； 4. 清洁现场，收拾工具，做好相应记录	填写相关资料，向队部汇报相关信息，收拾工具，清洁场地	1. 不填写油票扣 5 分； 2. 填写、汇报少一项扣 2 分 3. 未填写报表扣 5 分，少一项扣 2 分； 4. 未清理现场扣 5 分，工具少收一件扣 2 分，未做记录扣 5 分	10		
6	安全文明操作	1. 遵守国家或企业有关安全规定； 2. 操作过程中严格遵守“四不伤害”原则	遵守国家或企业有关安全规定	1. 每违反一项规定，从总分中扣 5 分； 2. 因操作不当造成人身伤害、环境污染、设备损坏，从总分中扣 20 分； 3. 严重违规终止操作			
备注							
合　计					100		

考评员：　　　　　　　　　　核分员：　　　　　　　　　　年　月　日

二十三、自喷井倒翼操作

1. 考核要求

(1) 必须穿戴劳动保护用品。
(2) 工具、量具、用具、安全仪表、安全设备准备齐全，正确使用。
(3) 操作规程符合安全文明操作。
(4) 按规定完成操作项目，质量达到技术要求。
(5) 操作完毕，做到“工完、料净、场地清”。

2. 准备要求

(1) 设备准备：

序 号	名 称	规 格	数 量	备 注
1	自喷井流程		1套	

(2) 材料准备：

序 号	名 称	规 格	数 量	备 注
1	手套		2副	
2	笔		1支	
3	报表		1张	
4	大布		2块	

(3) 工具、用具准备：

序 号	名 称	规 格	数 量	备 注
1	F扳手		2把	
2	管钳	600mm	1把	
3	油嘴专用扳手		1把	
4	油嘴		1个	生产需要
5	污油桶		1个	
6	钟表		1块	
7	通针		1根	

(4) 安全防护设备及仪表准备:

序号	名称	规格	数量	备注
1	硫化氢检测仪		1台	含硫井须携带
2	正压式空气呼吸器		1套	含硫井须携带

3. 操作程序说明

1) 检查准备

(1) 劳保穿戴整齐并做好自身气防工作。

(2) 观察风向，对现场进行有毒有害气体检测。

(3) 记录倒翼前各项参数(油压、套压、回压、井温等)。

(4) 检查非生产翼油嘴，确认工作制度满足需要。

(5) 检查井口流程有无“跑、冒、滴、漏”。

2) 倒翼操作

(1) 检查非生产翼放空阀是否关闭、缓慢打开立管阀门，观察立管连接部位有无渗漏，无渗漏时全开立管阀门，根据流程倒通非生产翼流程。

(2) 缓慢打开非生产翼外侧生产阀门，听到出液声后迅速关闭原生产翼外侧生产阀门，同时将非生产翼外侧生产阀门完全打开。

(3) 关闭原生产翼立管阀门，缓慢打开放空阀对其泄压(用污油桶接余液)并记录倒翼时间。

(4) 待压力稳定后录取油、套压、回压，听出液声是否正常。

(5) 对原生产翼油嘴进行检查待用。

3) 填写报表，清理场地

(1) 将相关数据填入班报表。

(2) 清洁现场，收拾工具，做好相应记录。

4. 考核规定说明

(1) 如发现操作过程中可能发生重大违章(如人身伤害、环境污染、设备损坏等)，将终止操作。

(2) 考核采用百分制，考核项目得分按鉴定比重进行折算。

(3) 考核方式说明：本项目为实际操作题，考核过程按评分标准及操作过程进行评分。

(4) 考评技能说明：本项目主要测试考生对自喷井倒翼技能掌握的熟练程度。

5. 考核时限

(1) 准备工作：1min(不计入考核时间)。

(2) 正式操作时间：20min。

(3) 提前完成操作不加分，到时终止操作考核。

6. 评分记录表

自喷井倒翼操作评分记录表

操作时间：20min　　　考生：　　　操作用时：

序号	考核内容	操作规程	评分要素	评分标准	配分	扣分	得分
1	准备	1. 穿戴好劳动保护用品； 2. 准备工具：F扳手、污油桶、笔、报表、钟表、手套、大布若干、油嘴专用扳手、油嘴、管钳、通针	准备好工具、量具、用具	1. 劳保穿戴不整齐扣5分； 2. 未准备工具及材料扣5分，多、少准备一件扣2分	5		
2	检查准备	1. 劳保穿戴整齐并做好自身气防工作； 2. 观察风向，对现场进行有毒有害气体检测； 3. 记录倒翼前各项参数（油压、套压、回压、井温等）； 4. 检查非生产翼油嘴，确认工作制度满足需要； 5. 检查井口流程有无“跑、冒、滴、漏”	流程检查、根据检测数据判断是否配戴正压式空气呼吸器（大于20ppm）	1. 未做好自身气防扣5分； 2. 未对现场进行有毒有害气体检测扣5分； 3. 未记录倒翼前各项参数（油压、套压、回压、井温等）扣5分，少1项扣1分； 4. 未检查核实非生产翼油嘴，确认工作制度满足需要扣10分； 5. 未检查井口流程有无“跑、冒、滴、漏”扣3分	25		
3	倒翼操作	1. 检查非生产翼放空阀是否关闭、缓慢打开立管阀门，观察立管连接部位有无渗漏，无渗漏时全开立管阀门，根据流程倒通非生产翼流程； 2. 缓慢打开非生产翼外侧生产阀门，听到出液声后迅速关闭原生产翼外侧生产阀门，同时将非生产翼外侧生产阀门完全打开； 3. 关闭原生产翼立管阀门，缓慢打开放空阀对其泄压（用污油桶接余液）并记录倒翼时间； 4. 待压力稳定后录取油、套压、回压，听出液声是否正常； 5. 口述；对原生产翼油嘴进行检查待用	根据操作步骤操作	1. 未检查放空阀是否关闭扣10分，未充压检查渗漏情况扣5分、未倒通流程扣20分； 2. 倒翼顺序错误（先开后关）扣10分，未侧身开关阀门扣10分； 3. 未对原生产翼泄压扣10分，造成污染扣5分，未记录倒翼时间扣5分 4. 压力稳定后未录取倒翼参数扣5分，漏一项扣2分，未听出油声判断扣5分； 5. 未口述检查原生产翼油嘴使用情况扣10分	60		

续表

序号	考核内容	操作规程	评分要素	评分标准	配分	扣分	得分
4	填写记录，清理场地	1. 填写报表并做好相应记录； 2. 清洁现场，收拾工具	填写报表，收拾工具，清洁场地	1. 未填写报表扣5分，漏一项扣2分； 2. 未清理现场扣5分，工具少收一件扣2分	10		
5	安全文明操作	1. 遵守国家或企业有关安全规定； 2. 操作过程中严格遵守“四不伤害”原则	遵守国家或企业有关安全规定	1. 每违反一项规定，从总分中扣5分； 2. 因操作不当造成人身伤害、环境污染、设备损坏，从总分中扣20分； 3. 严重违规终止操作			
备注							
合　计					100		

考评员：　　　　核分员：　　　　年　月　日

二十四、机抽井倒翼操作

1. 考核要求

（1）必须穿戴劳动保护用品。
（2）工具、量具、用具、安全仪表、安全设备准备齐全，正确使用。
（3）操作规程符合安全文明操作。
（4）按规定完成操作项目，质量达到技术要求。
（5）操作完毕，做到“工完、料净、场地清”。

2. 准备要求

（1）设备准备：

序 号	名 称	规 格	数 量	备 注
1	井口采油树	机抽井	1套	

（2）材料准备：

序 号	名 称	规 格	数 量	备 注
1	大布		2块	
2	手套		2副	

（3）工具、用具准备：

序 号	名 称	规 格	数 量	备 注
1	F扳手		1把	
2	管钳	600mm	1把	
3	油嘴专用扳手		1把	
4	油嘴		1个	生产需要
5	污油桶		1个	
6	钟表		1块	
7	通针		1根	

(4) 安全防护设备及仪表准备：

序 号	名 称	规 格	数 量	备 注
1	硫化氢检测仪		1台	含硫井须携带
2	空气呼吸器		1台	含硫井须携带

3. 操作程序说明

1) 检查准备

(1) 劳保穿戴整齐并做好自身气防工作。

(2) 观察风向，对现场进行有毒有害气体检测。

(3) 记录倒翼前各项参数(油压、套压、回压、井温等)。

(4) 检查非生产翼油嘴，确认工作制度满足需要。

(5) 检查井口流程有无“跑、冒、滴、漏”。

2) 操作步骤

(1) 检查非生产翼放空阀是否关闭；缓慢打开立管阀门，倒通非生产翼流程，观察各连接部位有无渗漏。

(2) 先缓慢打开未生产翼生产阀门，听到出液声后迅速关闭原生产翼生产阀门，再将未生产翼生产阀门完全打开。

(3) 关闭原生产翼立管阀门，缓慢打开放空阀对其泄压(用污油桶接余液)。

(4) 观察油压、套压、回压是否正常、出液是否正常。

(5) 记录倒翼时间。

(6) 对原生产翼油嘴进行检查待用。

3) 填写记录，清理场地

(1) 将相关数据填入班报表。

(2) 清洁现场，收拾工具，做好相应记录。

4. 考核规定说明

(1) 如发现操作过程中可能发生重大违章(如人身伤害、环境污染、设备损坏等)，将终止操作。

(2) 考核采用百分制，考核项目得分按鉴定比重进行折算。

(3) 考核方式说明：本项目为实际操作题，考核过程按评分标准及操作过程进行评分。

(4) 考评技能说明：本项目主要测试考生对机抽井倒翼技能掌握的熟练程度。

5. 考核时限

(1) 准备工作：1min(不计入考核时间)。

(2) 正式操作时间：15min。

(3) 提前完成操作不加分，到时终止操作考核。

6. 评分记录表

机抽井倒翼操作评分记录表

操作时间：20min　　考生：　　操作用时：

序号	考核内容	操作规程	评分要素	评分标准	配分	扣分	得分
1	准备	1. 穿戴好劳动保护用品； 2. 准备工具：F 扳手、污油桶、笔、报表、钟表、手套、大布	准备好工具、量具、用具	1. 劳保穿戴不整齐扣 5 分； 2. 未准备工具及材料扣 5 分，多、少准备一件扣 2 分	5		
2	检查准备	1. 劳保穿戴整齐并做好自身气防工作； 2. 观察风向，对现场进行有毒有害气体检测； 3. 记录倒翼前各项参数（油压、套压、回压、井温等）； 4. 检查非生产翼油嘴，确认工作制度满足需要； 5. 检查井口流程有无“跑、冒、滴、漏”	流程检查、根据检测数据判断是否配戴正压式空气呼吸器（大于 20ppm）	1. 未做好自身气防扣 5 分； 2. 未对现场进行有毒有害气体检测扣 5 分； 3. 未记录倒翼前各项参数（油压、套压、回压、井温等）扣 5 分，少一项扣 1 分； 4. 未检查核实非生产翼油嘴，确认工作制度满足需要扣 10 分； 5. 未检查井口流程有无“跑、冒、滴、漏”扣 3 分	25		
3	倒翼操作步骤	1. 检查非生产翼放空阀是否关闭；缓慢打开立管阀门，倒通非生产翼流程，观察各连接部位有无渗漏； 2. 先缓慢打开未生产翼生产阀门，听到出液声后迅速关闭原生产翼生产阀门，再将未生产翼生产阀门完全打开； 3. 关闭原生产翼立管阀门，缓慢打开放空阀对其泄压（用污油桶接余液）； 4. 观察油、套、回压是否正常、出液是否正常； 5. 记录倒翼时间； 6. 口述：对原生产翼油嘴进行检查待用	根据操作步骤操作	1. 未检查放空阀是否关闭扣 10 分，未充压检查渗漏情况扣 10 分，未倒通流程扣 20 分； 2. 未侧身开关阀门扣 10 分； 3. 倒翼顺序错误（先开后关）扣 10 分，未泄压扣 10 分，造成污染扣 10 分； 4. 未观察倒翼后参数扣 5 分，少一项扣 2 分； 5. 未记录倒翼时间扣 5 分； 6. 未口述扣 5 分	60		

续表

序号	考核内容	操作规程	评分要素	评分标准	配分	扣分	得分
4	填写记录，清理场地	1. 填写报表； 2. 清洁现场，收拾工具，做好相应记录	填写报表，收拾工具，清洁场地	1. 未填写报表扣5分，漏一项扣2分； 2. 未清理现场扣5分，工具少收一件扣2分	10		
5	安全文明操作	1. 遵守国家或企业有关安全规定； 2. 操作过程中严格遵守“四不伤害”原则	遵守国家或企业有关安全规定	1. 每违反一项规定，从总分中扣5分； 2. 因操作不当造成人身伤害、环境污染、设备损坏，从总分中扣20分； 3. 严重违规终止操作			
备注							
合　计					100		

考评员：　　　　核分员：　　　　年　月　日

二十五、注水井停注操作

1. 考核要求

(1) 必须穿戴劳动保护用品。
(2) 工具、量具、用具准备齐全，正确使用。
(3) 操作规程符合安全文明操作。
(4) 按规定完成操作项目，质量达到技术要求。
(5) 操作完毕，做到“工完、料净、场地清”。

2. 准备要求

(1) 设备准备：

序 号	名 称	规 格	数 量	备 注
1	单井注水流程		1 套	

(2) 材料准备：

序 号	名 称	规 格	数 量	备 注
1	大布		2 块	
2	手套		1 副	

(3) 工具、用具准备：

序 号	名 称	规 格	数 量	备 注
1	绝缘手套		1 只	
2	试电笔		1 支	
3	量油尺	5m	1 把	
4	F 扳手		1 把	
5	笔		1 支	
6	报表		1 张	

3. 操作程序说明

(1) 资料录取：记录关井前泵压、油套压等。
(2) 开回流阀门泄压，待压力平稳后，关泵出口阀门。
(3) 用试电笔验电，确认安全后戴绝缘手套停注水泵，停喂水泵，侧身拉闸断电。

（4）关流程：关闭泵进口阀门，储水罐出口阀门，关油、套阀门。

（5）测量储水罐余水，记录水表底数。

（6）将相关数据填入报表。

（7）清理场地：清洁现场，收拾工具。

4. 考核规定说明

（1）如发现操作过程中可能发生重大违章（如人身伤害、环境污染、设备损坏等），将终止操作。

（2）考核采用百分制，考核项目得分按鉴定比重进行折算。

（3）考核方式说明：本项目为实际操作题，考核过程按评分标准及操作过程进行评分。

（4）考评技能说明：本项目主要测试考生对注水井停注技能掌握的熟练程度。

5. 考核时限

（1）准备工作：1min（不计入考核时间）。

（2）正式操作时间：10min。

（3）提前完成操作不加分，到时停止操作考核。

6. 评分记录表

注水井停注操作评分记录表

操作时间：10min　　考生：　　操作用时：

序号	考核内容	操作规程	评分要素	评分标准	配分	扣分	得分
1	准备	1. 穿戴好劳动保护用品； 2. 准备工具：报表、笔、大布、手套、绝缘手套、试电笔、量油尺、F扳手	准备工具、用具	1. 劳保穿戴不整齐扣5分； 2. 未准备工具及材料扣5分，多、少准备一件扣2分	5		
2	记录关井前数据	记录关井前泵压、油套压等	资料录取	资料录取少一项扣2分	10		
3	停泵	1. 开回流阀门泄压，待压力平稳后，关泵出口阀门； 2. 用试电笔验电，确认安全后戴绝缘手套停注水泵，停喂水泵；侧身拉闸断电	停泵步骤	1. 未开回流泄压扣10分，直接关泵出口扣10分； 2. 未戴绝缘手套扣5分；不验电扣5分，验电方法不正确扣2分； 3. 未停喂水泵扣10分； 4. 未关进口闸门扣5分； 5. 未断电扣10分，未侧身断电扣10分	45		

续表

序号	考核内容	操作规程	评分要素	评分标准	配分	扣分	得分
4	关流程	1. 关闭泵进口阀门，储水罐出口阀门，关油、套阀门； 2. 测量储水罐余水，记录水表底数	关井程序	1. 未关油套阀门扣5分，不关储水罐出口阀扣10分； 2. 不会测量剩余水扣5分，不记底数扣10分	25		
5	记录数据，清理场地	1. 将相关数据填入报表； 2. 清洁现场，收拾工具，做好相应记录	规范填写报表、清洁场地	1. 未填写报表扣10分，漏一项扣2分； 2. 未清理现场扣5分，工具少收一件扣2分	15		
6	安全文明操作	1. 遵守国家或企业有关安全规定； 2. 操作过程中严格遵守“四不伤害”原则	遵守国家或企业有关安全规定	1. 每违反一项规定，从总分中扣5分； 2. 因操作不当造成人身伤害、环境污染、设备损坏，从总分中扣20分； 3. 严重违规终止操作			
备注							
合计					100		

考评员：　　　　　　核分员：　　　　　　年　月　日

二十六、注水井调整注水量操作

1. 考核要求

（1）必须穿戴劳动保护用品。

（2）工具、量具、用具准备齐全，正确使用。

（3）操作规程符合安全文明操作。

（4）按规定完成操作项目，质量达到技术要求。

（5）操作完毕，做到“工完、料净、场地清”。

2. 准备要求

（1）设备准备：

序　号	名　称	规　格	数　量	备　注
1	注水井		1口	

（2）材料准备：

序　号	名　称	规　格	数　量	备　注
1	大布		1块	
2	手套		1副	

（3）工具、用具准备：

序　号	名　称	规　格	数　量	备　注
1	F扳手		1把	
2	秒表		1块	
3	笔		1支	
4	报表		1张	
5	计算器		1个	

3. 操作程序说明

1）核对、录取资料

（1）记录注水泵压、水表底数。

(2) 检查注水流程有无“跑、冒、滴、漏”。

2) 调整注水量操作

(1) 依据给定的日注水量折算出每小时注水量。

(2) 核实目前每小时注水量。

(3) 配注量与实际注水量进行对比。

(4) 缓慢开或关调节阀门至规定的注水量。

(5) 观察压力、瞬时流量直至稳定。

3) 填写报表，清理场地

(1) 填写报表。

(2) 收拾工具，清洁场地，做好相应记录。

4. 考核规定说明

(1) 如发现操作过程中可能发生重大违章(如人身伤害、环境污染、设备损坏等)，将终止操作。

(2) 考核采用百分制，考核项目得分按鉴定比重进行折算。

(3) 考核方式说明：本项目为实际操作题，考核过程按评分标准及操作过程进行评分；

(4) 测量技能说明：本项目主要测试考生对更注水井调整注水量技能掌握的熟练程度。

5. 考核时限

(1) 准备工作：1min(不计入考核时间)。

(2) 正式操作时间：10min。

(3) 提前完成操作不加分，到时停止操作考核。

6. 评分记录表

注水井调整注水量操作评分记录表

操作时间：10min　　考生：　　操作用时：

序号	考核内容	操作规程	评分要素	评分标准	配分	扣分	得分
1	准备	1. 穿戴好劳动保护用品； 2. 准备工具：大布、手套、F扳手、秒表、笔、报表、计算器	准备工具、量具、用具	未准备工具及材料扣5分，多、少准备一件扣2分	10		
2	核对录取资料	1. 记录注水泵压、水表底数； 2. 检查注水流程有无“跑、冒、滴、漏”	记录底数，检查流程	1. 未记录注水泵压、水表底数每项扣10分； 2. 未检查注水流程有无“跑、冒、滴、漏”扣10分，少一项扣3分	30		

续表

序号	考核内容	操作规程	评分要素	评分标准	配分	扣分	得分
3	调整注水量操作	1. 依据给定的日注水量折算出每小时注水量； 2. 核实目前每小时注水量； 3. 配注量与实际注水量进行对比； 4. 缓慢开或关调节阀门至规定的注水量； 5. 观察压力、瞬时流量直至稳定	计算、调整注水量	1. 不会折算注水量扣 20 分，计算错误扣 10 分； 2. 未核实目前每小时注水量扣 10 分； 3. 配注量与实际注水量未进行对比扣 5 分； 4. 开关阀门不平稳扣 5 分；开关阀门未侧身，一次扣 5 分； 5. 调整后未观察压力及瞬时流量扣 5 分； 6. 调整后注水量与配注不符扣 20 分	50		
4	填写报表，清理场地	1. 填写报表； 2. 清洁现场，收拾工具，做好相应记录	填写报表，收拾工具，清洁场地	1. 未填写报表扣 5 分，漏一项扣 2 分； 2. 未清理现场扣 5 分，工具少收一件扣 2 分	10		
5	安全文明操作	1. 遵守国家或企业有关安全规定； 2. 操作过程中严格遵守“四不伤害”原则	遵守国家或企业有关安全规定	1. 每违反一项规定，从总分中扣 5 分； 2. 因操作不当造成人身伤害，从总分中扣 20 分； 3. 严重违规取消考核			
备注							
合计					100		

考评员： 核分员： 年 月 日

二十七、潜油电泵井更换电流卡片操作

1. 考核要求

(1) 必须穿戴劳动保护用品。
(2) 工具、量具、用具准备齐全，正确使用。
(3) 操作规程符合安全文明操作。
(4) 按规定完成操作项目，质量达到技术要求。
(5) 操作完毕，做到“工完、料净、场地清”。

2. 准备要求

(1) 设备准备：

序号	名称	规格	数量	备注
1	潜油电泵井		1口	天津大港

(2) 材料准备：

序号	名称	规格	数量	备注
1	电流卡片	75A或100A	1张	日卡
2	记录仪笔头		1个	
3	干电池	1.5V	1个	电动记录仪用
4	笔		1支	

(3) 工具、用具准备：

序号	名称	规格	数量	备注
1	报表		1张	
2	法条钥匙		1把	
3	试电笔		1支	

3. 操作程序说明

1) 更换卡片前的检查
(1) 用验电表检查控制柜是否带电。
(2) 检查旧电流卡片上记录曲线是否清晰。

2）取出旧卡片

（1）打开电流卡片仪表门，抬起记录笔压杆，提起记录笔，掀起电流卡片固定钉。

（2）将旧卡片取下，并填写截止日期并保存。

（3）若电流卡片记录曲线不清晰或者断线，需更换记录笔头。

3）更换新卡片

（1）根据电潜泵额定电流的大小选用 75A 或 100A 规格的电流卡片。

（2）根据油井生产情况确定使用日卡或周卡，并将记录仪的挡位拨至日挡位或者周挡位上(24h、168h)。

（3）在新卡片固定位置填写井号、频率、电流、油嘴、油压、套压、欠载值、过载值，装卡日期、时间、操作人员姓名。

4）调试

（1）若是电动记录仪，检查电流记录仪的电源。

（2）若电流记录仪使用的是发条式驱动，在更换电流卡片时将发条上满。

（3）关好电流记录仪门，并观察电流卡片运行情况。

5）填写记录，清理场地

填写记录，收据工具，清理场地。

4. 考核规定说明

（1）如发现操作过程中可能发生重大违章(如人身伤害、环境污染、设备损坏等)，将终止操作。

（2）考核采用百分制，考核项目得分按鉴定比重进行折算。

（3）考核方式说明：本项目为实际操作题，考核过程按评分标准及操作过程进行评分。

（4）考评技能说明：本项目主要测试考生对潜油电泵井更换电流卡片技能掌握的熟练程度。

5. 考核时限

（1）准备工作：1min(不计入考核时间)。

（2）正式操作时间：5min。

（3）提前完成操作不加分，到时终止操作考核。

6. 评分记录表

潜油电泵井更换电流卡片操作评分记录表

操作时间：5min　　考生：　　操作用时：

序号	考核内容	操作规程	评分要素	评分标准	配分	扣分	得分
1	准备	1. 穿戴好劳动保护用品； 2. 准备工具、用具：验电笔、电流卡片、时钟表钥匙、记录仪笔头、记录笔、报表	准备工具、用具	1. 劳保穿戴不整齐扣 5 分； 2. 未准备工具及材料扣 5 分，多、少准备一件扣 2 分	10		

续表

序号	考核内容	操作规程	评分要素	评分标准	配分	扣分	得分
2	更换卡片前的检查	1. 用验电表检查控制柜是否带电； 2. 检查原电流卡片上记录曲线是否清晰	遵循安全规定	1. 未验电进行操作扣10分； 2. 未检查电流卡片曲线是否清晰扣5分	10		
3	取出旧卡片	1. 打开电流卡片仪表门，抬起记录笔压杆，提起记录笔头，掀起电流卡片固定钉； 2. 将旧卡片取下，并记录截止日期并保存； 3. 如果电流卡片记录曲线不清晰或者断线，更换记录笔头	记录截止日期，检查记录曲线完整性	1. 未在旧卡片上填写截止日期的扣5分； 2. 未检查电流卡片记录曲线的清晰和完整性情况扣5分； 3. 曲线不清晰而未更换记录笔头的扣5分	20		
4	更换新卡片	1. 根据电潜泵额定电流的大小选用75A或100A规格的电流卡片； 2. 根据油井生产情况确定使用日卡或周卡，并将记录仪的挡位拨至日挡位或者周挡位上(24h、168h)； 3. 在新卡片固定位置填写井号、频率、电流、油嘴、油压、套压、欠载值、过载值，装卡日期、时间、操作人员姓名	按要求填写卡片上的内容，电流卡片记录仪上的挡位要正确	1. 未根据电潜泵额定电流选对电流卡片扣5分； 2. 未按生产情况选对电流卡片(日卡、周卡)扣10分； 3. 电流记录仪挡位错误的扣10分； 4. 未填写电流卡片内容扣10分，少一项扣2分	30		
5	调试	1. 若是电动记录仪，检查电流记录仪的电源(电动)，电量不足更换电池； 2. 若电流记录仪使用的是法条式驱动，在更换电流卡片时将发条上满； 3. 将新的电流卡片对准时间，放好压紧，放下记录笔杆，根据运行电流调整记录笔杆，关好电流记录仪表门； 4. 观察新装电流卡片运行正常； 5. 录取资料	时间和运行电流与卡片上对准一致，观察运行情况确保正确	1. 未上满法条或电动记录仪不检查电源扣4分； 2. 装新电流卡片对时不准确扣4分； 3. 未调整记录笔杆对准电流扣4分； 4. 未观察新装电流卡片运行情况扣4分； 5. 未录取资料的扣4分	20		

续表

序号	考核内容	操作规程	评分要素	评分标准	配分	扣分	得分
6	清理场地，填写报表	1. 清洁现场，收拾工具； 2. 按规范填写报表	收拾工具，清洁场地，填写报表	1. 未清理现场扣5分，工具少收一件扣2分； 2. 未填写报表扣5分	10		
7	安全文明操作	1. 遵守国家或企业有关安全规定； 2. 操作过程中严格遵守“四不伤害”原则	遵守国家或企业有关安全规定	1. 每违反一项规定，从总分中扣5分； 2. 因操作不当造成人身伤害、环境污染、设备损坏，从总分中扣20分； 3. 严重违规终止操作			
备注							
合　计					100		

考评员：　　　　核分员：　　　　年　月　日

二十八、清洗单井放空管线阻火器芯操作

1. 考核要求

（1）必须穿戴劳动保护用品。
（2）工具、用具准备齐全，正确使用。
（3）操作规程符合安全文明操作。
（4）按规定完成操作项目，质量达到技术要求。
（5）操作完毕，做到“工完、料净、场地清”。

2. 准备要求

（1）设备准备：

序 号	名 称	规 格	数 量	备 注
1	单井生产流程		1套	

（2）材料准备：

序 号	名 称	规 格	数 量	备 注
1	大布		若干	
2	手套		1副	
3	防油手套		1副	
4	铁丝	8号	40cm	
5	清洗剂		5升	

（3）工具、用具准备：

序 号	名 称	规 格	数 量	备 注
1	梅花(开口)扳手		1套	
2	清洗盆		1个	
3	毛刷		1个	
4	污油桶		1个	
5	活动扳手	300	1把	
6	平口螺丝刀	200	1把	

(4) 气防设施准备：

序号	名称	规格	数量	备注
1	便携式硫化氢检测仪		1台	适用于含硫井
2	正压式空气呼吸器		1套	适用于含硫井

3. 操作程序说明

1) 气防检查

(1) 观察风向，对现场进行有毒有害气体检测。

(2) 佩戴正压式空气呼吸器(含硫化氢井)。

2) 检查流程

(1) 检查流程是否正确，有无“跑、冒、滴、漏”现象。

(2) 检查旁通阻火器是否完好。

3) 拆卸阻火器芯

(1) 开旁通阻火器前后控制阀门。

(2) 关闭要清洗阻火器的前后控制阀门。

(3) 排污阀下接污油桶，缓慢打开泄压阀门泄压，泄尽要清洗阻火器内的油污及余压。

(4) 卸掉阻火器顶盖螺栓，取下顶盖。

(5) 取出阻火器芯。

4) 清洗、安装阻火器芯

(1) 清洗盆内倒入3~5L清洗剂，将阻火器芯放入清洗盆内，清洗干净阻火器芯。

(2) 清洁阻火器腔体内部。

(3) 将干净的阻火器芯放入阻火器腔体内，并安装到位。

(4) 检查、安装好阻火器顶盖密封垫，安装顶盖，并对称上紧顶盖固定螺栓。

5) 检查及恢复

(1) 关闭排污阀。

(2) 打开阻火器后控制阀门，检查有无渗漏，确认无渗漏，打开阻火器前控制阀门。

(3) 关闭旁通阻火器前后控制阀门，并泄尽余压。

6) 填写班报表，清理场地

(1) 将使用后的清洗剂倒入污油桶集中处理，禁止乱排乱放。

(2) 清洁现场，收拾工具、用具。

(3) 填写报表。

4. 考核规定说明

(1) 如发现操作过程中可能发生重大违章(如人身伤害、环境污染、设备损坏等)，将终止操作。

(2) 考核采用百分制，考核项目得分按鉴定比重进行折算。

(3) 考核方式说明：本项目为实际操作题，考核过程按评分标准及操作过程进行评分。

(4) 考评技能说明：本项目主要测试考生对清洗气单井放空管线阻火器芯技能掌握的熟练程度。

5. 考核时限

(1) 准备工作：1min(不计入考核时间)。
(2) 正式操作时间：15min。
(3) 提前完成操作不加分，到时终止操作考核。

6. 评分记录表

清洗单井放空管线阻火器芯评分记录表

操作时间：15min　　考生：　　操作用时：

序号	考核内容	操作规程	评分要素	评分标准	配分	扣分	得分
1	准备	1. 穿戴好劳动保护用品； 2. 准备工具用具：大布若干、手套、含防油手套、清洗剂、毛刷，开口扳手、平口螺丝刀、油盆、污油桶、铁丝、活动扳手	准备工具、量具、用具	1. 劳动保护用品穿戴不规范扣3分； 2. 未准备工具及材料扣5分，多、少准备一件扣1分	5		
2	气防检查	1. 观察风向，对现场进行有毒有害气体检测； 2. 佩戴正压式空气呼吸器(含硫化氢井)	根据检测数据判断是否佩戴正压式空气呼吸器(大于20ppm)	1. 未观察风向扣5分； 2. 未检测现场有毒有害气体扣10分； 3. 大于20ppm时未佩戴正压式空气呼吸器，终止操作	10		
3	检查流程	1. 检查流程开、关是否处于正常状态； 2. 检查各处流程有无“跑、冒、滴、漏”现象； 3. 检查旁通阻火器是否完好	对生产流程的检查，确认生产安全	1. 未检查流程扣10分； 2.“跑、冒、滴、漏”一处未检查到位扣2分； 3. 未检查旁通阻火器扣5分	10		
4	拆阻火器芯	1. 卄旁通阻火器后、前控制阀门； 2. 关闭要清洗阻火器的前、后控制阀门； 3. 排污阀下接污油桶，缓慢打开泄压阀门泄压，泄尽余油及压力； 4. 卸掉阻火器顶盖螺栓，取下顶盖； 5. 取出阻火器芯，放在清洗盆内	拆阻火器顶盖，取出阻火器芯	1. 缓慢开关阀门，开关到位后手轮回转1/4~1/2圈，否则扣2分； 2. 泄压人站上风向，含硫化氢井泄压背空呼，否则扣5分； 3. 对称卸顶盖螺栓，正确使用工具，错误一项扣2分； 4. 人为损坏垫子扣5分	25		

续表

序号	考核内容	操作规程	评分要素	评分标准	配分	扣分	得分
5	清洗、安装阻火器芯	1. 清洗盆内倒入3~5L清洗剂，将阻火器芯放入清洗盆内，清洗干净阻火器芯； 2. 清洁阻火器腔体内； 3. 将干净的阻火器芯放入阻火器腔体内，并安装到位； 4. 检查、安装好阻火器顶盖密封垫，安装顶盖，并对称上紧顶盖固定螺栓	清洗阻火器芯	1. 阻火器芯上的油污清洗不干净，扣5分； 2. 未擦阻火器腔体内的油污扣5分； 3. 阻火器顶盖密封胶垫安装错位扣2分； 4. 未对角紧顶盖螺栓扣3分	25		
6	检查及恢复	1. 关闭排污阀； 2. 打开阻火器后控制阀门，检查有无渗漏，确认无渗漏，打开阻火器前控制阀门； 3. 关闭旁通阻火器前后控制阀门，并泄尽余压	倒回原直通生产	1. 未关闭排污阀扣10分； 2. 出现渗漏扣5分； 3. 倒直通后不关旁通扣5分	15		
7	清理场地，填写报表	1. 清洁现场，收拾工具； 2. 将使用后的清洁剂，倒入污油桶内； 3. 做好相应记录	填写班报表，收拾工具，清洁场地	1. 未清理现场扣5分，工具少收一件扣2分； 2. 未填写报表扣5分； 3. 油污、清洗剂落地造成污染扣5分	10		
8	安全文明操作	1. 遵守国家或企业有关安全规定； 2. 操作过程中严格遵守“四不伤害”原则	遵守国家或企业有关安全规定	1. 每违反一项规定，从总分中扣5分；工具使用不当一次扣2分，最多扣8分； 2. 因操作不当造成人身伤害、环境污染、设备损坏，从总分中扣20分； 3. 严重违规终止操作			
备注							
合　计					100		

考评员：　　　　　　　　　　核分员：　　　　　　　　　　年　月　日

二十九、50m^3 储罐检尺计量操作

1. 考核要求

(1) 必须穿戴劳动保护用品。
(2) 工具、用具准备齐全,正确使用。
(3) 操作规程符合安全文明操作。
(4) 按规定完成操作项目,质量达到技术要求。
(5) 操作完毕,做到"工完、料净、场地清"。

2. 准备要求

(1) 设备准备:

序 号	名 称	规 格	数 量	备 注
1	油罐		1 具	

(2) 材料准备:

序 号	名 称	规 格	数 量	备 注
1	大布		1 块	
2	防油手套		1 副	
3	报表		2 张	
4	笔		1 支	

(3) 工具、量具、用具准备:

序 号	名 称	规 格	数 量	备 注
1	木尺	2.5m	1 把	
2	计算器		1 个	

3. 操作程序说明

1) 准备、检查工具
检查量油尺刻度清晰,尺身无变形。
2) 上罐要求
(1) 5 级以上大风天气禁止上罐量油。
(2) 上罐前必须释放人体静电,一手扶扶梯一手拿工具,动作要轻,注意脚底防滑。

(3) 严禁超过 5 人以上同时上罐操作或在罐顶从事于工作无关的活动。

(4) 夜间操作时必须使用防爆灯具，禁止在罐区开关灯具。

(5) 严禁用铁器敲打设备。

3) 量油

(1) 站在上风口，缓慢打开计量孔盖锁紧手轮。

(2) 用脚打开油罐(口述：量油孔气体充分扩散后方可量油)。

(3) 缓慢下放量油尺至浸入液面后停止下尺，读取下尺刻度。

(4) 缓慢上提木尺，读取沾油高度，记录数值。

4) 复尺

(1) 清洁木尺，重复上述 3) 量油操作中(3)、(4)量油动作。

(2) 复尺技术要求：检尺时应在同一检尺点检尺；两次测量值差值大于 2mm 重新检尺；两次测的差值在 1~2mm 时，则取两次测值的算数平均值作为计量罐内液位高度；两次测的值小于等于 1mm 时则以前次测得值作为计量罐内液位高度。

5) 计算

(1) 根据公式按照数学方法计算出储罐液位及液量。

(2) 液位高度 $H_{液}$ 按公式(29-1)计算：

$$H_{液}=H_{总}-H_{尺}+H_{沾} \quad (29-1)$$

式中，$H_{液}$ 为液位高度，m；$H_{总}$ 为 2.45m；$H_{尺}$ 为尺身对准计量口上部基准点读数(俗称下尺高度)，m；$H_{沾}$ 为木尺被油侵没部分读数(俗称沾油高度)，m。

(3) 液量 Q 按公式(29-2)计算：

$$Q=H_{液}\times 21.7 \quad (29-2)$$

式中，Q 为液量，m^3(21.7m^2 为储罐底面积)。

6) 盖好量油孔盖

(1) 盖好量油孔盖。

(2) 清理量油孔卫生。

(3) 下罐。

7) 清洁回收工具

(1) 下罐后用清洗剂清洗工用具油污，清洁现场。

(2) 回收工具。

(3) 做好相应记录。

4. 考核规定说明

(1) 如操作违章，将停止考核。

(2) 考核采用百分制，考核项目得分按鉴定比重进行折算。

(3) 考核方式说明：本项目为实际操作题，考核过程按评分标准及操作过程进行评分。

(4) 测量技能说明：本项目主要测试考生对 50m^3 储罐检尺计量技能掌握的熟练程度。

5. 考核时限

(1) 准备工作：1min(不计入考核时间)。

(2) 正式操作时间：10min。

(3) 提前完成操作不加分，超时停止工作。

6. 评分记录表

$50m^3$ 储罐检尺计量操作评分记录表

操作时间：10min　　　　考生：　　　　操作用时：

序号	考核内容	操作规程	评分要素	评分标准	配分	扣分	得分
1	穿戴劳保用品	穿戴好劳动保护用品	劳保穿戴齐全	劳保穿戴不整齐扣5分	5		
2	准备工具	准备工具、用具：大布、手套、防油手套、报表、笔、计算器、量油木尺	准备工具、用具	工具、用具多选、漏选一件扣1分	5		
3	检查工具用具	检查量油尺刻度清晰，尺身无变形	检查量油尺	未检查量油尺扣5分	5		
4	上罐要求	1. 5级以上大风天气禁止上罐量油； 2. 上罐前必须释放人体静电，一手扶扶梯一手拿工具，动作要轻，注意脚底防滑； 3. 严禁超过5人以上同时上罐操作或在罐顶从事于工作无关的活动； 4. 夜间操作时必须使用防爆灯具，禁止在罐区开关灯具； 5. 严禁用铁器敲打设备	上罐要求	不清楚上罐要求此项不得分，少一条扣5分	20		
5	量油	1. 站在上风口，缓慢打开计量孔盖锁紧手轮； 2. 用脚打开油罐(口述：量油孔气体充分扩散后方可量油)； 3. 缓慢下放量油尺至浸入液面后停止下尺，读取下尺刻度； 4. 缓慢上提木尺，读取沾油高度，记录数值	会量油	1. 不选择上风口扣5分； 2. 打开量油孔盖后未口述直接量油扣3分； 3. 未用脚打开量油孔盖扣2分； 4. 未平稳下尺或提尺扣5分； 5. 下尺不到位或下尺过多扣5分； 6. 读值不正确扣2分； 7. 记录数值少一项扣2分	25		

续表

序号	考核内容	操作规程	评分要素	评分标准	配分	扣分	得分
6	复尺	1. 清洁木尺，重复上述（3）、（4）量油动作； 2. 复尺技术要求：检尺时应在同一检尺点检尺，两次测量值差值大于 2mm 重新检尺，两次测的差值在 1～2mm 时，则取两次测值的算数平均值作为计量罐内液位高度；两次测的值小于等于 1mm 时则以前次测得值作为计量罐内液位高度	会复尺	1. 未进行复尺扣 15 分，读值不正确扣 3 分，记录数值少一项扣 2 分； 2. 两次检尺数相差超过 2mm 未重新检尺该项不得分，未在同一检尺点检尺扣 5 分	15		
7	计算	1. 根据公式按照数学方法计算出储罐液位； 2. 液位高度 $H_{液}$ 公式(1)计算： $H_{液}=H_{总}-H_{尺}+H_{沾}$ (1) 式中，$H_{液}$ 为液位高度，m；$H_{总}$ 为 2.45m；$H_{尺}$ 为尺身对准计量口上部基准点读数（俗称下尺高度），m；$H_{沾}$ 为木尺被油侵没部分读数（俗称沾油高度），m； 3. 液量 Q 按公式(2)计算： $Q=H_{液}\times 21.7$ (2) 式中，Q 为液量，m^3（$21.7m^2$ 为储罐底面积）	会计算	1. 未写公式扣 5 分； 2. 公式错误扣 5 分； 3. 计算错误扣 5 分	15		
8	盖好量油孔盖	盖好量油孔盖，清理量油孔卫生，下罐	规范操作	1. 未关闭量油孔扣 4 分； 2. 未清理量油孔卫生扣 1 分； 3. 下罐时不连续扶扶梯扣 2 分	5		

续表

序号	考核内容	操作规程	评分要素	评分标准	配分	扣分	得分
9	回收工具，填写报表	下罐后用清洗剂清洗工用具油污，清洁现场，回收工具，做好相应记录	规范操作	1. 未清洗工具、用具一件扣1分，工具少收一件扣1分； 2. 未清理现场扣5分	5		
10	安全文明操作	1. 遵守国家或企业有关安全规定； 2. 操作过程中严格遵守“四不伤害原则”	遵守国家或企业有关安全规定	1. 每违反一项规定，从总分中扣5分； 2. 因操作不当造成人身伤害，从总分中扣20分； 3. 严重违规取消考核资格； 4. 不正确使用工具、用具，扣分项在安全文明操作项内扣除，一次扣2分，最多扣20分			
备注							
合计					100		

考评员： 核分员： 年 月 日

中级工

三十、调整14型抽油机平衡操作（加减配重块）

1. 考核要求

（1）必须正确穿戴、使用劳动保护用品。

（2）工具、量具、用具准备齐全，正确使用。

（3）操作规程符合安全文明操作。

（4）按规定完成操作项目，质量达到技术要求。

（5）操作完毕，做到“工完、料净、场地清”。

2. 准备要求

（1）设备准备：

序 号	名 称	规 格	数 量	备 注
1	抽油机	CYJQ14-5-73HY（Ⅱ）	1台	

（2）材料准备：

序 号	名 称	规 格	数 量	备 注
1	配重块	25kg	若干	
2	记录纸		1张	
3	笔		1支	
4	报表		1张	

（3）工具、用具准备：

序 号	名 称	规 格	数 量	备 注
1	绝缘手套		1副	
2	内六方扳手		1套	
3	试电笔		1支	
4	钳形电流表		1块	
5	榔头	4磅	1把	
6	计算器		1个	
7	禁止合闸警示牌		1块	

3. 操作程序说明

1）检查钳型电流表

（1）检查钳形电流表是否在校验期内，测量范围是否合适。

（2）检查外观无破损无裂痕，屏显清晰，钳口闭合良好无污染。

（3）检查钳形电流表电池电量，要求显示面板数字清晰。

2）选择挡位

（1）验电，确认启动柜安全。

（2）根据电机额定电流的 2 倍选择合适挡位。

（3）戴绝缘手套持表，被测导线垂直居中卡入钳口中央，查看数字显示(由大到小选择合适挡位，换挡时电流表应与被测导线分离，读数误差小于±1A)。

3）取值(三次的平均值)

（1）测取抽油机上行最大电流值。

（2）测取抽油机下行最大电流值。

4）计算平衡率

（1）平衡率公式：

$$B=(I_{上}/I_{下})\times 100\% \tag{30-1}$$

式中，B 为抽油机平衡率；$I_{上}$ 为抽油机上行最大电流；$I_{下}$ 为抽油机下行最大电流。

（2）平衡率在 85%～115%之间为合格。

（3）根据计算结果，判断、调整配重块。

5）停抽油机

（1）用试电笔检测电控柜外壳确认安全。

（2）打开电控柜门。

（3）按停止按钮停抽。

（4）将抽油机驴头停在上死点位置。

（5）刹紧刹车。

（6）关好电控柜门。

（7）用试电笔检测配电柜外壳确认安全。

（8）打开配电柜门。

（9）侧身拉闸断电。

（10）关好配电柜门。

（11）挂警示牌。

（12）记录停抽时间和参数。

（13）打安全销。

6）计算加减配重块数量(P_{max}、P_{min} 为给定值)

（1）如 $P_{max}<6700$kg，则 $N_{配1}=(P-5600)\times 0.9/25$。

（2）如 $P_{max}>6700$kg，则 $N_{配2}=(P-5600)\times 0.9/1000$。

$$N_{配1}=(P-5600-N_{配2}\times 5000/4.5)\times 0.9/25 \tag{30-2}$$

式中，$P=(P_{max}+P_{min})/2$；$N_{配1}$ 为所需活动配重块数量；$N_{配2}$ 为所需配重体数量；P_{max} 为悬点

动载荷的最大值；P_{min}为悬点动载荷的最小值。

7）调整平衡操作

（1）拆下配重箱体的保险挡杆。

（2）根据计算加减配重块。

（3）如$I_{上}>I_{下}$，需增加配重块数量，如$I_{下}>I_{上}$，需减少配重块数量。

（4）调整配重块数量时应同时加、减四块为一组，精调时加减一块为一组。

（5）检查预紧螺栓、连接螺栓紧固无松动。

（6）安装配重箱体的保险挡杆。

8）启动前检查

（1）检查抽油机四周是否有障碍物。

（2）打开安全销。

9）启动操作

（1）用试电笔确认配电柜外壳确认安全。

（2）摘警示牌，戴绝缘手套侧身合闸送电。

（3）用试电笔检测电控柜外壳确认安全，打开电控柜门。

（4）缓慢松开抽油机刹车。

（5）按启动按钮。

（6）利用惯性启动抽油机。

（7）关电控柜门。

（8）记录启抽时间。

10）启动后检查

（1）检查电机是否运转正常有无异响。

（2）复测调整效果，平衡率85%~115%合格，平衡率超出合格范围，需重新调整。

（3）检查抽油机是否有异响声、电机运转是否正常。

（4）检查井口压力、温度、出液是否正常，检查井口流程是否有“跑、冒、滴、漏”现象。

11）填写班报表，清理场地

（1）记录调整前后的上下行电流。

（2）记录井口油压、套压、回压、井温。

（3）记录配重块增减情况。

（4）清洁现场，收拾工具。

4. 考核规定说明

（1）如发现操作过程中可能发生重大违章（如人身伤害、环境污染、设备损坏等），将终止操作。

（2）考核采用百分制，考核项目得分按鉴定比重进行折算。

（3）考核方式说明：本项目为实际操作题，考核过程按评分标准及操作过程进行评分。

（4）考评技能说明：本项目主要测试考生对调整14型抽油机平衡技能掌握的熟练程度。

5. 考核时限

(1) 准备工作：1min(不计入考核时间)。

(2) 正式操作时间：25min。

(3) 提前完成操作不加分，到时停止操作考核。

6. 评分记录表

调整14型抽油机平衡操作(加减配重块)评分记录表

操作时间：25min　　考生：　　操作用时：

序号	考核内容	操作规程	评分要素	评分标准	配分	扣分	得分
1	准备	1. 穿戴好劳动保护用品； 2. 准备工具：绝缘手套、内六方扳手、试电笔、钳形万用表、榔头、计算器、禁止合闸警示牌、配重块、记录纸、笔、报表	准备工具、用具	1. 劳保穿戴不整齐扣5分； 2. 未准备工具及材料扣5分，多、少准备一件扣2分	5		
2	检查钳型电流表	1. 检查钳形电流表是否在校验期内，测量范围是否合适； 2. 检查外观无破损无裂痕，屏显清晰，钳口闭合良好无污染； 3. 检查钳形电流表电池电量，要求显示面板数字清晰	检查钳形电流表	1. 未检查钳形电流表是否在校验期内扣5分，未检查测量范围扣5分； 2. 检查外观无破损无裂痕，屏显、钳口闭合良好无污染，少一处扣2分； 3. 未检查电池电量扣3分	5		
3	挡位选择	1. 验电，确认启动柜安全； 2. 根据电机额定电流的2倍选择合适挡位； 3. 戴绝缘手套持表，被测导线垂直居中卡入钳口中央，查看数字显示(由大到小选择合适挡位，换挡时电流表应与被测导线分离，读数误差小于±1A)	正确选择钳形电流表挡位及量程	1. 未验电确认安全扣5分； 2. 挡位选择不正确扣10分；未戴绝缘手套持表扣5分，被测导线未垂直居中卡入钳口中央扣5分； 3. 未由大到小选择合适挡位扣2分，换挡时电流表未与被测导线分离扣10分，读数误差大于±1A扣5分	5		

续表

序号	考核内容	操作规程	评分要素	评分标准	配分	扣分	得分
4	取值	1. 测取抽油机上行最大电流值； 2. 测取抽油机下行最大电流值	正确读取电流数据	取值时未取三次的平均值扣5分，取值不正确扣10分	5		
5	计算平衡率	1. 平衡率公式 $B=(I_{上}/I_{下})\times100\%$； 2. 平衡率在85%～115%之间为合格； 3. 根据计算判断调整配重块	正确计算平衡率	1. 平衡率公式不正确该项不得分，不会计算平衡率扣10分； 2. 计算结果错误扣5分； 3. 不会判断扣20分，不会调整扣10分	10		
6	停抽油机	1. 用试电笔检测电控柜外壳确认安全； 2. 戴绝缘手套打开启动柜门； 3. 按停止按钮停抽； 4. 将抽油机驴头停在上死点位置； 5. 刹紧刹车； 6. 关好启动柜门； 7. 用试电笔检测配电柜外壳确认安全； 8. 戴绝缘手套打开配电柜门； 9. 侧身拉闸断电； 10. 关好配电柜门； 11. 挂警示牌； 12. 记录停抽时间和参数； 13. 打安全销	按操作规程停抽	1. 未验电一次扣3分； 2. 未戴绝缘手套接触电器设备一次扣3分； 3. 停机位置不合适扣5分； 4. 未刹紧刹车、溜车扣10分； 5. 柜门一次未关扣2分； 6. 未侧身拉闸断电扣5分； 7. 未挂警示牌扣3分； 8. 未记录停抽时间和参数扣5分，缺一项扣2分； 9. 未打安全销扣10分	15		
7	计算	1. 如 $P_{max}<6700kg$，则 $N_{配1}=(P-5600)\times0.9/25$； 2. 如 $P_{max}>6700kg$，则 $N_{配2}=(P-5600)\times0.9/1000$；则 $N_{配1}=(P-5600-N_{配2}\times5000/4.5)\times0.9/25$	计算加减配重块数量	1. 公式不正确该项不得分，不会计算平衡率扣10分； 2. 计算结果错误扣5分	10		

续表

序号	考核内容	操作规程	评分要素	评分标准	配分	扣分	得分
8	调整平衡操作	1. 拆下配重箱体的保险挡杆； 2. 根据计算加减配重块； 3. 如 $I_{上}>I_{下}$，需增加配重块数量，如 $I_{下}>I_{上}$，需减少配重块数量； 4. 调整配重块数量时应同时加、减四块为一组，精调时加减一块为一组； 5. 检查预紧螺栓、连接螺栓紧固无松动； 6. 安装配重箱体的保险挡杆	严格按照安全规范调整、操作	1. 加减配重块调整错误扣 10 分； 2. 调整配重块数量不合适扣 5 分，安装位置不合适扣 5 分； 3. 未检查预紧螺栓、连接螺栓扣 5 分； 4. 未安装配重箱体的保险挡杆扣 10 分，未锁紧扣 5 分； 5. 拆装过程中配重块掉落一次扣 3 分	20		
9	启动前检查	1. 检查抽油机四周是否有障碍物； 2. 打开安全销	规范检查	1. 未检查抽油机四周是否有障碍物扣 5 分； 2. 未打开安全销松刹车扣 5 分，启抽终止操作	5		
10	启动操作	1. 用试电笔确认配电柜外壳确认安全； 2. 摘警示牌，戴绝缘手套侧身合闸送电； 3. 用试电笔检测电控柜外壳确认安全，打开电控柜门； 4. 缓慢松开抽油机刹车； 5. 利用惯性启动抽油机； 6. 关电控柜门； 7. 记录启抽时间	规范启抽	1. 未验电扣 3 分； 2. 未摘警示牌扣 2 分，未戴绝缘手套一次扣 2 分，未侧身合闸送电扣 3 分； 3. 不控制刹车扣 5 分； 4. 未利用惯性启动抽油机扣 5 分，逆向启抽扣 10 分； 5. 未关电控柜门扣 2 分； 6. 未记录启抽时间扣 5 分	10		

续表

序号	考核内容	操作规程	评分要素	评分标准	配分	扣分	得分
11	启动后检查	1. 检查电机是否运转正常有无异响； 2. 复测调整效果，平衡率85%~115%合格，平衡率超出合格范围，需重新调整； 3. 检查抽油机是否有异响声、电机运转是否正常； 4. 检查井口压力、温度、出液是否正常；检查井口流程是否有“跑、冒、滴、漏”现象	规范检查	1. 未检查电机运转情况扣3分； 2. 调整效果不合格需重新调整（未口述扣5分）； 3. 未检查抽油机运转情况扣5分； 4. 检查井口压力、温度、出液是否正常；检查井口流程是否有“跑、冒、滴、漏”现象，漏一处扣2分	5		
12	填写班报表，清理场地	1. 记录调整前后的上下行电流； 2. 记录井口油压、套压、回压、井温； 3. 记录配重块增减情况。 4. 清洁现场，收拾工具	收拾工具，清洁场地，规范填写报表	1. 未记录调整前后的上下行电流，一处扣2分； 2. 未记录井口油压、套压、回压、井温，一处扣2分； 3. 未记录配重块增减情况扣2分； 4. 未收拾工具扣5分，少收一件扣2分	5		
13	安全文明操作	1. 遵守国家或企业有关安全规定； 2. 操作过程中严格遵守“四不伤害”原则	遵守国家或企业有关安全规定	1. 每违反一项规定，从总分中扣5分； 2. 因操作不当造成人身伤害、环境污染、设备损坏，从总分中扣20分； 3. 严重违规终止操作			
备注							
合　计					100		

考评员：　　　　　　核分员：　　　　　　年　月　日

三十一、更换低压闸板阀操作

1. 考核要求

（1）必须穿戴劳动保护用品。
（2）工具、量具、用具、安全仪表、安全设备准备齐全，正确使用。
（3）操作规程符合安全文明操作。
（4）按规定完成操作项目，质量达到技术要求。
（5）操作完毕，做到“工完、料净、场地清”。

2. 准备要求

（1）设备准备：

序 号	名 称	规 格	数 量	备 注
1	工艺流程		1套	

（2）材料准备：

序 号	名 称	规 格	数 量	备 注
1	大布		2块	
2	手套		2副	
3	润滑脂		1桶	
4	3mm石棉垫片		1块	
5	闸板阀		1个	与更换阀门同型号
6	肥皂水		1瓶	
7	笔		1支	
8	报表		1张	

（3）工具、用具准备：

序 号	名 称	规 格	数 量	备 注
1	活动扳手	300mm	2把	
2	污油桶		1个	
3	梅花	22~24	2把	
4	开口扳手	22~24	2把	
5	钢板尺	300mm	1把	

续表

序 号	名 称	规 格	数 量	备 注
6	划规		1 把	
7	三棱刮刀		1 把	
8	撬杠	1000mm	1 根	
9	剪刀		1 把	
10	F 扳手		1 把	
11	禁止开关警示牌		1 个	

（4）气防设施准备：

序 号	名 称	规 格	数 量	备 注
1	四合一检测仪		1 台	含硫井须携带
2	正压式空气呼吸器		1 套	含硫井须携带

3. 操作程序说明

1）更换前准备

（1）必须做好自身防护工作，劳保必须穿戴整齐。

（2）进入工作场地前观察风向，对现场进行有毒有害气体检测。

（3）挂禁止开关警示牌。

2）倒流程

（1）打开旁通阀，依次关闭上流和下流阀门。

（2）将污油桶缓放至放空阀出口，缓慢打开原流程放空阀，将压力泄至零。

3）制作石棉垫子

（1）用直尺在单片法兰上量出法兰密封面的内外直径。

（2）用划规在石棉垫片上划出法兰垫片内外圆。

（3）剪出法兰垫片，内外圆误差小于±2mm 且光滑，手柄长度为露出法兰外(20±5)mm。

（4）在垫片两面均匀涂上黄油待用。

4）拆除旧阀门并清理

（1）拆法兰两端螺栓，先拆下部螺栓再拆上部螺栓。

（2）取下阀门及法兰垫片。

（3）清理新阀门、流程法兰端面，确保阀门两侧法兰水线清洁。

（4）清理干净法兰连接螺栓并保养。

5）安装新阀门

（1）将新阀门与法兰对准放入，穿入螺栓(两侧各预留一条)。

（2）用撬杠撬开法兰片，将新法兰垫片放入法兰中央，撤去撬杠。

（3）依次上好螺栓带紧螺母。

（4）调整两侧法兰外圆对正，用扳手对称均匀紧固法兰螺栓，以法兰间隙均匀压平为准。

6）倒流程试压

（1）关闭放空阀门。

（2）新阀门全开。

（3）缓慢打开下流阀门，微开上流阀门试压，试压合格后完全打开上流阀门。

（4）摘警示牌。

（5）关闭旁通阀门。

7）填写报表，清洁现场，回收工具

（1）填写更换阀门记录。

（2）打扫现场卫生，收拾工具。

4. 考核规定说明

（1）如发现操作过程中可能发生重大违章（如人身伤害、环境污染、设备损坏等），将终止操作。

（2）考核采用百分制，考核项目得分按鉴定比重进行折算。

（3）考核方式说明：本项目为实际操作题，考核过程按评分标准及操作过程进行评分。

（4）考评技能说明：本项目主要测试考生对更换低压闸板阀操作技能掌握的熟练程度。

5. 考核时限

（1）准备工作：1min（不计入考核时间）。

（2）正式操作时间：25min。

（3）提前完成操作不加分，到时停止操作考核。

6. 评分记录表

更换低压闸板阀操作评分记录表

操作时间：25min　　考生：　　操作用时：

序号	考核内容	操作规程	评分要素	评分标准	配分	扣分	得分
1	工具准备	1. 穿戴好劳动保护用品； 2. 准备工具：大布、手套、润滑脂、3mm石棉垫片、闸板阀、肥皂水、笔、报表、300mm活动扳手、污油桶、梅花扳手、开口扳手、钢板尺、划规、三棱刮刀、撬杠、剪刀、F扳手、禁止开关警示牌	准备工具、用具	1. 未穿戴好劳保用品扣5分； 2. 未准备工具及材料扣5分，多、少准备一件扣2分	5		

续表

序号	考核内容	操作规程	评分要素	评分标准	配分	扣分	得分
2	更换前准备	1. 进入工作场地前观察风向，对现场进行有毒有害气体检测； 2. 挂禁止开关警示牌	做好安全防护	1. 未观察风向扣5分，未检测现场有毒有害气体扣5分； 2. 未挂警示牌扣5分	10		
3	倒流程	1. 打开旁通阀，依次关闭上流和下流阀门； 2. 将污油桶缓放至放空阀出口，缓慢打开原流程放空阀，将压力泄至零	避免憋压，注意开关顺序	1. 不会倒流程此项不得分，未放空此项不得分，未检查流程扣3分，未正确开关阀门扣3分，开关阀门次序错扣5分，阀门未关严扣3分； 2. 排污造成污染扣5分，未侧身开关阀门扣5分	10		
4	制作石棉垫子	1. 用直尺在单片法兰上量出法兰密封面的内外直径； 2. 用划规在石棉垫片上划出法兰垫片内外圆； 3. 剪出法兰垫片，内外圆误差小于±2mm且光滑，手柄长度为露出法兰外(20±5)mm； 4. 在垫片两面均匀涂上黄油待用	正确使用量具、工具	1. 不会制作法兰垫此项不得分； 2. 划规使用不规范扣3分； 3. 垫片制作不规范，一处扣2分； 4. 未涂抹黄油扣5分，未均匀涂抹扣3分	10		
5	拆除旧阀门并清理	1. 拆法兰两端螺栓，先拆下部螺栓再拆上部螺栓； 2. 取下阀门及法兰垫片； 3. 清理新阀门、流程法兰端面，确保阀门两侧法兰水线清洁； 4. 清理干净法兰连接螺栓并保养	法兰端面要清理干净	1. 拆螺栓顺序错，一次扣2分； 2. 未清理法兰端面扣5分； 3. 未清理检查水线扣5分； 4. 未清理保养螺栓、螺母，一处扣2分	10		

续表

序号	考核内容	操作规程	评分要素	评分标准	配分	扣分	得分
6	安装新阀门	1. 将新阀门与法兰对准放入，穿入螺栓（两侧各预留一条）； 2. 用撬杠撬开法兰片，将新法兰垫片放入法兰中央，撤去撬杠； 3. 依次上好螺栓带紧螺母； 4. 调整两侧法兰外圆对正，用扳手对称均匀紧固法兰螺栓，以法兰间隙均匀压平为准	按规范安装阀门	1. 紧固螺栓方法不正确扣 5 分； 2. 法兰垫片不居中扣 3 分； 3. 螺纹外漏长度不均匀，一致扣 2 分； 4. 法兰盘上下左右间隙不均匀扣 2 分	25		
7	倒流程试压	1. 关闭放空阀门； 2. 新阀门全开； 3. 缓慢打开下流阀门，微开上流阀门试压，试压合格后完全打开上流阀门； 4. 摘警示牌； 5. 关闭旁通阀门	规范操作，确保试压合格	1. 未关放空扣 5 分； 2. 新阀门未全开扣 5 分； 3. 倒流程顺序错扣 5 分； 4. 未进行验漏扣 10 分，渗漏一处扣 3 分，刺漏一处 5 分； 5. 未正确开关阀门扣 2 分； 6. 未摘警示牌扣 2 分，未关旁通阀扣 10 分	25		
8	填写记录，清理现场	1. 填写更换阀门记录； 2. 打扫现场卫生，收拾工具	收拾工具，清洁场地	1. 未填写记更换录扣 5 分； 2. 未清理现场扣 5 分，工具少收一件扣除 2 分	5		
9	安全文明操作	1. 遵守国家或企业有关安全规定； 2. 操作过程中严格遵守“四不伤害”原则	遵守国家或企业有关安全规定	1. 每违反一项规定，从总分中扣 5 分； 2. 因操作不当造成人身伤害从总分中扣 20 分； 3. 严重违规取消考核			
备注							
合　计					100		

考评员：　　　　核分员：　　　　年　月　日

三十二、自喷井倒翼检查更换油嘴操作

1. 考核要求

（1）必须穿戴劳动保护用品。
（2）工具、量具、用具、安全仪表、安全设备准备齐全，正确使用。
（3）操作规程符合安全文明操作。
（4）按规定完成操作项目，质量达到技术要求。
（5）操作完毕，做到“工完、料净、场地清”。

2. 准备要求

（1）设备准备：

序 号	名 称	规 格	数 量	备 注
1	自喷井井口		1套	

（2）材料准备：

序 号	名 称	规 格	数 量	备 注
1	手套		1副	
2	笔		1支	
3	报表		1张	
4	大布		2块	
5	油嘴		2个	根据生产需求
6	生料带		1卷	

（3）工具、用具准备：

序 号	名 称	规 格	数 量	备 注
1	F扳手		2把	
2	管钳	600mm、900mm	各1把	
3	钢丝刷		1把	
4	游标卡尺		1把	
5	油嘴扳手		1把	
6	污油桶		1个	
7	通针		1根	

（4）气防设施：

序 号	名 称	规 格	数 量	备 注
1	硫化氢检测仪		1台	含硫井须携带
2	正压式空气呼吸器		1套	含硫井须携带

3. 操作程序说明

1）检查准备

（1）必须做好自身防护工作，劳保必须穿戴整齐。

（2）进井场前观察风向，对现场进行有毒有害气体检测。

（3）核实非生产翼工作制度大小。

（4）倒翼前做好相关参数记录（油压、套压、回压等）。

2）自喷井倒翼操作步骤

（1）关闭非生产翼取样阀；缓慢打开立管阀门，检查堵头及非生产翼流程有无渗漏，无渗漏时全开立管阀门，倒通非生产翼流程。

（2）缓慢打开非生产翼外侧生产阀门，听到出液声后迅速关闭原生产翼外侧生产阀门，同时将非生产翼外侧生产阀门完全打开；2人配合（口述）。

（3）观察油压、套压、回压，出油是否正常。

（4）关闭原生产翼立管阀门，缓慢打开取样阀泄压至零（用污油桶接余液）。

3）检查油嘴操作步骤

（1）侧身拆除原生产翼丝堵，侧身使用通针检查油嘴是否畅通。

（2）用油嘴扳手取出油嘴。

（3）清洁油嘴，对油嘴外观进行检查并做好记录。

（4）使用游标卡尺测量油嘴，做好记录（十字法至少测量3次）。

（5）将合格的油嘴安装至油嘴套内。

（6）缠上生料带装好丝堵。

（7）关闭取样阀。

（8）缓慢打开立管阀门，检查堵头安装有无渗漏，无渗漏时全开立管阀门。

（9）两人配合倒回原生产翼生产，记录检查后生产参数。

（10）以相同方法检查另翼油嘴，待用。

4）填写记录，清理场地

（1）规范填写检查记录。

（2）清理现场卫生，收拾工具。

4. 考核规定说明

（1）如发现操作过程中可能发生重大违章（如人身伤害、环境污染、设备损坏等），将终止操作。

（2）考核采用百分制，考核项目得分按鉴定比重进行折算。

（3）考核方式说明：本项目为实际操作题，考核过程按评分标准及操作过程进行评分。

(4) 考评技能说明：本项目主要测试考生对自喷井倒翼检查更换油嘴技能掌握的熟练程度。

5. 考核时限

(1) 准备工作：1min(不计入考核时间)。

(2) 正式操作时间：20min。

(3) 提前完成操作不加分，到时停止操作考核。

6. 评分记录表

自喷井倒翼检查更换油嘴操作评分记录表

操作时间：20min　　考生：　　操作用时：

序号	考核内容	操作规程	评分要素	评分标准	配分	扣分	得分
1	准备	1. 穿戴好劳动保护用品； 2. 准备工具：手套、笔、报表、大布、油嘴、生料带、F扳手、管钳、钢丝刷、游标卡尺、油嘴扳手、污油桶、通针	准备好工具、量具、用具	1. 劳保穿戴不整齐扣5分； 2. 未准备工具及材料扣5分，多、少准备一件扣2分	5		
2	检查	1. 准备好工具、量具、用具； 2. 进井场前观察风向，对现场进行有毒有害气体检测； 3. 核实非生产翼工作制度大小； 4. 倒翼前做好相关参数记录(油压、套压、回压等)	安全防护，倒翼前检查	1. 进井场前未观察风向扣2分； 2. 未对现场进行有毒有害气体检测扣3分； 3. 未核实非生产翼工作制度扣5分； 4. 参数未记录扣5分，漏一项扣2分	25		
3	倒翼操作步骤	1. 关闭非生产翼取样阀；缓慢打开立管阀门对其充压，检查堵头及非生产翼流程有无渗漏，无渗漏时全开立管阀门，倒通非生产翼流程； 2. 缓慢打开非生产翼外侧生产阀门，听到出液声后迅速关闭原生产翼外侧生产阀门，同时将非生产翼外侧生产阀门完全打开；2人配合(口述)； 3. 观察油压、套压、回压，出油是否正常； 4. 关闭原生产翼立管阀门，缓慢打开取样阀泄压至零(用污油桶接余液)	根据操作步骤操作	1. 未关闭非生产翼取样阀扣5分；未验漏扣3分，未倒通非生产翼流程扣5分，未全开扣3分； 2. 未侧身开关阀门扣5分，未缓慢倒通流程扣3分；未口述2人配合扣2分； 3. 未观察参数，一处扣2分； 4. 未关闭原生产翼立管阀门扣5分，未泄压扣5分，造成污染扣5分	20		

续表

序号	考核内容	操作规程	评分要素	评分标准	配分	扣分	得分
4	检查油嘴操作步骤	1. 侧身拆除原生产翼丝堵，侧身使用通针检查油嘴是否畅通； 2. 用油嘴扳手取出油嘴； 3. 清洁油嘴，对油嘴外观进行检查并做好记录； 4. 使用游标卡尺测量油嘴，做好记录（十字法至少测量3次）； 5. 将合格的油嘴安装至油嘴套内； 6. 缠上生料带装好丝堵； 7. 关闭取样阀； 8. 缓慢打开立管阀门，检查堵头安装有无渗漏，无渗漏时全开立管阀门； 9. 两人配合倒回原生产翼生产，记录检查后生产参数； 10. 以相同方法检查另翼油嘴，待用	规范操作、精确测量	1. 未侧身拆除丝堵扣5分，未侧身使用通针扣5分； 2. 取油嘴方法不对扣5分； 3. 未清洁油嘴扣2分，未检查油嘴外观扣3分； 4. 未测量孔径扣5分，测量方法不对扣3分，游标卡尺使用不规范扣3分； 5. 丝堵未缠生料带或缠绕方法不正确扣3分； 6. 未关闭取样阀扣5分； 7. 未验漏扣3分，未倒通流程扣5分，未全开扣3分； 8. 未记录检查后生产参数扣3分； 9. 工具使用不当，一次扣2分； 10. 未口述以相同方法检查另翼油嘴，待用扣2分	40		
5	填写记录，清理场地	1. 填写报表； 2. 清洁现场，收拾工具	规范填写报表及记录	1. 少填写一项扣2分； 2. 未清理现场扣5分，工具少收或少清洁一件扣除2分	10		
6	安全文明操作	1. 遵守国家或企业有关安全规定； 2. 操作过程中严格遵守“四不伤害”原则	遵守国家或企业有关安全规定	1. 每违反一项规定，从总分中扣5分； 2. 因操作不当造成人身伤害，从总分中扣20分； 3. 严重违规取消考核			
备注							
合计					100		

考评员：　　　　核分员：　　　　年　月　日

三十三、抽油机井口憋压操作

1. 考核要求

（1）必须穿戴劳动保护用品。
（2）工具、量具、用具准备齐全，正确使用。
（3）操作规程符合安全文明操作。
（4）按规定完成操作项目，质量达到技术要求。
（5）操作完毕，做到“工完、料净、场地清”。

2. 准备要求

（1）设备准备：

序 号	名 称	规 格	数 量	备 注
1	抽油机井		1 口	

（2）材料准备：

序 号	名 称	规 格	数 量	备 注
1	效验合格的压力表		1 块	
2	大布		1 块	
3	生料带		1 卷	
4	污油桶		1 个	

（3）工具、量具、用具准备：

序 号	名 称	规 格	数 量	备 注
1	活动扳手	250mm	1 把	
2	开口扳手	17～19	1 把	
3	管钳	600mm	1 把	
4	绝缘手套		1 只	
5	记录纸		1 张	
6	笔		1 支	
7	钟表		1 块	

（4）气防设施：

序 号	名 称	规 格	数 量	备 注
1	硫化氢检测仪		1台	含硫井须携带
2	正压式空气呼吸器		1套	含硫井须携带

3. 操作程序说明

1）录取参数

记录井口油压、套压、回压、井温等井口参数。

2）憋压前准备

（1）关闭油压表考克，将污油桶放置泄压阀下端泄压。

（2）更换合适量程的油压表，打开压力表考克，记录更换后压力数据。

（3）适当上紧盘根盒压帽。

3）井口憋压操作

（1）关闭回压闸门开始憋压。

（2）记录憋压起始时间，记录压力随时间的变化值，至少记录5个压力值及时间点。

（3）启动柜验电，戴绝缘手套开柜门，当压力升至要求压力值时停在合适位置，拉紧刹车。

（4）记录停抽后初始压力，观察压降10min，每2min记录一次压力随时间的变化值，压降数据必须是5个以上的时间点。

4）恢复生产操作

（1）缓慢打开回压闸门恢复生产流程。

（2）待压力数据平稳后，换回原压力表。

（3）检查障碍物，规范启动抽油机，恢复生产。

（4）适当调整盘根盒松紧度。

（5）检查确认流程有无“跑、冒、滴、漏”。

5）绘制图表

（1）将井口参数及憋压时间、压力数据等内容填入相关表格。

（2）绘制憋压曲线及压降曲线图。

6）填写报表，清理场地

（1）记录启抽后油压、套压、回压、井温等井口参数。

（2）清洁现场，收拾工具。

4. 考核规定说明

（1）如发现操作过程中可能发生重大违章（如人身伤害、环境污染、设备损坏等），将终止操作。

（2）考核采用百分制，考核项目得分按鉴定比重进行折算。

（3）考核方式说明：本项目为实际操作题，考核过程按评分标准及操作过程进行评分。

（4）考评技能说明：本项目主要测试考生对抽油机井口憋压技能掌握的熟练程度。

5. 考核时限

（1）准备工作：1min（不计入考核时间）。

（2）正式操作时间：15min。

（3）提前完成操作不加分，到时停止操作考核。

6. 评分记录表

抽油机井口憋压操作评分记录表

操作时间：15min　　考生：　　操作用时：

序号	考核内容	操作规程	评分要素	评分标准	配分	扣分	得分
1	准备	1. 穿戴好劳动保护用品； 2. 准备工具：大布、生料带、污油桶、活动扳手、开口扳手、管钳、绝缘手套、记录纸、笔、钟表、效验合格的压力表	准备工具、量具、用具	1. 未穿戴好劳保用品扣5分； 2. 未准备工具及材料扣5分，多、少准备一件扣1分	10		
2	记录参数	记录井口油压、套压、回压、井温等井口参数	正确录取井口参数	不记录参数扣5分，少记错记录一项扣2分	5		
3	憋压前准备	1. 关闭油压表考克，将污油桶放置泄压阀下端泄压； 2. 更换合适量程的油压表，打开压力表考克，记录更换后压力数据； 3. 适当上紧盘根盒压帽	更换合适量程油压表	1. 未关闭油压表考克泄压扣5分，造成污染扣5分； 2. 压力表量程选择不合适扣5分，未打开压力表考克记录压力扣3分； 3. 未调整盘根盒压帽扣5分，憋压过程中盘根盒漏扣3分	15		

续表

序号	考核内容	操作规程	评分要素	评分标准	配分	扣分	得分
4	井口憋压操作	1. 关闭回压闸门开始憋压； 2. 记录憋压起始时间，记录压力随时间的变化值，至少记录5个压力值及时间点； 3. 启动柜验电，戴绝缘手套开柜门，当压力升至要求压力值时停在合适位置，拉紧刹车； 4. 记录停抽后初始压力，观察压降10min，每2min记录一次压力随时间的变化值，压降数据必须是5个以上的时间点	平稳操作	1. 未关闭回压闸门开始憋压扣5分； 2. 未记录憋压起始时间扣3分，未记录压力随时间的变化值扣5分，记录每少一个点扣2分； 3. 未验电扣3分，未戴绝缘手套开柜门扣5分，停机位置不合适扣3分，未拉紧刹车、溜车扣5分； 4. 未记录压降与时间变化值扣10分，每少一个点扣2分	30		
5	恢复生产操作	1. 缓慢打开回压闸门恢复生产流程； 2. 待压力数据平稳后，换回原压力表； 3. 检查障碍物，规范启动抽油机，恢复生产； 4. 适当调整盘根盒松紧度； 5. 检查确认流程有无“跑、冒、滴、漏”	规范启抽，恢复生产	1. 未打开回压闸门启抽生产的终止考核； 2. 未换回原压力表扣10分； 3. 未检查障碍物扣5分，未利用惯性启动抽油机扣3分； 4. 启抽后未调整盘根盒松紧度扣3分； 5. 未检查确认流程有无“跑、冒、滴、漏”扣2分	20		
6	绘制图表	1. 将井口参数及憋压时间、压力数据等内容填入相关表格； 2. 绘制憋压曲线及压降曲线图	规范绘制曲线	1. 数据填写不规范扣5分，每少一处扣1分； 2. 未绘制压力曲线扣10分，绘制不规范扣2分，曲线绘制错误扣5分	15		
7	填写报表，清理场地	1. 记录启抽后油压、套压、回压、井温等井口参数； 2. 清洁现场，收拾工具	填写报表，收拾工具，清洁场地	1. 未填写报表扣5分，少一项扣1分； 2. 未清理现场扣5分，工具少收一件扣2分	5		

续表

序号	考核内容	操作规程	评分要素	评分标准	配分	扣分	得分
8	安全文明操作	1. 遵守国家或企业有关安全规定； 2. 操作过程中严格遵守“四不伤害”原则	遵守国家或企业有关安全规定	1. 每违反一项规定，从总分中扣5分； 2. 因操作不当造成人身伤害，从总分中扣20分； 3. 严重违规取消考核			
备注							
合　计					100		

考评员：　　　　核分员：　　　　年　月　日

三十四、更换光杆盘根操作

1. 考核要求

(1) 必须穿戴劳动保护用品。
(2) 工具、量具、用具、安全仪表、安全设备准备齐全，正确使用。
(3) 操作规程符合安全文明操作。
(4) 按规定完成操作项目，质量达到技术要求。
(5) 操作完毕，做到“工完、料净、场地清”。

2. 准备要求

(1) 设备准备：

序 号	名 称	规 格	数 量	备 注
1	机抽井口		1 套	

(2) 材料准备：

序 号	名 称	规 格	数 量	备 注
1	大布		3 块	
2	手套		2 副	
3	黄油		适量	
4	安全警示牌		1 块	严禁启抽
5	挂钩		1 个	
6	盘根	与光杆同型号	若干	

(3) 工具、用具准备：

序 号	名 称	规 格	数 量	备 注
1	平口起子	300mm	1 把	
2	管钳	600mm、900mm	各 1 把	
3	小撬杠		2 根	
4	绝缘手套		1 只	
5	试电笔		1 支	

(4) 气防设施:

序 号	名 称	规 格	数 量	备 注
1	硫化氢检测仪		1台	含硫井须携带
2	正压式空气呼吸器		1套	含硫井须携带

3. 操作程序说明

1) 安全确认

(1) 劳保必须穿戴整齐，观察风向，检测有毒有害气体，做好自身防护。

(2) 准备好工具、用具。

2) 停机操作

(1) 验电，确认安全，戴绝缘手套按停机按钮停机，使驴头停在近下死点便于操作的位置，拉紧刹车。

(2) 验电，戴绝缘手套侧身断开总电源，记录停机时间。

(3) 悬挂警示牌。

(4) 打好安全销。

3) 更换盘根操作

(1) 关闭盘根盒二级密封。

(2) 缓慢卸掉压帽和压盖，用挂钩挂在悬绳器上。

(3) 用平口起子依次取出旧盘根。

(4) 清理检查盘根盒。

(5) 新盘根涂抹黄油，上下盘根切口错开 90°~180°依次加入。

(6) 装上压盖、压帽，松紧合适，取下挂钩。

(7) 缓慢打开盘根盒二级密封。

(8) 清理工作面。

4) 启抽操作

(1) 检查抽油机周围无障碍物。

(2) 打开安全销。

(3) 用试电笔验电，确认安全，戴绝缘手套侧身合闸送电，取警示牌。

(4) 启动柜验电，确认安全，戴绝缘手套开柜门，松刹车，利用惯性启机。

(5) 记录启机时间。

5) 启抽后检查

(1) 检查抽油机运转状况。

(2) 二次调整盘根盒松紧度，盘根盒不渗不漏，光杆不发烫为合适。

6) 填写报表，清理场地

(1) 规范填写班报表。

(2) 清理现场，收拾工具。

4. 考核规定说明

（1）如发现操作过程中可能发生重大违章（如人身伤害、环境污染、设备损坏等），将终止操作。

（2）考核采用百分制，考核项目得分按鉴定比重进行折算。

（3）考核方式说明：本项目为实际操作题，考核过程按评分标准及操作过程进行评分。

（4）考评技能说明：本项目主要测试考生对更换光杆盘根技能掌握的熟练程度。

5. 考核时限

（1）准备工作：1min（不计入考核时间）。

（2）正式操作时间：15min。

（3）提前完成操作不加分，到时停止操作考核。

6. 评分记录表

更换光杆盘根操作评分记录表

操作时间：15min　　　　考生：　　　　操作用时：

序号	考核内容	操作规程	评分要素	评分标准	配分	扣分	得分
1	准备	1. 穿戴好劳动保护用品； 2. 准备工具：大布、手套、黄油、安全警示牌、挂钩、盘根、平口起子、管钳、小撬杠、绝缘手套、试电笔	准备工具、用具	1. 未穿戴好劳动防护用品扣5分； 2. 未准备工具及材料扣5分，多、少准备一件扣2分	5		
2	安全确认	硫化氢井需检测有毒有害气体，并做好自身防护	安全检测及防护	硫化氢井未观察风向，检测有毒有害气体扣3分，未做防护扣5分	5		
3	停机操作	1. 验电，确认安全，戴绝缘手套按停机按钮停机，使驴头停在近下死点便于操作的位置，拉紧刹车； 2. 验电，戴绝缘手套侧身断开总电源，记录停机时间； 3. 悬挂禁止启机警示牌； 4. 打好安全销	规范停机	1. 未验电扣3分，未戴绝缘手套扣3分，停机位置不合适一次扣3分，未拉紧刹车、溜车扣5分； 2. 未记录停机时间扣2分； 3. 未悬挂警示牌扣2分； 4. 未打安全销扣10分	15		

续表

序号	考核内容	操作规程	评分要素	评分标准	配分	扣分	得分
4	更换盘根操作	1. 关闭盘根盒二级密封； 2. 缓慢卸掉压帽和压盖，用挂钩挂在悬绳器上； 3. 用平口起子依次取出旧盘根； 4. 清理检查盘根盒； 5. 新盘根涂抹黄油，上下盘根切口错开 90°～180°依次加入； 6. 装上压盖、压帽，松紧合适，取下挂钩； 7. 缓慢打开盘根盒二级密封； 8. 清理工作面	按操作标准规范更换盘根	1. 未关闭盘根盒二级密封直接操作的终止考核，关闭不严扣 5 分； 2. 未缓慢卸掉压帽和压盖扣 5 分，挂钩不牢靠扣 3 分； 3. 旧盘根未取完扣 5 分； 4. 未清理检查盘根盒扣 3 分； 5. 新盘根未涂抹黄油扣 2 分，切口角度不够扣 5 分； 6. 压帽松紧不合适扣 5 分（过紧或过松），未取挂钩扣 2 分； 7. 未缓慢打开盘根盒二级密封扣 2 分； 8. 未清理工作面扣 2 分	35		
5	启抽操作	1. 检查抽油机周围无障碍物； 2. 打开安全销； 3. 用试电笔验电，确认安全，戴绝缘手套侧身合闸送电，取警示牌； 4. 启动柜验电，确认安全，戴绝缘手套开柜门，松刹车，利用惯性启机； 5. 记录启机时间	规范启动抽油机	1. 未检查障碍物扣 2 分； 2. 未打开安全销启动抽油机的终止操作； 3. 未验电扣 3 分，未戴绝缘手套扣 3 分，未侧身合闸送电扣 3 分，未取警示牌扣 2 分； 4. 未利用惯性启机扣 3 分，逆向启抽扣 5 分； 5. 未记录启机时间扣 3 分	20		
6	启抽后检查	1. 检查抽油机运转状况； 2. 二次调整盘根盒松紧度，盘根盒不渗不漏，光杆不发烫为合适	安全确认	1. 未检查抽油机运转状况扣 5 分； 2. 未二次调整盘根盒松紧度扣 3 分，盘根盒渗漏扣 5 分，未检查光杆温度扣 2 分	10		
7	填写报表，清理场地	1. 规范填写班报表； 2. 清理现场，收拾工具	规范填写班报表	1. 未填写报表扣 5 分，报表少填一项扣 2 分； 2. 未清理现场扣 5 分，工具一件未收扣 2 分	10		

续表

序号	考核内容	操作规程	评分要素	评分标准	配分	扣分	得分
8	安全文明操作	1. 遵守国家或企业有关安全规定； 2. 操作过程中严格遵守“四不伤害“原则	遵守国家或企业有关安全规定	1. 每违反一项规定，从总分中扣5分； 2. 因操作不当造成人身伤害，从总分中扣20分； 3. 严重违规取消考核			
备注							
合　计					100		

考评员：　　　　核分员：　　　　年　月　日

三十五、更换水套炉玻璃管液位计操作

1. 考核要求

（1）必须穿戴劳动保护用品。
（2）工具、量具、用具准备齐全，正确使用。
（3）操作规程符合安全文明操作。
（4）按规定完成操作项目，质量达到技术要求。
（5）操作完毕，做到“工完、料净、场地清”。

2. 准备要求

（1）设备准备：

序 号	名 称	规 格	数 量	备 注
1	加热炉		1套	玻璃管液位计

（2）材料准备：

序 号	名 称	规 格	数 量	备 注
1	大布		1块	
2	手套		1副	
3	石棉绳		若干	
4	黄油		1桶	
5	玻璃管		2根	与现场相符
6	笔		1支	
7	记录报表		1张	

（3）工具、用具准备：

序 号	名 称	规 格	数 量	备 注
1	活动扳手	450mm	2把	
2	活动扳手	250mm	1把	
3	平口起子	300mm	1把	
4	三角锉刀	150mm	1把	
5	钢卷尺	2m	1把	

3. 操作程序说明

1）更换前准备

（1）用钢卷尺量取所需玻璃管长度，读值误差±2mm。

（2）在新玻璃管上量取所需长度并做好标记。

（3）用三角锉刀快速割取划痕。

（4）两手平握玻璃管，迅速向划痕反方向掰断。

（5）切割断面应平整、规则、无裂痕。

2）拆除玻璃管

（1）先关闭下流阀门，后关上流阀门。

（2）打开泄压口、放气口，泄压排水。

（3）用活动扳手平稳卸掉上下流阀门压盖及格兰。

（4）取出上下流阀门内密封填料。

（5）取出玻璃管。

（6）检查上下流液体通道是否畅通，清理其中杂物。

3）安装玻璃管

（1）将上下流阀门格兰及压盖穿在玻璃管上。

（2）将准备好的玻璃管装进上下流阀内，先装上流再装下流。

（3）填料涂抹黄油，按压盖螺纹方向均匀平滑的填入上下流阀门内。

（4）依次装好格兰、压帽、丝堵。

（5）交替紧固上下流压盖，关闭放空阀门。

4）恢复液位

（1）先缓慢打开上流阀门，对玻璃管进行试压，不渗不漏后开下流阀们观察液位。

（2）若试压过程中发现渗漏，应重新调整。

5）清理场地，填写报表

（1）清洁现场，收拾工具。

（2）规范填写报表。

4. 考核规定说明

（1）如发现操作过程中可能发生重大违章（如人身伤害、环境污染、设备损坏等），将终止操作。

（2）考核采用百分制，考核项目得分按鉴定比重进行折算。

（3）考核方式说明：本项目为实际操作题，考核过程按评分标准及操作过程进行评分。

（4）考评技能说明：本项目主要测试考生对更换水套炉玻璃管液位计技能掌握的熟练程度。

5. 考核时限

（1）准备工作：1min（不计入考核时间）。

（2）正式操作时间：15min。

（3）提前完成操作不加分，到时停止操作考核。

6. 评分记录表

更换水套炉玻璃管液位计操作评分记录表

操作时间：15min　　　　考生：　　　　操作用时：

序号	考核内容	操作规程	评分要素	评分标准	配分	扣分	得分
1	准备	1. 穿戴好劳动保护用品； 2. 准备工具：大布、手套、石棉绳、黄油、玻璃管、活动扳手、活动扳手、平口起子、三角锉刀、钢卷尺	准备工具、量具、用具	1. 未穿戴好劳动防护用品扣5分； 2. 未准备工具及材料扣5分，多、少准备一件扣2分	10		
2	更换前准备	1. 用钢卷尺量取所需玻璃管长度，读值误差±2mm； 2. 在新玻璃管上量取所需长度并做好标记； 3. 用三角锉刀快速割取划痕； 4. 两手平握玻璃管，迅速向划痕反方向掰断； 5. 切割断面应平整、规则、无裂痕	正确测量、切割	1. 量取玻璃管长度读值误差超过±2mm扣5分； 2. 未做标记或标记错误扣5分； 3. 使用工具不规范一次扣2分； 4. 玻璃管断面不规整扣3分，造成玻璃管损坏扣10分	25		
3	拆除玻璃管	1. 先关闭下流阀门，后关上流阀门； 2. 打开泄压口、放气口，泄压排水； 3. 用活动扳手平稳卸掉上下流阀门压盖及格兰； 4. 取出上下流阀内密封填料； 5. 取出玻璃管； 6. 检查上下流液体通道是否畅通，清理其中杂物	正确拆除旧玻璃管	1. 关闭阀门顺序错误扣5分； 2. 未泄压扣10分； 3. 取压盖及格兰方法不正确扣3分； 4. 取出密封填料方法不正确扣3分； 5. 未检查畅通，清理杂物扣5分	25		

续表

序号	考核内容	操作规程	评分要素	评分标准	配分	扣分	得分
4	安装玻璃管	1. 将上下流阀门格兰及压盖穿在玻璃管上； 2. 将准备好的玻璃管装进上下流阀内，先装上流再装下流； 3. 填料涂抹黄油，按压盖螺纹方向均匀平滑的填入上下流阀门内； 4. 依次装好格兰、压帽、丝堵； 5. 交替紧固上下流压盖，关闭放空阀门	按规范安装玻璃管	1. 安装顺序不正确扣5分； 2. 填料未涂抹黄油扣3分； 3. 填料方向安装错误扣3分； 4. 未交替紧固压盖扣2分； 5. 未关闭放空阀门扣5分	20		
5	恢复液位	1. 先缓慢打开上流阀门，对玻璃管进行试压，不渗不漏后开下流阀们观察液位； 2. 若试压过程中发现渗漏，应重新调整	恢复流程	1. 开关阀门顺序错误扣3分； 2. 未试压扣5分，渗漏一处扣3分，未整改扣5分	10		
6	清理场地，填写报表	清洁现场，收拾工具，填写报表	收拾工具，清洁场地	1. 未清理现场扣5分，工具少收一件扣2分； 2. 未填写报表扣5分	10		
7	安全文明操作	1. 遵守国家或企业有关安全规定； 2. 操作过程中严格遵守“四不伤害”原则	遵守国家或企业有关安全规定	1. 每违反一项规定，从总分中扣5分； 2. 因操作不当造成人身伤害，从总分中扣20分； 3. 严重违规取消考核			
备注							
合　计					100		

考评员：　　　　　　　　　　核分员：　　　　　　　　　　年　月　日

三十六、清洗(更换)低压过滤器滤网操作

1. 考核要求

(1) 必须穿戴劳动保护用品。
(2) 工具、量具、用具准备齐全，正确使用。
(3) 操作规程符合安全文明操作。
(4) 按规定完成操作项目，质量达到技术要求。
(5) 操作完毕，做到“工完、料净、场地清”。

2. 准备要求

(1) 设备准备：

序 号	名 称	规 格	数 量	备 注
1	机泵流程	篮式过滤器	1套	

(2) 材料准备：

序 号	名 称	规 格	数 量	备 注
1	大布		1块	
2	手套		1副	
3	石棉板	3mm	0.5m^2	
4	黄油		1桶	
5	清洗剂		若干	
6	清洗盆		1个	
7	毛刷		1把	
8	污油桶		1个	

(3) 工具、用具准备：

序 号	名 称	规 格	数 量	备 注
1	活动扳手	300mm、375mm	各1把	
2	F扳手		1把	
3	梅花扳手		1套	
4	平口螺丝刀	300mm	1把	
5	三棱刮刀	150mm	1把	

续表

序号	名称	规格	数量	备注
6	划规		1把	
7	钢卷尺	2m	1把	
8	剪刀		1把	
9	撬杠		1根	
10	管钳	450mm	1把	

3. 操作程序说明

1）倒流程操作

倒备用泵，关闭进、出口阀门。

2）拆卸、清洗

（1）缓慢打开放空阀门，泄压。

（2）卸过滤器压盖螺栓，打开过滤器。

（3）清理密封面法兰，制作石棉垫片。

（4）提出过滤器内滤芯，清理过滤器内筒、滤芯、保养螺栓。

（5）检查滤芯破损情况，如破损需更换(口述)。

3）安装恢复

（1）按滤芯方向将干净完好的滤芯装入筒体。

（2）石棉垫片表面均匀涂抹黄油。

（3）依次安装石棉垫片及压盖。

（4）对角、均匀上紧压盖螺栓。

4）恢复运行

（1）关放空阀门。

（2）打开泵进口阀门，排尽空气、验漏。

（3）打开泵出口阀门，倒通流程。

（4）启泵，观察泵运行情况。

（5）观察过滤器压盖密封面有无渗漏。

5）清理场地，填写报表

（1）清洁现场，收拾工具，做好相应记录。

（2）填写报表。

4. 考核规定说明

（1）如发现操作过程中可能发生重大违章(如人身伤害、环境污染、设备损坏等)，将终止操作。

（2）考核采用百分制，考核项目得分按鉴定比重进行折算。

（3）考核方式说明：本项目为实际操作题，考核过程按评分标准及操作过程进行评分。

（4）考评技能说明：本项目主要测试考生对清洗(更换)低压过滤器滤网技能掌练程度。

5. 考核时限

(1) 准备工作：1min(不计入考核时间)。

(2) 正式操作时间：20min。

(3) 提前完成操作不加分，到时停止操作考核。

6. 评分记录表

清洗(更换)低压过滤器滤网操作评分记录表

操作时间：20min 考生： 操作用时：

序号	考核内容	操作规程	评分要素	评分标准	配分	扣分	得分
1	准备	1. 穿戴好劳动保护用品； 2. 准备工具：大布、手套石棉板、黄油、清洗剂、清洗盆、毛刷、污油桶、活动扳手、F扳手、梅花扳手、平口螺丝刀、三棱刮刀、划规、钢卷尺、剪刀、撬杠、管钳	准备材料、工具、用具	1. 劳保穿戴不整齐扣5分； 2. 未准备工具及材料扣5分，多、少准备一件扣2分	10		
2	倒流程操作	倒备用泵，关闭进、出口阀门	规范操作	未关闭进、出口阀门扣10分，顺序错扣5分	10		
3	拆卸清洗	1. 缓慢打开放空阀门，泄压； 2. 卸过滤器压盖螺栓，打开过滤器； 3. 清理密封面法兰，制作石棉垫片； 4. 提出过滤器内滤芯，清理过滤器内筒、滤芯、保养螺栓； 5. 检查滤芯破损情况，如破损需更换(口述)	规范操作，清洁保养	1. 未泄压扣10分，造成污染扣5分； 2. 工具使用不当，一次扣2分； 3. 未清理密封面法兰扣5分，不会制作石棉垫片扣10分，垫片不符合要求扣5分； 4. 少清理一项扣5分，未清理干净扣3分； 5. 未检查滤芯破损情况扣5分	30		
4	安装恢复	1. 按滤芯方向将干净完好的滤芯装入筒体； 2. 石棉垫片表面均匀涂抹黄油； 3. 依次安装石棉垫片及压盖； 4. 对角、均匀上紧压盖螺栓	规范安装	1. 滤芯方向装反该项不得分； 2. 未涂抹黄油扣5分，涂抹不均匀扣2分； 3. 石棉垫片安装过程中损坏扣5分； 4. 未对角、均匀上紧压盖螺栓扣5分	20		

续表

序号	考核内容	操作规程	评分要素	评分标准	配分	扣分	得分
5	恢复运行	1. 关放空阀门； 2. 打开泵进口阀门，排尽空气、验漏； 3. 打开泵出口阀门，倒通流程； 4. 启泵，观察泵运行情况； 5. 观察过滤器压盖密封面有无渗漏	倒通流程，恢复正常生产	1. 未关放空阀门扣5分； 2. 未排尽空气扣5分，未验漏扣10分； 3. 泵出口阀门未完全打开扣3分，未倒通流程扣10分； 4. 未观察泵运行情况扣3分； 5. 未检查渗漏情况扣3分，渗漏扣5分	20		
6	清理场地，填写报表	1. 清洁现场，收拾工具； 2. 填写报表	收拾工具，清洁场地	1. 未清理现场扣5分，工具少收一件扣2分； 2. 未填写报表扣5分	10		
7	安全文明操作	1. 遵守国家或企业有关安全规定； 2. 操作过程中严格遵守“四不伤害”原则	遵守国家或企业有关安全规定	1. 每违反一项规定，从总分中扣5分； 2. 因操作不当造成人身伤害，从总分中扣20分； 3. 严重违规取消考核			
备注							
合计					100		

考评员： 核分员： 年 月 日

三十七、游梁式抽油机更换皮带操作

1. 考核要求

(1) 必须正确穿戴、使用劳动保护用品。
(2) 工具、量具、用具准备齐全，正确使用。
(3) 操作规程符合安全文明操作。
(4) 按规定完成操作项目，质量达到技术要求。
(5) 操作完毕，做到“工完、料净、场地清”。

2. 准备要求

(1) 设备准备：

序 号	名 称	规 格	数 量	备 注
1	游梁式抽油机		1 台	

(2) 材料准备：

序 号	名 称	规 格	数 量	备 注
1	手套		1 副	
2	大布		2 块	
3	联组带(皮带)		1 组	与抽油机匹配皮带
4	班报表		1 份	
5	笔		1 支	
6	警示牌		1 个	

(3) 工具、用具准备：

序 号	名 称	规 格	数 量	备 注
1	绝缘手套		1 只	
2	活动扳手	375mm	1 把	
3	活动扳手	300mm	1 把	
4	试电笔		1 支	

续表

序　号	名　称	规　格	数　量	备　注
5	撬杠	500mm、1200mm	各 1 根	
6	细棉线		1 卷	

3. 操作程序说明

1）停机

（1）用试电笔检测启动柜外壳，确认安全。

（2）戴绝缘手套打开电控柜门。

（3）按停止按钮停抽。

（4）将抽油机驴头停在接近上死点位置。

（5）刹紧刹车。

（6）关好启动柜门。

（7）用试电笔检测配电柜外壳确认安全。

（8）戴绝缘手套打开配电柜门，侧身拉闸断电，关好配电柜门，挂警示牌。

（9）记录停抽时间。

（10）检查刹车锁块在行程的 1/2~2/3，各部件连接完好。

（11）打安全销。

2）拆卸皮带

（1）卸电机内、外顶丝。

（2）先内后外卸松电机固定螺栓。

（3）用撬杠向内缓慢移动电机。

（4）徒手取下旧皮带，严禁手握皮带。

3）更换皮带

（1）安装新皮带至轮槽内，先大轮后小轮。

（2）确保皮带无窜槽。

4）调整皮带

（1）用撬杠向外移动电机。

（2）用小撬杠紧电机内顶丝，调整皮带松紧度（下压 2~3cm）。

（3）紧电机外顶丝。

（4）检查、调整皮带轮四点一线（12 型以上抽油机小于 4mm）。

（5）先外后内紧电机固定螺栓。

5）启抽操作

（1）检查抽油机四周是否有障碍物。

（2）打开安全销。

（3）验电确认配电柜外壳安全，摘警示牌，侧身合闸送电。

（4）用试电笔检测启动柜外壳安全，戴绝缘手套打开启动柜门。

(5) 缓慢松开抽油机刹车，利用惯性启动抽油机。

(6) 记录启抽时间。

6) 启动后检查

(1) 检查电机固定螺栓有无松动、异响。

(2) 检查新皮带有无串槽，松紧是否合适。

(3) 检查抽油机运转是否正常。

7) 填写报表，清理场地

(1) 规范填写报表。

(2) 清洁现场，收拾工具。

4. 考核规定说明

(1) 如发现操作过程中可能发生重大违章(如人身伤害、环境污染、设备损坏等)，将终止操作。

(2) 考核采用百分制，考核项目得分按鉴定比重进行折算。

(3) 考核方式说明：本项目为实际操作题，考核过程按评分标准及操作过程进行评分；

(4) 考评技能说明：本项目主要测试考生对抽油机井更换皮带技能掌握的熟练程度。

5. 考核时限

(1) 准备工作：1min(不计入考核时间)。

(2) 正式操作时间：20min。

(3) 提前完成操作不加分，到时停止操作考核。

6. 评分记录表

游梁式抽油机更换皮带操作评分记录表

操作时间：20min　　　　考生：　　　　操作用时：

序号	考核内容	操作规程	评分要素	评分标准	配分	扣分	得分
1	工具准备	1. 穿戴好劳动保护用品； 2. 准备工具：手套、大布、联组带(皮带)、班报表、笔、警示牌、绝缘手套、活动扳手、电笔、撬杠、撬杠、细棉线	选取工具、用具	1. 劳保穿戴不整齐扣5分； 2. 未准备工具及材料扣5分，多、少准备一件扣2分	5		

续表

序号	考核内容	操作规程	评分要素	评分标准	配分	扣分	得分
2	停机	1. 用试电笔检测启动柜外壳，确认安全； 2. 戴绝缘手套打开电控柜门； 3. 按停止按钮停抽； 4. 将抽油机驴头停在接近上死点位置； 5. 刹紧刹车； 6. 关好启动柜门； 7. 用试电笔检测配电柜外壳确认安全； 8. 戴绝缘手套打开配电柜门，侧身拉闸断电，关好配电柜门，挂警示牌； 9. 记录停抽时间； 10. 检查刹车锁块在行程的 1/2 ~ 2/3，各部件连接完好； 11. 打安全销	规范停机，拉紧刹车，打好安全销	1. 未验电扣 3 分，未戴绝缘手套接触带电设备扣 3 分，未侧身拉闸扣 5 分； 2. 停机位置不合适扣 5 分； 3. 未刹紧刹车、溜车扣 5 分； 4. 未关启动柜门，一次扣 2 分； 5. 未挂警示牌，一次扣 2 分； 6. 未记录停抽时间扣 3 分； 7. 未检查刹车扣 5 分； 8. 未打安全销扣 10 分	20		
3	拆卸皮带	1. 卸电机内、外顶丝； 2. 先内后外卸松电机固定螺栓； 3. 用撬杠向内缓慢移动电机； 4. 徒手取下旧皮带，严禁手握皮带	正确拆卸皮带	1. 工具使用不当，一次扣 2 分； 2. 卸电机螺栓顺序错扣 5 分； 3. 移动电机时撬杠磕碰电缆扣 3 分； 4. 戴手套取旧皮带扣 3 分，手握皮带扣 5 分	10		
4	更换皮带	1. 安装新皮带至轮槽内，先大轮后小轮； 2. 确保皮带无窜槽	规范操作	1. 安装皮带顺序错扣 2 分； 2. 未检查皮带入槽情况扣 5 分，皮带蹿槽后未发现仍继续下步工作的终止考核	5		
5	调整皮带	1. 用撬杠向外移动电机； 2. 用小撬杠紧电机内顶丝，调整皮带松紧度（下压 2 ~ 3cm），紧电机外顶丝； 3. 检查、调整皮带轮“四点一线”（12 型以上抽油机小于 4mm）； 4. 先外后内紧电机固定螺栓	按标准调整皮带松紧及皮带轮四点一线	1. 工具使用不当，一次扣 2 分； 2. 皮带松紧不合适扣 5 分； 3. 皮带轮“四点一线”不合格扣 10 分； 4. 紧电机固定螺栓顺序错扣 5 分	25		

续表

序号	考核内容	操作规程	评分要素	评分标准	配分	扣分	得分
6	启抽操作	1. 检查抽油机四周是否有障碍物； 2. 打开安全销； 3. 验电确认配电柜外壳安全，摘警示牌，侧身合闸送电； 4. 用试电笔检测启动柜外壳安全，戴绝缘手套打开启动柜门； 5. 缓慢松开抽油机刹车，利用惯性启动抽油机； 6. 记录启抽时间	按规范启动抽油机	1. 未检查障碍物扣5分； 2. 未打开安全销启动抽油机的终止考核； 3. 未验电扣3分，未戴绝缘手套接触带电设备扣3分，未侧身拉闸扣5分； 5. 未利用惯性启动抽油机扣5分； 6. 未记录启抽时间扣3分	20		
7	启动后检查	1. 检查电机固定螺栓有无松动、异响； 2. 检查新皮带有无串槽，松紧是否合适； 3. 检查抽油机运转是否正常	启动后检查，确保生产安全	1. 未检查电机固定螺栓有无松动、异响扣5分； 2. 未复查新皮带有无串槽，松紧扣5分； 3. 未检查抽油机运转情况扣5分	10		
8	填写报表，清理场地	1. 规范填写报表； 2. 清洁现场，收拾工具	规范填写报表，清洁场地、工具	1. 未填写报表扣5分，漏一项扣2分； 2. 未收拾工具扣5分，少收一项扣2分	5		
9	安全文明操作	1. 遵守国家或企业有关安全规定； 2. 操作过程中严格遵守“四不伤害”原则	遵守国家或企业有关安全规定	1. 每违反一项规定，从总分中扣5分； 2. 因操作不当造成人身伤害，从总分中扣20分； 3. 严重违规取消考核			
备注							
合计					100		

考评员：　　　　核分员：　　　　年　月　日

三十八、更换卡箍闸门钢圈操作

1. 考核要求

(1) 必须穿戴劳动保护用品。

(2) 工具、量具、用具准备齐全，正确使用。

(3) 操作规程符合安全文明操作。

(4) 按规定完成操作项目，质量达到技术要求。

(5) 操作完毕，做到“工完、料净、场地清”。

2. 准备要求

(1) 设备准备：

序　号	名　称	规　格	数　量	备　注
1	生产流程		1 套	

(2) 材料准备：

序　号	名　称	规　格	数　量	备　注
1	大布		1 块	
2	手套		2 副	
3	润滑脂		1 桶	
4	钢圈		2 副	
5	污油桶		1 个	

(3) 工具、用具准备：

序　号	名　称	规　格	数　量	备　注
1	梅花扳手	32~36	2 把	
2	铜锤	8 磅	1 把	
3	撬杠	1500mm	1 根	
4	砂纸		1 张	细

3. 操作程序说明

1) 倒流程、放空

(1) 切换流程。

(2) 泄压，做好污油回收。

2）拆卸卡箍、钢圈

（1）卸卡箍螺栓，取下卡箍。

（2）用撬杠撬开卡箍头缝隙，取出旧钢圈，检查漏失原因。

（3）清洁、检查钢圈槽。

3）安装钢圈，上紧卡箍

（1）检查新钢圈密封面确保无损坏，新钢圈均匀涂抹黄油。

（2）用撬杠配合将新钢圈放入卡箍槽并对正。

（3）安装上片卡箍，并用铜锤打紧，安装时确保卡箍方向与另一侧保持一致。

（4）安装下片卡箍，上紧卡箍螺栓，确保两侧螺栓外露丝扣长度一致。

（5）用铜锤敲击上、下卡箍，对称紧固螺栓，两端缝隙一致。

4）恢复生产

（1）缓慢倒回原流程，冲压。

（2）检查卡箍处有无渗漏。

5）清理场地，填写报表

（1）清洁现场，收拾、清洁工具。

（2）规范填写相关更换记录。

4. 考核规定说明

（1）如发现操作过程中可能发生重大违章（如人身伤害、环境污染、设备损坏等），将终止操作。

（2）考核采用百分制，考核项目得分按鉴定比重进行折算。

（3）考核方式说明：本项目为实际操作题，考核过程按评分标准及操作过程进行评分。

（4）考评技能说明：本项目主要测试考生对更换卡箍闸门钢圈技能掌握的熟练程度。

5. 考核时限

（1）准备工作：1min（不计入考核时间）。

（2）正式操作时间：10min。

（3）提前完成操作不加分，到时停止操作考核。

6. 评分记录表

更换卡箍闸门钢圈操作评分记录表

操作时间：10min　　　　考生：　　　　操作用时：

序号	考核内容	操作规程	评分要素	评分标准	配分	扣分	得分
1	准备	1. 穿戴好劳动保护用品； 2. 准备工具：大布、手套、润滑脂、钢圈、污油桶、梅花扳手、铜锤、撬杠、砂纸	准备工具、量具、用具	1. 劳保穿戴不整齐扣5分； 2. 未准备工具及材料扣5分，多、少准备一件扣2分	10		

续表

序号	考核内容	操作规程	评分要素	评分标准	配分	扣分	得分
2	倒流程、放空	1. 切换流程； 2. 泄压，做好污油回收	正确倒流程，进行泄压	1. 未倒流程扣10分，倒错流程扣5分； 2. 未侧身关闭阀门扣2分； 3. 未泄压扣3分，造成污染扣5分	15		
3	拆卸卡箍钢圈	1. 卸卡箍螺栓，取下卡箍； 2. 用撬杠撬开卡箍头缝隙，取出旧钢圈，检查漏失原因； 3. 清洁、检查钢圈槽	正确地拆卸卡箍螺栓	1. 工具使用不当，一次扣2分； 2. 未清理钢圈及钢圈槽扣5分，未检查漏失原因扣3分	20		
4	安装钢圈上紧卡箍	1. 检查新钢圈密封面确保无损坏，新钢圈均匀涂抹黄油； 2. 用撬杠配合将新钢圈放入卡箍槽并对正； 3. 安装上片卡箍，并用铜锤打紧，安装时确保卡箍方向与另一侧保持一致； 4. 安装下片卡箍，上紧卡箍螺栓，确保两侧螺栓外露丝扣长度一致； 5. 用铜锤敲击上下卡箍，对称紧固螺栓，两端缝隙一致	正确安装钢圈、卡箍	1. 未检查新钢圈密封面扣5分，钢圈未均匀涂抹黄油扣3分； 2. 安装过程造成钢圈损伤扣3分； 3. 卡箍安装方向与对侧不一致扣2分； 4. 两侧螺栓外露丝扣长度不一致扣2分； 5. 两端缝隙不一致扣5分； 6. 工具使用不当，一次扣2分	30		
5	恢复生产	1. 缓慢倒回原流程，冲压； 2. 检查卡箍处有无渗漏	恢复正常生产	1. 未缓慢倒回原流程扣5分，未冲压验漏扣3分； 2. 钢圈处渗漏扣3分，渗漏不处理扣10分，带压整改扣10分	15		
6	清理场地，填写报表	1. 清洁现场，收拾、清洁工具； 2. 规范填写相关更换记录	收拾工具，清洁场地	1. 未填写报表扣5分，漏一项扣2分； 2. 未收拾工具扣5分，少收一项扣2分	10		

续表

序号	考核内容	操作规程	评分要素	评分标准	配分	扣分	得分
7	安全文明操作	1. 遵守国家或企业有关安全规定； 2. 操作过程中严格遵守“四不伤害”原则	遵守国家或企业有关安全规定	1. 每违反一项规定，从总分中扣5分； 2. 因操作不当造成人身伤害，从总分中扣20分； 3. 严重违规取消考核			
备注							
合　计					100		

考评员：　　　　核分员：　　　　年　月　日

三十九、抽油机一级保养操作

1. 考核要求

（1）必须穿戴劳动保护用品。

（2）工具、量具、用具、安全仪表、安全设备准备齐全，正确使用。

（3）操作规程符合安全文明操作。

（4）按规定完成操作项目，质量达到技术要求。

（5）操作完毕，做到“工完、料净、场地清”。

2. 准备要求

（1）设备准备：

序　号	名　称	规　格	数　量	备　注
1	抽油机井		1 套	

（2）材料准备：

序　号	名　称	规　格	数　量	备　注
1	大布		2 块	
2	手套		2 副	
3	笔		1 支	
4	报表		1 张	

（3）工具、用具准备：

序　号	名　称	规　格	数　量	备　注
1	活动扳手	300mm、375mm、450mm	各 1 把	
2	手锤	0. 75kg	1 把	
3	试电笔		1 支	
4	螺丝刀	300mm	1 把	
5	管钳	600mm	1 把	
6	黄油枪		1 把	

续表

序 号	名 称	规 格	数 量	备 注
7	安全带		1副	
8	绝缘手套		1只	
9	钢丝刷		1把	
10	毛刷		1把	
11	工程细线	5m	1根	
12	吊线锤		1个	
13	清洗剂		若干	
14	清洗桶		1个	
15	黄油		1桶	
16	机油		若干	
17	机油壶		1个	
18	直尺		1把	
19	砂纸		若干	
20	禁止合闸警示牌		1个	

3. 操作程序说明

1）检查准备

（1）办理好各项安全生产操作票。

（2）必须做好自身防护工作，劳保必须穿戴整齐。

2）操作步骤

（1）用试电笔检测启动柜外壳确认安全，戴绝缘手套打开柜门，按停止按钮，根据油井实际生产的情况，将抽油机驴头停在合适位置，刹紧刹车；二次柜验电，确认安全，戴绝缘手套打开柜门侧身拉闸断电，悬挂禁止合闸警示牌。

（2）记录停抽时间，检查刹车，以刹车锁块在其行程范围的1/2～2/3之间，各部件连接完好为宜。

（3）打好安全销。

（4）清除抽油机外部油污，尘土。

（5）检查冕型螺母，紧固各部位固定螺丝，检查安全线应无错位，电动机、中轴、顶丝应无缺损，并顶紧。

（6）打开变速箱盖板，打开安全销，松开刹车，徒手盘动皮带，检查箱内各齿轮啮合情况，检查润滑油液位及油质。

（7）齿轮检查完毕后重新打好安全销。

（8）清洗减速箱呼吸阀。

（9）穿戴好安全带，对中轴承、尾轴承、曲柄销子轴承、驴头固定销子、减速箱轴承等处加注黄油。

（10）检查皮带松紧程度，不合适进行调整，皮带损坏要及时更换。

（11）检查悬绳，有断丝、断股现象应更换，涂油保养，检查悬绳器，夹板应完好。

（12）检查电器设备元件齐全、连接良好，接地线完好。

（13）检查驴头中心必须与井口中心对正。

（14）检查抽油机周围无障碍物，打开安全销。

（15）按规范启动抽油机，记录启抽时间。

3）填写报表，清理场地

（1）清理现场卫生，收拾擦拭工具、用具，并摆放整齐。

（2）填写报表，将有关数据填入班报表。

4. 考核规定说明

（1）如发现操作过程中可能发生重大违章（如人身伤害、环境污染、设备损坏等），将终止操作。

（2）考核采用百分制，考核项目得分按鉴定比重进行折算。

（3）考核方式说明：本项目为实际操作题，考核过程按评分标准及操作过程进行评分。

（4）考评技能说明：本项目主要测试考生对抽油机一级保养技能掌握的熟练程度。

5. 考核时限

（1）准备工作：1min（不计入考核时间）。

（2）正式操作时间：30min。

（3）提前完成操作不加分，到时停止操作考核。

6. 评分记录表

抽油机一级保养操作评分记录表

操作时间：30min　　考生：　　操作用时：

序号	考核内容	操作规程	评分要素	评分标准	配分	扣分	得分
1	准备	1. 穿戴好劳动保护用品； 2. 准备工具：大布、手套、笔、报表、活动扳手、手锤、试电笔、螺丝刀、管钳、黄油枪、安全带、绝缘手套、钢丝刷、毛刷、工程细线、吊线锤、清洗剂、清洗桶、黄油、机油、机油壶、直尺、砂纸、禁止合闸警示牌	准备工具、用具	1. 劳保穿戴不整齐扣5分； 2. 未准备工具及材料扣5分，多、少准备一件扣2分	10		

续表

序号	考核内容	操作规程	评分要素	评分标准	配分	扣分	得分
2	操作步骤	1. 用试电笔检测启动柜外壳确认安全，戴绝缘手套打开柜门，按停止按钮，根据油井实际生产的情况，将抽油机驴头停在合适位置，刹紧刹车；对二次柜验电，确认安全，戴绝缘手套打开柜门侧身拉闸断电； 2. 记录停抽时间，检查刹车，以刹车锁块在其行程范围的1/2~2/3之间，各部件连接完好为宜； 3. 打好安全销； 4. 清除抽油机外部油污，尘土； 5. 检查冕型螺母，紧固各部位固定螺丝，检查安全线应无错位，电动机、中轴、顶丝应无缺损，并顶紧； 6. 打开变速箱盖板，打开安全销，松开刹车，徒手盘动皮带，检查箱内各齿轮啮合情况，检查润滑油液位及油质； 7. 齿轮检查完毕后重新打好安全销； 8. 清洗减速箱呼吸阀； 9. 穿戴好安全带，对中轴承、尾轴承、曲柄销子轴承、驴头固定销子、减速箱轴承等处加注黄油。 10. 检查皮带松紧程度，不合适进行调整，皮带损坏要及时更换；	按"十四字"作业法进行检查操作	1. 未验电一次扣3分，验电方法不正确一次扣2分，未戴绝缘手套接触电气设备一次扣3分，未侧身拉闸一次扣5分； 2. 停机位置不合适一次扣5分，一次停机不到位扣5分；未刹紧刹车、溜车扣5分； 3. 未记录停抽时间扣2分，未检查刹车扣5分； 4. 未打安全销、未取安全销松刹车启抽停止操作； 5. 未清除抽油机外部油污一处扣2分； 6. 未检查冕型螺母扣10分，紧固各部位固定螺栓少一处扣2分； 7. 未徒手盘动皮带扣5分，未检查箱内各齿轮啮合情况扣5分，未检查润滑油扣5分； 8. 未清洗呼吸阀扣5分； 9. 润滑部位加注黄油少一处扣2分； 10. 未检查皮带扣5分，不合适未调整扣3分； 11. 未检查悬绳扣5分，未涂油保养扣2分，未检查悬绳器扣5分； 12. 检查电器设备元件及线路连接少一处扣2分； 13. 未检查对中情况扣3分； 14. 启抽前未检查障碍物扣5分； 15. 未记录启抽时间扣3分	80		

续表

序号	考核内容	操作规程	评分要素	评分标准	配分	扣分	得分
2	操作步骤	11. 检查悬绳，有断丝、断股现象应更换，涂油保养，检查悬绳器，夹板应完好； 12. 检查电器设备元件齐全、连接良好，接地线完好； 13. 检查驴头中心必须与井口中心对正； 14. 检查抽油机周围无障碍物，打开安全销； 15. 按规范启动抽油机，记录启抽时间					
3	清理场地，填写报表	1. 清理现场卫生；收拾擦拭工具、用具，并摆放整齐； 2. 填写报表，将有关数据填入班报表	清理现场，收拾工具，规范填写班报表	1. 未清理现场扣 5 分，工具少收一件扣 2 分； 2. 未填写报表扣 5 分，漏一项扣 2 分	10		
4	安全文明操作	1. 遵守国家或企业有关安全规定； 2. 操作过程中严格遵守“四不伤害”原则	遵守国家或企业有关安全规定	1. 每违反一项规定，从总分中扣 5 分； 2. 因操作不当造成人身伤害，从总分中扣 20 分； 3. 严重违规取消考核			
备注							
合　计					100		

考评员：　　　　　　　　　　核分员：　　　　　　　　　　年　月　日

四十、抽油机井反循环洗井操作

1. 考核要求

（1）必须正确穿戴、使用劳动保护用品。

（2）工具、量具、用具准备齐全，正确使用。

（3）操作规程符合安全文明操作。

（4）按规定完成操作项目，质量达到技术要求。

（5）操作完毕，做到“工完、料净、场地清”。

2. 准备要求

（1）设备准备：

序 号	名 称	规 格	数 量	备 注
1	抽油机		1台	
2	350 热油车	350	1台	
3	洗井液		根据洗井设计准备	

（2）材料准备：

序 号	名 称	规 格	数 量	备 注
1	手套		2副	
2	大布		若干	
3	排污桶		1个	
4	班报表		1张	
5	笔		1支	
6	生料带		若干	
7	压力表	10MPa、16 MPa、25MPa	各1块	
8	警示牌		1个	

（3）工具、用具准备：

序 号	名 称	规 格	数 量	备 注
1	绝缘手套		1只	
2	活动扳手	375mm	1把	

续表

序　号	名　称	规　格	数　量	备　注
3	活动扳手	300mm	1 把	
4	管钳	600mm、900mm	各 1 把	
5	试电笔		1 支	
6	F 扳手		1 把	
7	通针		1 根	
8	开口扳手	17~19	1 把	
9	油嘴扳手		1 把	

3. 操作程序说明

1）停机

（1）做好安全防护，规范停机至合适位置。

（2）记录停抽时间和参数。

2）倒井口流程

（1）更换合适量程的压力表。

（2）倒流程、泄压，取出油嘴。

（3）调整井口加热炉炉火。

3）连接洗井管线，试压

（1）按照规范要求连接洗井管线。

（2）对洗井管线试压(口述：高压 15MPa、低压 2MPa，各稳压 30min，不渗不漏为合格)。

4）洗井操作

（1）倒通反洗井流程。

（2）启泵车洗井，根据洗井设计要求及时调整排量和温度。

（3）观察返出液情况。

（4）洗井过程中做好相关记录(时间、油压、泵压、排量、温度)。

（5）如掺稀井，洗井结束后套管需补注稀油(口述)。

5）恢复流程

（1）倒流程、泄压。

（2）拆除洗井管线。

（3）恢复原生产流程状态。

6）启动操作

（1）做好安全防护，规范启动抽油机。

（2）记录启抽时间。

7）启动后检查

（1）检查设备运转情况。

（2）检查井口流程是否有“跑、冒、滴、漏”现象。

（3）调整井口加热炉炉火。

(4) 记录井口压力、温度等参数，核实出液情况。

(5) 通过憋泵、功图、产量核实等手段判断洗井效果(口述)。

8) 填写报表，清理场地

(1) 将相关数据填入班报表。

(2) 清洁现场，收拾工具。

4. 考核规定说明

(1) 如发现操作过程中可能发生重大违章(如人身伤害、环境污染、设备损坏等)，将终止操作。

(2) 考核采用百分制，考核项目得分按鉴定比重进行折算。

(3) 考核方式说明：本项目为实际操作题，考核过程按评分标准及操作过程进行评分。

(4) 考评技能说明：本项目主要测试考生对抽油机井反循环洗井技能掌握的熟练程度。

5. 考核时限

(1) 准备工作：2min(不计入考核时间)。

(2) 正式操作时间：30min。

(3) 提前完成操作不加分，到时停止操作考核。

6. 评分记录表

抽油机井反循环洗井操作评分记录表

操作时间：30min 考生： 操作用时：

序号	考核内容	操作规程	评分要素	评分标准	配分	扣分	得分
1	工具准备	1. 穿戴好劳动保护用品； 2. 准备工具：手套、大布、排污桶、班报表、笔、生料带、压力表、警示牌、绝缘手套、活动扳手、活动扳手、管钳、试电笔、F扳手、通针、开口扳手、油嘴扳手	工具选用	1. 劳保穿戴不整齐扣5分； 2. 未准备工具及材料扣5分，多、少准备一件扣2分	5		
2	停机	1. 做好安全防护，规范停机至合适位置； 2. 记录停抽时间和参数		1. 未规范操作，一次扣2分； 2. 未记录停抽时间和参数扣3分	10		
3	倒井口流程	1. 更换合适量程的压力表； 2. 倒流程、泄压，去除油嘴； 3. 调整井口加热炉炉火		1. 压力表量程不合适扣5分； 2. 倒流程错扣5分，未泄压扣5分，未取出油嘴扣10分； 3. 未调整炉火扣2分	10		

续表

序号	考核内容	操作规程	评分要素	评分标准	配分	扣分	得分
4	连接洗井管线试压	1. 规范连接洗井管线； 2. 对洗井管线试压（口述：高压 15MPa、低压 2MPa，各稳压 30min，不渗不漏为合格）		1. 未按规范连接洗井管线扣 10 分； 2. 未对洗井管线试压扣 10 分；未口述扣 5 分	15		
5	洗井操作	1. 倒通反洗井流程； 2. 洗井，根据洗井设计要求及时调整排量和温度； 3. 观察返出液情况； 4. 洗井过程中做好相关记录（时间、油压、泵压、排量、温度）； 5. 如掺稀井，洗井结束后套管需补注稀油（口述）		1. 倒流程错误扣 10 分； 2. 未根据洗井设计操作，一处扣 3 分； 3. 未观察返出液情况扣 2 分； 4. 未作洗井记录扣 5 分，缺一项扣 2 分； 5. 如掺稀井，套管需补注稀油未口述扣 3 分	20		
6	恢复流程	1. 倒流程、泄压； 2. 拆除洗井管线； 3. 恢复原生产流程状态		1. 倒错流程扣 5 分； 2. 未泄压拆除洗井管线扣 5 分； 3. 未回复原生产流程扣 10 分	10		
7	启动操作	1. 做好安全防护，规范启动抽油机； 2. 记录启抽时间		1. 未规范操作，一次扣 2 分； 2. 未记录启抽时间扣 3 分	10		
8	启抽后检查	1. 检查设备运转情况； 2. 检查井口流程是否有“跑、冒、滴、漏”现象； 3. 调整井口加热炉炉火； 4. 记录井口压力、温度等参数，核实出液情况； 5. 通过憋泵、功图、产量核实等手段判断洗井效果（口述）		1. 未检查设备运转情况扣 5 分； 2. 未检查井口流程扣 3 分； 3. 未调整炉火扣 2 分； 4. 记录参数少一项扣 2 分，未核实出液情况扣 3 分； 5. 通过憋泵、功图、产量核实等手段判断洗井效果未口述扣 5 分	15		

续表

序号	考核内容	操作规程	评分要素	评分标准	配分	扣分	得分
9	填写报表，清理场地	1. 将相关数据填入班报表； 2. 清洁现场，收拾工具	规范填写报表收拾工具，清洁场地	1. 未填写报表扣5分，漏一项扣2分； 2. 未清理现场扣5分。工具少收一件扣2分	5		
10	安全文明操作	1. 遵守国家或企业有关安全规定； 2. 操作过程中严格遵守“四不伤害”原则	遵守国家或企业有关安全规定	1. 每违反一项规定，从总分中扣5分； 2. 因操作不当造成人身伤害，从总分中扣20分； 3. 严重违规取消考核			
备注							
合　计					100		

考评员：　　　　核分员：　　　　年　月　日

四十一、关井扫线作业操作

1. 考核要求

(1) 必须穿戴劳动保护用品。
(2) 工具、量具、用具准备齐全，正确使用。
(3) 操作规程符合安全文明操作。
(4) 按规定完成操作项目，质量达到技术要求。
(5) 操作完毕，做到“工完、料净、场地清”。

2. 准备要求

(1) 设备准备：

序 号	名 称	规 格	数 量	备 注
1	生产流程		1套	
2	泵车		1台	
3	扫线液		依据设计要求	1.2倍管道容积

(2) 材料准备：

序 号	名 称	规 格	数 量	备 注
1	大布		2块	
2	手套		1副	
3	压力表	6MPa	1块	
4	生料带		2卷	

(3) 工具、用具准备：

序 号	名 称	规 格	数 量	备 注
1	开口扳手	17~19mm	1把	
2	管钳	600mm、900mm	各1把	
3	活动扳手	300 mm	1把	
4	笔		1支	

续表

序 号	名 称	规 格	数 量	备 注
5	报表		1张	
6	污油桶		1个	

3. 操作程序说明

1）准备工作

（1）记录关井前生产参数。

（2）关井、倒流程。

（3）泄压、卸丝堵。

（4）按规范连接扫线管线并试压。

（5）记录关井后压力。

2）扫线操作

（1）倒通扫线流程(越水套炉走旁通并温炉)。

（2）启泵扫线。

（3）初期最小排量试扫，压力稳定后逐步增加排量，最高扫线压力不得超过管线最高承压能力。

（4）通过压力、液量落实扫线效果。

3）恢复流程

（1）倒流程，泄压。

（2）拆除扫线管线，安装丝堵。

（3）扫线结束后依据通知要求恢复生产或关闭计转站进站阀门。

4）填写报表，清理场地

（1）填写报表。

（2）清洁现场，收拾工具，做好相应记录。

4. 考核规定说明

（1）如发现操作过程中可能发生重大违章(如人身伤害、环境污染、设备损坏等)，将终止操作。

（2）考核采用百分制，考核项目得分按鉴定比重进行折算。

（3）考核方式说明：本项目为实际操作题，考核过程按评分标准及操作过程进行评分。

（4）注入介质说明：本项目主要测试考生对关井扫线作业技能掌握的熟练程度。

5. 考核时限

（1）准备工作：1min(不计入考核时间)。

（2）正式操作时间：20min。

（3）提前完成操作不加分，到时停止操作考核。

6. 评分记录表

关井扫线作业操作评分记录表

操作时间：20min　　考生：　　操作用时：

序号	考核内容	操作规程	评分要素	评分标准	配分	扣分	得分
1	准备	1. 穿戴好劳动保护用品； 2. 准备工具：大布、手套、压力表、生料带、开口扳手、管钳、活动扳手、笔、报表、污油桶	准备工具、量具、用具	1. 劳保穿戴不整齐扣5分； 2. 未准备工具及材料扣5分，多、少准备一件扣2分	5		
2	准备工作	1. 记录关井前生产参数； 2. 关井、倒流程； 3. 泄压、卸丝堵； 4. 按规范连接扫线管线并试压； 5. 记录关井后压力	连接管线，试压	1. 未记录关井前生产参数扣5分，少一项扣2分； 2. 流程倒错扣10分； 3. 未泄压扣10分； 4. 未按规范链接扫线管线扣5分，未试压扣10分； 5. 未记录关井后压力扣5分	20		
3	扫线操作	1. 倒通扫线流程； 2. 启泵扫线； 3. 初期最小排量试扫，压力稳定后逐步增加排量，扫线压力不得超过管线最高承压能力； 4. 通过压力、液量落实扫线效果	按设计要求扫线	1. 倒流程错误一处扣2分，未调整炉火扣3分； 2. 未控制排量、压力，一次扣5分； 3. 超过管线最高工作压力终止操作； 4. 未落实扫线效果扣20分	40		
4	恢复流程	1. 倒流程，泄压； 2. 拆除扫线管线，安装丝堵； 3. 扫线结束后依据通知要求恢复生产或关闭计转站进站阀门	流程恢复	1. 倒流程错误一处扣2分，未泄压扣5分； 2. 工具使用不当，一次扣2分，丝堵未上紧扣5分； 3. 扫线后未依据通知要求操作扣10分	25		
5	填写报表，清理场地	1. 清洁现场，收拾工具； 2. 将相关数据填入班报表	收拾工具，清洁场地，填写报表	1. 未填写报表扣5分，漏一项扣2分； 2. 未清理现场扣5分，工具少收一件扣2分	10		

续表

序号	考核内容	操作规程	评分要素	评分标准	配分	扣分	得分
6	安全文明操作	1. 遵守国家或企业有关安全规定； 2. 操作过程中严格遵守“四不伤害”原则	遵守国家或企业有关安全规定	1. 每违反一项规定，从总分中扣5分； 2. 因操作不当造成人身伤害，从总分中扣20分； 3. 严重违规取消考核			
备注							
合　计					100		

考评员：　　　　　　　　核分员：　　　　　　　　年　月　日

四十二、调整防冲距操作

1. 考核要求

（1）必须穿戴劳动保护用品。
（2）工具、量具、用具准备齐全，正确使用。
（3）操作规程符合安全文明操作。
（4）按规定完成操作项目，质量达到技术要求。
（5）操作完毕，做到“工完、料净、场地清”。

2. 准备要求

（1）设备准备：

序　号	名　称	规　格	数　量	备　注
1	抽油机井	常规	1 口	

（2）材料准备：

序　号	名　称	规　格	数　量	备　注
1	手套		1 副	
2	大布		2 块	
3	黄油		1 桶	
4	方卡子	与光杆同型号	1 副	

（3）工具、量具、用具准备：

序　号	名　称	规　格	数　量	备　注
1	活动扳手	300mm、375mm	各 1 把	
2	管钳	600mm	1 把	
3	锉刀		1 把	
4	钢板尺	300mm	1 把	
5	画笔		1 支	
6	砂纸	300～600 目	1 张	
7	绝缘手套		1 只	

续表

序 号	名 称	规 格	数 量	备 注
8	试电笔		1 支	
9	警示牌		1 块	
10	笔		1 支	
11	报表		1 张	

3. 操作程序说明

1）调前准备

（1）落实原防冲距，确认调整方向和距离。

（2）做好安全防护，规范停机至合适位置，检查刹车系统。

（3）记录停抽时间和井口参数。

2）安装卸载卡子、卸载

（1）清洁光杆，在光杆上合适位置安装卸载卡子。

（2）检查周围无障碍物。

（3）确认安全，规范启抽，卸载。

3）调整防冲距

（1）双手晃动悬绳器，检查光杆有无下滑现象。

（2）清洁光杆，原方卡子上平面划基准线，量取调整距离，做好标记。

（3）卸松原光杆方卡子，将方卡子移到标记处并上紧。

（4）检查抽油机周围无障碍物，缓慢松刹车将载荷转移到悬绳器上。

（5）当卸载方卡子距离井口防喷盒 100~200mm 时刹紧刹车，卸掉卸载卡子。

（6）在盘根盒上缠绕大布，用锉刀、细砂纸修复光杆毛刺。

4）启抽

（1）检查抽油机周围无障碍物。

（2）确认安全后按规范启动抽油机。

（3）记录启抽时间和井口参数。

5）调整后检查

（1）检查抽油机运转情况。

（2）检查光杆有无碰、挂现象。

（3）在抽油机上行时用手背试光杆温度，近下死点调整盘根盒松紧。

（4）光杆下行时涂抹黄油。

（5）通过功图测试、憋压验泵、产量核实等方法验证调整效果。

6）填写报表，现场清理

（1）将相关数据填入班报表。

（2）收拾、擦拭工具，打扫场地卫生。

4. 考核规定说明

（1）如发现操作过程中可能发生重大违章（如人身伤害、环境污染、设备损坏等），将终止操作。

（2）考核采用百分制，考核项目得分按鉴定比重进行折算。

（3）考核方式说明：本项目为实际操作题，考核过程按评分标准及操作过程进行评分。

（4）考评技能说明：本项目主要测试考生对调整防冲距技能掌握的熟练程度。

5. 考核时限

（1）准备工作：1min（不计入考核时间）。

（2）正式操作时间：20min。

（3）提前完成操作不加分，到时停止操作。

6. 评分记录表

调整防冲距操作评分记录表

操作时间：20min　　　　考生：　　　　操作用时：

序号	考核内容	操作规程	评分要素	评分标准	配分	扣分	得分
1	工具准备	1. 穿戴好劳动保护用品； 2. 准备工具：活动扳手、管钳、锉刀、钢板尺、画笔、砂纸、绝缘手套、试电笔、警示牌、笔、报表	准备工具、量具、用具	1. 劳保穿戴不整齐扣5分； 2. 未准备工具及材料扣5分，多、少准备一件扣2分	5		
2	调前准备	1. 落实原防冲距，确认调整方向和距离； 2. 做好安全防护，规范停机至合适位置，检查刹车系统； 3. 记录停抽时间和井口参数	核实防冲距，规范停机	1. 未落实防冲距扣3分； 2. 停机位置不合适一次扣5分，未检查刹车系统扣5分； 3. 未记录停抽时间和参数扣5分，少一项扣2分	15		
3	安装卸载卡子卸载	1. 清洁光杆，在光杆上合适位置安装卸载卡子； 2. 检查周围无障碍物； 3. 确认安全，规范启抽，卸载	安装卡子，平稳卸载	1. 未清洁光杆扣3分，卸载卡子安装位置不合适扣5分； 2. 未检查障碍物扣2分； 3. 工具使用不当一次扣2分；一次卸载不成功，每卸载一次扣5分	20		

续表

序号	考核内容	操作规程	评分要素	评分标准	配分	扣分	得分
4	调整防冲距	1. 双手晃动悬绳器，检查光杆有无下滑现象； 2. 清洁光杆，原方卡子上平面划基准线，量取调整距离，做好标记； 3. 卸松原光杆方卡子，将方卡子移到标记处并上紧； 4. 检查抽油机周围无障碍物，缓慢松刹车将载荷转移到悬绳器上； 5. 当卸载方卡子距离井口防喷盒 100～200mm 时刹紧刹车，卸掉卸载卡子； 6. 在盘根盒上缠绕大布，用锉刀、细砂纸修复光杆毛刺	测量准确，规范操作	1. 未检查光杆有无下滑现象扣 3 分； 2. 未清洁光杆扣 3 分，未划基准线扣 3 分，量取调整距离误差超过 ±10mm 扣 5 分，未做标记扣 5 分； 3. 工具使用不当一次扣 2 分，方卡子安装位置有偏差扣 5 分（±10mm），手抓光杆一次扣 3 分，扶卡子方法不正确一次扣 3 分，方卡子装反终止操作； 4. 未检查障碍物扣 3 分，载荷转移不控制刹车扣 3 分； 5. 卸载方卡子距离井口距离不合适扣 3 分； 6. 未缠绕大布扣 3 分，锉刀、工具使用不当一次扣 3 分，毛刺未清除干净扣 2 分	30		
5	启抽	1. 检查抽油机周围无障碍物； 2. 确认安全后按规范启动抽油机； 3. 记录启抽时间和井口参数	规范启动抽油机	1. 未检查障碍物扣 3； 2. 工、用具使用不当一次扣 3 分； 3. 未记录启抽时间和井口参数扣 5 分	15		
6	调整后检查	1. 检查抽油机运转情况； 2. 检查光杆有无碰挂现象； 3. 在抽油机上行时用手背试光杆温度，近下死点调整盘根盒松紧； 4. 光杆下行时涂抹黄油； 5. 通过功图测试、憋压验泵、产量核实等方法验证调整效果	检查落实，确保安全	1. 未检查抽油机运转情况扣 3 分； 2. 未检查光杆有、无碰挂现象扣 10 分； 3. 不检查光杆温度扣 2 分，方法不对扣 3 分，调整盘根盒方法不对扣 3 分； 4. 涂抹黄油方法不对扣 2 分； 5. 未口述通过功图测试、憋压验泵、产量核实等方法验证调整效果扣 5 分	10		

续表

序号	考核内容	操作规程	评分要素	评分标准	配分	扣分	得分
7	填写报表，现场清理	1. 清洁现场，收拾工具； 2. 将相关数据填入班报表	规范填写班报表	1. 未填写报表扣5分，漏一项扣2分； 2. 未清理现场扣5分，工具少收一件扣2分	5		
8	安全文明操作	1. 遵守国家或企业有关安全规定； 2. 操作过程中严格遵守“四不伤害”原则	遵守国家或企业有关安全规定	1. 每违反一项规定，从总分中扣5分； 2. 因操作不当造成人身伤害、环境污染、设备损坏，从总分中扣20分； 3. 严重违规终止操作			
备注							
合　计					100		

考评员：　　　　　　　　　　核分员：　　　　　　　　　　年　月　日

四十三、14 型抽油机调整抽油机冲速操作

1. 考核要求

(1) 必须穿戴劳动保护用品。
(2) 工具、量具、用具准备齐全，正确使用。
(3) 操作规程符合安全文明操作。
(4) 按规定完成操作项目，质量达到技术要求。
(5) 操作完毕，做到“工完、料净、场地清”。

2. 准备要求

(1) 设备准备：

序 号	名 称	规 格	数 量	备 注
1	抽油机		1套	

(2) 材料准备：

序 号	名 称	规 格	数 量	备 注
1	大布		1块	
2	手套		1副	
3	线绳		1卷	
4	红丹粉		1袋	
5	砂纸		1张	
6	绝缘手套		1只	
7	皮带轮		1个	根据制度选择
8	黄油		1桶	

(3) 工具、用具准备：

序 号	名 称	规 格	数 量	备 注
1	活动扳手	300mm	1把	
2	活动扳手	375mm	1把	
3	管钳	600mm	1把	
4	铜棒		1根	
5	榔头		1把	
6	小撬杠	300mm	1根	
7	撬杠	1200mm	1根	

续表

序　号	名　称	规　格	数　量	备　注
8	拔轮器	350~400mm	1 套	
9	试电笔		1 支	
10	呆扳手	65mm	1 把	
11	警示牌		1 块	
12	笔		1 支	
13	报表		1 张	

3. 操作程序说明

1）停抽油机

（1）用试电笔检测启动柜外壳，确认安全。

（2）戴绝缘手套打开电控柜门。

（3）按停止按钮停抽。

（4）将抽油机驴头停在自由位置。

（5）刹紧刹车。

（6）关好启动柜门。

（7）用试电笔检测配电柜外壳确认安全。

（8）戴绝缘手套打开配电柜门，侧身拉闸断电，关好配电柜门，挂警示牌。

（9）记录停抽时间。

（10）检查刹车锁块在行程的 1/2~2/3，各部件连接完好。

（11）打安全销。

2）卸皮带轮

（1）用专用扳手卸松皮带轮固定压帽。

（2）卸电机内、外顶丝。

（3）先内后外卸松电机固定螺栓。

（4）用撬杠向内缓慢移动电机。

（5）徒手取下皮带，严禁手握皮带。

（6）用拔轮器卸松皮带轮，卸下皮带轮固定压帽，取下皮带轮。

（7）检查轴套、压帽丝扣。

3）安装新皮带轮

（1）新皮带轮内孔除锈，擦净，均匀涂抹丹粉。

（2）检查新皮带轮轴配套程度，接触面达到 80% 以上为合格。

（3）清洁皮带轮内孔及轴套，皮带轮内孔均匀涂抹黄油。

（4）安装新皮带轮，带上皮带轮固定压帽，用铜棒对角砸紧皮带轮并用手带紧。

（5）装皮带，调整电机顶丝，皮带松紧合适，应按下 2~3cm 左右为合适。

（6）用铜锤呆扳手配合上紧皮带轮固定压帽。

4）调整四点一线

（1）调整四点一线(12 型以上抽油机小于 4mm)。

(2) 先外后内紧电机固定螺栓。

5) 启动抽抽油机

(1) 检查抽油机四周是否有障碍物。

(2) 打开安全销。

(3) 验电确认配电柜外壳安全，摘警示牌，侧身合闸送电。

(4) 用试电笔检测启动柜外壳安全，戴绝缘手套打开启动柜门。

(5) 缓慢松开抽油机刹车，利用惯性启动抽油机。

(6) 记录启抽时间。

6) 调整后检查

(1) 电动机无振动，皮带轮无晃动，抽油机运转正常。

(2) 核对调整后冲次。

7) 填写报表，清理场地

(1) 规范填写报表。

(2) 清洁现场，收拾工具。

4. 考核规定说明

(1) 如发现操作过程中可能发生重大违章(如人身伤害、环境污染、设备损坏等)，将终止操作。

(2) 考核采用百分制，考核项目得分按鉴定比重进行折算。

(3) 考核方式说明：本项目为实际操作题，考核过程按评分标准及操作过程进行评分。

(4) 考评技能说明：本项目主要测试考生对 14 型抽油机调整抽油机冲速掌握的熟练程度。

5. 考核时限

(1) 准备工作：1min(不计入考核时间)。

(2) 正式操作时间：20min。

(3) 提前完成操作不加分，到时停止操作考核。

6. 评分记录表

14 型抽油机调整抽油机冲速操作评分记录表

操作时间：20min　　　　考生：　　　　操作时间：

序号	考核内容	操作规程	评分要素	评分标准	配分	扣分	得分
1	准备工具	1. 穿戴好劳动保护用品； 2. 准备工具：大布、手套、线绳、红丹粉、砂纸、绝缘手套、皮带轮、黄油、活动扳手、管钳、铜棒、榔头、小撬杠、撬杠、拔轮器、试电笔、呆扳手、警示牌、笔、报表	准备工、用具	1. 劳保穿戴不整齐扣 5 分； 2. 未准备工具及材料扣 5 分，多、少准备一件扣 2 分	5		

续表

序号	考核内容	操作规程	评分要素	评分标准	配分	扣分	得分
2	停抽油机	1. 用试电笔检测启动柜外壳，确认安全； 2. 戴绝缘手套开电控柜门； 3. 按停止按钮停抽； 4. 将抽油机停在自由位置，刹紧刹车，关好启动柜门； 5. 用试电笔检测配电柜外壳确认安全； 6. 戴绝缘手套打开配电柜门，侧身拉闸断电，关好配电柜门，挂警示牌，记录停抽时间； 7. 检查刹车锁块在行程的 1/2～2/3，各部件连接完好，打安全销	规范停机，拉紧刹车，打好安全销	1. 未验电扣 3 分，未戴绝缘手套接触带电设备扣 3 分，未侧身拉闸扣 5 分； 2. 停机位置不合适扣 5 分； 3. 未刹紧刹车、溜车扣 5 分； 4. 未关启动柜门，一次扣 2 分； 5. 未挂警示牌，一次扣 2 分； 6. 未记录停抽时间扣 2 分； 7. 未检查刹车扣 5 分； 8. 未打安全销扣 20 分	20		
3	卸皮带轮	1. 用专用扳手卸松皮带轮固定压帽； 2. 卸电机内、外顶丝； 3. 先内后外卸松电机固定螺栓； 4. 用撬杠向内缓慢移动电机； 5. 徒手取下皮带，严禁手握皮带； 6. 用拔轮器卸松皮带轮，卸下皮带轮固定压帽，取下皮带轮； 7. 检查轴套、压帽丝扣	正确使用工具，卸电机螺栓顺序，卸皮带方法	1. 工具使用不当，一次扣 2 分； 2. 卸电机固定螺栓顺序错扣 5 分； 3. 撬杠碰压电机电缆扣 3 分； 4. 戴手套取下皮带扣 3 分，手握皮带扣 5 分； 5. 拔轮器使用不正确扣 3 分； 6. 未检查轴套、压帽丝扣扣 3 分	20		

续表

序号	考核内容	操作规程	评分要素	评分标准	配分	扣分	得分
4	安装新皮带轮	1. 新皮带轮内孔除锈，擦净，均匀涂抹丹粉； 2. 检查新皮带轮轴配套程度，接触面达到80%以上为合格； 3. 清洁皮带轮内孔及轴套，皮带轮内孔均匀涂抹黄油； 4. 安装新皮带轮，带上皮带轮固定压帽，用铜棒对角砸紧皮带轮并用手带紧； 5. 装皮带，调整电机顶丝，皮带松紧合适，应按下2~3cm左右为合适； 6. 用铜锤呆扳手配合上紧皮带轮固定压帽	安装新皮带轮，调整皮带松紧	1. 新皮带轮内孔未除锈，擦净扣2分，涂抹丹粉不均匀扣2分； 2. 未检查新皮带轮轴配套程度扣5分； 3. 未清洁皮带轮内孔及轴套扣2分，未均匀涂抹黄油扣2分； 4. 未用铜棒对角砸紧皮带轮扣5分； 5. 手握皮带扣3分，顶丝调整不合适扣3分，皮带松紧不合适扣3分； 6. 皮带轮固定压帽未上紧扣5分	25		
5	调整四点一线	1. 调整四点一线（口述：12型以上抽油机小于4mm）； 2. 先外后内紧电机固定螺栓	四点一线复合要求	1. 调整四点一线不合格扣10分，未口述扣3分； 2. 紧电机固定螺栓顺序错扣5分	10		
6	启动抽抽油机	1. 检查抽油机四周是否有障碍物； 2. 打开安全销； 3. 确认配电柜外壳安全，摘警示牌，侧身合闸送电； 4. 用试电笔检测启动柜外壳安全，戴绝缘手套打开启动柜门； 5. 缓慢松开刹车，利用惯性启动抽油机，记录启抽时间	按规范启机	1. 未检查障碍物扣3分； 2. 未打开安全销扣停止操作； 3. 未验电扣3分，未摘警示牌扣2分，未侧身合闸送电扣5分，未戴绝缘手套扣3分； 4. 未控制刹车扣3分，未利用惯性启动抽油机扣5分； 5. 未记录启抽时间扣3分	10		

续表

序号	考核内容	操作规程	评分要素	评分标准	配分	扣分	得分
7	调整后检查	1. 电动机无振动，皮带轮无晃动，抽油机运转正常； 2. 核对调整后冲次	调整检查	1. 少检查一项扣3分； 2. 未核对调整后冲次扣5分	5		
8	填写报表，清理场地	1. 规范填写报表； 2. 清洁现场，收拾工具	收拾工具，清洁场地	1. 未填写报表扣5分，漏一项扣2分； 2. 未清理现场扣5分，工具少收一件扣2分	5		
9	安全文明操作	1. 遵守国家或企业有关安全规定； 2. 操作过程中严格遵守“四不伤害”原则	遵守国家或企业有关安全规定	1. 每违反一项规定，从总分中扣5分； 2. 因操作不当造成人身伤害、环境污染、设备损坏，从总分中扣20分； 3. 严重违规终止操作			
备注							
合计					100		

考评员： 核分员： 年 月 日

7. 报表

14型抽油机调整抽油机冲速报表

井 号：	日 期： 年 月 日
停机时间：	启机时间：
调前冲次：	调后冲次
调整后效果：	
	考 号：

四十四、胜利高原抽油机启停操作

1. 考核要求

(1) 必须正确穿戴、使用劳动保护用品。
(2) 工具、量具、用具准备齐全，正确使用。
(3) 操作规程符合安全文明操作。
(4) 按规定完成操作项目，质量达到技术要求。
(5) 操作完毕，做到“工完、料净、场地清”。

2. 准备要求

(1) 设备准备：

序　号	名　称	规　格	数　量	备　注
1	胜利高原抽油机	1000 型	1 口	

(2) 材料准备：

序　号	名　称	规　格	数　量	备　注
1	手套		1 副	
2	大布		2 块	
3	纸、笔		各 1 个	
4	生料带		1 卷	
5	螺旋盘根		1 个	与光杆配套
6	黄油		1 桶	
7	油嘴		1 个	符合开井条件

(3) 工具、用具准备：

序　号	名　称	规　格	数　量	备　注
1	绝缘手套		1 只	
2	试电笔		1 支	
3	警示牌		1 个	
4	活动扳手	375mm	1 把	
5	管钳	600mm	1 把	
6	平口起子	200mm	1 把	

续表

序　号	名　称	规　格	数　量	备　注
7	防喷器专用扳手		2 把	
8	污油桶		1 个	
9	钳形电流表	500A	1 块	
10	油嘴扳手		1 把	

（4）气防设施准备：

序　号	名　称	规　格	数　量	备　注
1	便携式硫化氢检测仪		1 台	适合于含硫井
2	正压式空气呼吸器		1 套	适合于含硫井
3	备用气瓶		1 个	

3. 操作程序说明

1）启抽前准备

（1）接到开井通知，核实井号，确认工作制度(油嘴、冲程、冲次)。

（2）做好自身防护，必须确保劳保穿戴整齐。

（3）进井场前观察风向，对现场进行有毒有害气体检测。

（4）核实水套炉应处于温炉状态。

（5）通知计转站打开进站阀门。

（6）记录开井前相关参数(油压、套压)。

（7）按先低压后高压的顺序倒通生产流程。

（8）若是掺稀井需提前倒通掺稀流程，确保掺稀稳定。

2）启机前检查

（1）开启盘根盒二级密封及双闸板防喷器半封。

（2）检查抽油机各连接部位是否连接紧固，减速箱齿轮油液位是否在 1/2～2/3 之间，电动机皮带有无老化断裂，松紧是否合适。

（3）检查悬绳器、卡子是否牢固，载荷皮带是否完好，悬绳有无断丝、断股。

（4）检查链条箱润滑油液位是否合适，配重块有无脱落现象，检查换向机构是否正常。

（5）检查手动刹车是否灵活好用，各部位连接紧固，电磁刹车连接完好。

（6）用试电笔对一级配电柜验电，确认安全后戴绝缘手套打开柜门合闸送电，确认供电系统是否正常。

3）启动抽油机操作

（1）检查抽油机周围有无障碍物。

（2）用试电笔对启动柜验电，确认安全后带绝缘手套打开柜门，侧身合闸送电，确认电压及仪表正常(若为变频启动柜，应检查变频挡位)。

（3）松刹车，将抽油机停在自由位置。

（4）确认安全、点启动按钮启动抽油机。

（5）记录启机时间。

4）启抽后检查

（1）听抽油机各部分运转是否正常，有无碰、挂及异响。

（2）检查上下冲程运行电流情况（戴绝缘手套持钳形电流表测量）。

（3）检查井口压力、温度，检查有无出液。

（4）盘根盒松紧是否合适，上行测试光杆温度，下行涂抹黄油，光杆有无碰挂现象。

（5）检查地面生产流程有无“跑、冒、滴、漏”现象。

（6）检查电动机运行是否正常。

（7）读取生产参数，将相关数据填入班报表。

（8）调整水套炉炉温（口述：内防井水套炉出口温度不超过规定温度）。

5）停机前检查准备

（1）落实停抽后是否需要进行扫线、处理井筒等作业（口述：稠油井若长时间停机，必须安排扫线和处理井筒）。

（2）记录井口参数（包括油压、套压、回压、井温、电流、电压等参数）。

（3）调小水套炉火，进行温炉；若长时间停井应停炉排水，并挂停用牌。

6）停机操作

（1）用试电笔验电，按抽油机停止开关，根据油井情况，停在适当的位置，刹紧刹车。

（2）用试电笔对控制柜验电，确认安全后戴绝缘手套开柜门侧身拉闸断电。

（3）记录停抽时间。

（4）用试电笔对一级配电柜验电，确认安全后戴绝缘手套开柜门侧身拉闸断电。

7）关井操作

（1）关闭盘根盒二级密封及双闸板防喷器半封（口述：掺稀井需用稀油先行处理井筒）。

（2）关闭套管外侧阀门（掺稀井提前通知计转站停止掺稀），关闭立管阀门。

（3）如需扫线，待作业完毕后关闭回压阀门。

（4）通知计转站关闭进站阀门。

8）记录参数，清理现场

（1）将相关数据填入班报表。

（2）收拾工具，清理现场。

4. 考核规定说明

（1）如发现操作过程中可能发生重大违章（如人身伤害、环境污染、设备损坏等），将终止操作。

（2）考核采用百分制，考核项目得分按鉴定比重进行折算。

（3）考核方式说明：本项目为实际操作题，考核过程按评分标准及操作过程进行评分。

（4）考评技能说明：本项目主要测试考生对胜利高原抽油机启停操作技能掌握的熟练程度。

5. 考核时限

（1）准备工作：1min（不计入考核时间）。
（2）正式操作时间：30min。

6. 评分记录表

胜利高原抽油机启停机操作评分记录表

操作时间：30min　　　　考生：　　　　操作用时：

序号	考核内容	操作规程	评分要素	评分标准	配分	扣分	得分
1	准备工具	1. 穿戴好劳动保护用品； 2. 准备工具：手套、大布、纸、笔、绝缘手套、活动扳手、管钳、试电笔、警示牌；平口起子、防喷器扳手、污油桶、钳形电流表、黄油、油嘴、油嘴扳手等	准备工具、用具	未准备工具及材料扣5分，多、少准备一件扣2分	5		
2	启机前准备	1. 接到开井通知，核实井号，确认工作制度； 2. 做好自身防护，必须确保劳保穿戴整齐； 3. 进井场前观察风向，对现场进行有毒有害气体检测； 4. 核实水套炉应处于温炉状态； 5. 通知计转站打开进站阀门； 6. 记录开井前相关参数； 7. 按先低压后高压的顺序倒通生产流程； 8. 如果是掺稀井需提前倒通掺稀流程，确保掺稀稳定	确认按顺序倒通流程	1. 未核实井号，确认工作制度扣2分； 2. 未做好自身防护扣10分，劳保穿戴不整齐扣5分； 3. 未观察风向，确认有毒有害气体检测扣10分； 4. 未对井场加热炉进行温炉扣5分； 5. 未通知计转站打开进站阀门扣10分； 6. 未记录开井前参数扣3分； 7. 未按先低压后高压的顺序倒通生产流程扣10分，顺序错扣5分； 8. 未口述掺稀井未提前掺稀扣5分	10		

续表

序号	考核内容	操作规程	评分要素	评分标准	配分	扣分	得分
3	启机前检查	1. 开启盘根盒二级密封及双闸板防喷器半封； 2. 检查抽油机各连接部位是否连接紧固，减速箱齿轮油液位是否在 1/2～2/3 之间，电动机皮带有无老化断裂，松紧是否合适； 3. 检查悬绳器、卡子是否牢固，载荷皮带是否完好，悬绳有无断丝、断股； 4. 检查链条箱润滑油液位是否合适，配重块有无脱落现象，检查换向机构是否正常； 5. 检查手动刹车是否灵活好用，各部位连接紧固，电磁刹车连接完好； 6. 用试电笔对一级配电柜验电，确认安全后戴绝缘手套打开柜门合闸送电，确认供电系统是否正常	根据“看、听、摸、查、嗅”五字检查法做抽油机启动前检查	1. 未开启盘根盒二级密封扣 5 分，未打开双闸板防喷器半封扣 10 分，未调整盘根压帽松紧扣 2 分； 2. 检查抽油机各连接部位是否紧固，检查减速箱液位、电动机皮带是否正常，是否震动、是否温度过高、未检查扣 5 分，漏一处扣 2 分； 3. 检查悬绳器、方卡子是否牢固，载荷皮带是否完好，悬绳有无断丝、断股，漏一处扣 2 分； 4. 检查链条箱润滑油液位是否合适，配重块有无脱落现象，检查换向机构是否正常，漏一处扣 2 分； 5. 未检查刹车扣 5 分，漏一处扣 2 分； 6. 未验电扣 3 分，未戴绝缘手套接触柜门扣 3 分，未侧身合闸扣 3 分，未检查供电系统扣 3 分	20		
4	启动抽油机操作	1. 检查周围无障碍物； 2. 用试电笔对启动柜验电，确认安全后带绝缘手套打开柜门，侧身合闸送电，确认电压及仪表是否正常（若为变频启动柜，应检查变频挡位）； 3. 松刹车，将抽油机停在自由位置； 4. 确认安全、按启动按钮启动抽油机； 5. 记录启抽时间	正确启动抽油机	1. 未检查周边障碍物扣 5 分； 2. 未验电扣 3 分，未戴绝缘手套接触柜门扣 3 分，未侧身合闸扣 3 分，未检查仪表是否正常扣 3 分（未口述检查变频挡位扣 2 分）； 3. 未松刹车启抽扣 10 分； 4. 不会启动抽油机扣 5 分； 5. 未记录启机时间扣 2 分	10		

续表

序号	考核内容	操作规程	评分要素	评分标准	配分	扣分	得分
5	启抽后检查	1. 听抽油机各部分运转是否正常，有无碰、挂及异响； 2. 检查电动机运行是否正常； 3. 检查上下冲程运行电流情况（戴绝缘手套持钳形电流表测量）； 4. 检查井口压力、温度，检查有无出液； 5. 盘根盒松紧是否合适，上行测试光杆温度，下行涂抹黄油，光杆有无碰挂现象； 6. 检查地面生产流程有无“跑、冒、滴、漏”现象； 7. 记录生产参数；将相关数据填入班报表； 8. 调整水套炉温度（口述：内防井水套炉出口温度不得超过规定温度）	启抽后检查内容	1. 未检查抽油机运转情况扣5分； 2. 未检查电动机运行情况扣3分； 3. 未检查上下冲程运行电流扣5分，测电流方法不正确扣5分，未戴绝缘手套持钳形电流表测量扣3分； 4. 未检查井口压力、温度，检查有无出液扣5分，漏一处扣2分； 5. 未检查盘根盒松紧扣2分，未测试光杆温度扣2分，未涂抹黄油扣2分，方法不正确每处扣2分，未检查光杆有无碰挂现象扣3分； 6. 未检查地面生产流程有无“跑、冒、滴、漏”现象扣3分； 7. 未记录启机后生产参数扣3分，少记一项扣1分； 8. 未调整炉温扣2分	20		
6	停机前检查	1. 落实停机后是否需要进行扫线、处理井筒等作业； 2. 记录井口参数（包括油压、套压、回压、井温、电流、电压等参数）； 3. 调小水套炉火，进行温炉（口述：若长时间停井应停炉排水，挂停用牌）	确认相关信息、录取参数、调整炉火	1. 未落实停机后是否需要进行扫线、处理井筒等作业扣3分； 2. 未记录井口参数扣5分，漏一项扣2分； 3. 未调小水套炉火温炉扣5分；未口述扣2分	10		

续表

序号	考核内容	操作规程	评分要素	评分标准	配分	扣分	得分
7	停机操作	1. 用试电笔验电，按抽油机停止开关，根据油井情况，将抽油机停在适当的位置，刹紧刹车； 2. 用试电笔对控制柜验电，确认安全后戴绝缘手套开柜门侧身拉闸断电； 3. 记录停机时间； 4. 用试电笔对一级配电柜验电，确认安全后戴绝缘手套开柜门侧身拉闸断电	严格按操作步骤操作	1. 未验电扣3分，不会停抽扣5分，停机位置不合适扣2分，未刹紧刹车扣5分； 2. 未验电扣3分，未戴绝缘手套接触柜门扣3分，未侧身拉闸断电扣3分； 3. 未记录停机时间扣2分； 4. 未验电扣3分，未戴绝缘手套接触柜门扣3分；未侧身拉闸断电扣3分	10		
8	关井操作	1. 关闭盘根盒二级密封及双闸板防喷器半封（口述：掺稀井需用稀油处理井筒）； 2. 关闭套管外侧阀门（口述：掺稀井提前通知计转站停止掺稀），关闭立管阀门； 3. 如需扫线，待作业完毕后关闭回压阀门； 4. 通知计转站关进站阀门	确认按顺序关闭流程	1. 未关闭盘根盒二级密封扣5分；未关闭双闸板防喷器半封扣10分；未口述扣3分； 2. 未关闭套管外侧阀门扣5分；未口述扣5分，未关闭立管阀门扣5分； 3. 如需扫线的井，未口述扫线扣3分；扫线后未关闭回压阀门扣3分； 4. 未通知关进站阀扣5分	10		
9	记录参数，清理现场	1. 将相关数据填入班报表； 2. 收拾工具，清理现场	规范填写班报表	1. 未填写班报表扣5分，漏填一项扣1分； 2. 未清理扣5分未收拾工具扣5分，少收一件扣2分	5		
10	安全文明操作	1. 遵守国家或企业有关安全规定； 2. 操作过程中严格遵守“三不伤害”原则	遵守国家或企业有关安全规定	1. 每违反一项规定，从总分中扣5分； 2. 因操作不当造成人身伤害，从总分中扣20分； 3. 严重违规取消考核			
备注							
合计					100		

考评员： 核分员： 年 月 日

四十五、螺杆泵井启停操作

1. 考核要求

(1) 必须穿戴劳动保护用品。
(2) 工具、量具、用具准备齐全，正确使用。
(3) 操作规程符合安全文明操作。
(4) 按规定完成操作项目，质量达到技术要求。
(5) 操作完毕，做到“工完、料净、场地清”。

2. 准备要求

(1) 设备准备：

序　号	名　称	规　格	数　量	备　注
1	螺杆泵井		1 口	

(2) 材料准备：

序　号	名　称	规　格	数　量	备　注
1	手套		1 副	
2	笔		1 支	
3	报表		1 张	
4	大布		1 块	
5	盘根		5 个	与光杆配套
6	生料带		1 卷	
7	污油桶		1 个	
8	黄油		1 桶	
9	试电笔		1 支	
10	绝缘手套		1 只	
11	警示牌		1 个	正在操作，禁止合闸

（3）工具、用具准备：

序 号	名 称	规 格	数 量	备 注
1	活动扳手	375mm	1把	
2	管钳	450mm	1把	
3	平口起子	300mm	1把	
4	油嘴		1个	符合开井要求
5	油嘴扳手		1把	
6	防喷器扳手		2把	
7	钳形电流表		1块	

（4）气防设施：

序 号	名 称	规 格	数 量	备 注
1	硫化氢检测仪		1台	适用于含硫井
2	正压式空气呼吸器		1套	适用于含硫井
3	备用气瓶		1个	

3. 操作程序说明

1）开井前准备

（1）接到开井通知，核实井号，确认工作制度。

（2）做好自身防护，必须确保劳保穿戴整齐。

（3）进井场前观察风向，对现场进行有毒有害气体检测。

（4）核实水套炉应处于温炉状态。

（5）通知计转站打开进站阀门。

（6）记录开井前相关参数(油压、套压)。

（7）按先低压后高压的顺序倒通生产流程。

（8）如果是掺稀井需提前倒通掺稀流程，确保掺稀稳定。

2）开井前检查

（1）检查螺杆泵驱动装置完好，支架及各部件连接紧固，齿轮油视窗刻度清晰可见，液位在1/3~1/2之间，油质未变色、浑浊，呼吸帽固定牢靠，放油丝堵紧固且没有渗漏现象。

（2）电动机皮带无老化断裂，皮带轮紧固，松紧度合适，皮带护罩完好紧固，静电接地接地可靠，电缆完好无破损裸露。

（3）检查光杆方卡子牢固，防护网安装牢固，光杆上方光余不得超过0.5m。

（4）开启双闸板防喷器半封，调整盘根压帽松紧。

（5）用试电笔对一级配电柜验电，确认安全后戴绝缘手套打开柜门侧身合闸送电，确认供电系统正常。

（6）用试电笔对变频启动柜验电，确认安全后带绝缘手套打开柜门，侧身合闸送电，确认供电系统、继电器、仪表等正常。

(7) 启动前确保调速旋转按钮归零后在启动。

3) 启动螺杆泵操作

(1) 确定井口周边无障碍物。

(2) 转动启动按钮启动螺杆泵，并调整规定频率。

(3) 记录开井时间。

4) 开井后检查

(1) 检查减速箱是否有异常声响及渗漏。

(2) 检查电动机是否震动，温度是否正常。

(3) 检查机组运转电流是否正常或震动过大。

(4) 检查过载保护值是否是运行电流的 1.2~1.5 倍。

(5) 检查井口压力、温度、检查有无出液。

(6) 盘根盒松紧是否合适，光杆是否按照标注的箭头方向转动。

(7) 检查井口密封是否可靠，地面生产流程有无“跑、冒、滴、漏”现象。

(8) 记录生产参数。

(9) 核实产量。

5) 停螺杆泵操作

(1) 验电确认安全，先将调速按钮慢慢调零后，再转动停止按钮。

(2) 侧身拉闸断电，观察光杆是否反转。

(3) 记录停机时间。

(4) 用试电笔对一级配电柜验电，确认安全后戴绝缘手套开柜门侧身拉闸断电。

6) 关井操作

(1) 关闭双闸板防喷器半封(掺稀井需用稀油处理井筒)。

(2) 关闭套管外侧阀门(掺稀井提前通知计转站停止掺稀)，关闭立管阀门。

(3) 稠油井需扫线，作业完毕后关闭回压阀门。

(4) 通知计转站关闭进站阀门。

7) 填写班报表，清理现场

(1) 将相关数据填入班报表。

(2) 收拾工具，清理现场。

4. 考核规定说明

(1) 如发现操作过程中可能发生重大违章(如人身伤害、环境污染、设备损坏等)，将终止操作；

(2) 考核采用百分制，考核项目得分按鉴定比重进行折算。

(3) 考核方式说明：本项目为实际操作题，考核过程按评分标准及操作过程进行评分。

(4) 考评技能说明：本项目主要测试考生对螺杆泵井启停技能掌握的熟练程度。

5. 考核时限

(1) 准备工作：1min(不计入考核时间)。

（2）正式操作时间：10min。

（3）提前完成操作不加分，到时停止操作考核。

6. 评分记录表

螺杆泵井启停操作评分记录

操作时间：10min　　考生：　　操作用时：

序号	考核内容	操作规程	评分要素	评分标准	配分	扣分	得分
1	准备工具	1. 穿戴好劳动保护用品； 2. 准备工具：手套、大布、纸、笔、生料带、绝缘手套、活动扳手、管钳、试电笔、平口起子、防喷器扳手、油嘴扳手、污油桶、油嘴、盘根、警示牌、钳形电流表、黄油	准备好工具、用具	1. 未穿戴好劳动防护用品，扣5分； 2. 未准备工具、用具及材料扣5分，多、少准备1件扣2分	5		
2	开井前准备	1. 接到开井通知，核实井号，确认工作制度； 2. 做好自身防护，必须确保劳保穿戴整齐； 3. 进井场前观察风向，对现场进行有毒有害气体检测； 4. 核实水套炉应处于温炉状态； 5. 通知计转站打开进站阀门； 6. 记录开井前相关参数(油压、套压)； 7. 按先低压后高压的顺序倒通生产流程； 8. 如果是掺稀井需提前倒通掺稀流程，确保掺稀稳定	确认开井通知，落实工作制度，倒通生产流程	1. 未核实井号，确认工作制度扣2分； 2. 未劳保穿戴不整齐扣5分； 3. 未观察风向，确认有毒有害气体检测扣5分； 4. 未对井场加热炉进行温炉扣2分； 5. 未通知计转站打开进站阀门扣10分； 6. 未记录开井前参数扣1分； 7. 未按先低压后高压的顺序倒通生产流程扣5分，顺序错扣2分； 8. 未口述掺稀井未提前掺稀扣3分	15		

续表

序号	考核内容	操作规程	评分要素	评分标准	配分	扣分	得分
3	开井前检查	1. 检查螺杆泵驱动装置是否完好，支架及各部件连接紧固，齿轮油视窗刻度清晰可见，液位是否在1/3～1/2之间，油质未变色、浑浊，呼吸帽是否固定牢靠，放油丝堵是否紧固且没有渗漏现象； 2. 电动机皮带有无老化断裂，皮带轮是否紧固，松紧度是否合适，皮带护罩是否完好紧固，静电接地是否接地可靠，电缆是否完好有无破损裸露； 3. 检查光杆方卡子是否牢固，防护网安装是否牢固，光杆上方光余不得超过0.5m； 4. 开启双闸板防喷器半封，调整盘根压帽松紧； 5. 用试电笔对一级配电柜验电，确认安全后戴绝缘手套打开柜门侧身合闸送电，确认供电系统是否正常； 6. 用试电笔对变频启动柜验电，确认安全后带绝缘手套打开柜门，侧身合闸送电，确认供电系统、继电器、仪表等是否正常； 7. 启动前确保调速旋转按钮归零后在启动	根据“看、听、摸、查、嗅”五字检查法做螺杆泵开井前检查	1. 未检查螺杆泵驱动装置各连接部位是否正常扣5分，少一处扣2分，未检查齿轮油液位扣2分，呼吸帽、放油丝堵未检查扣2分； 2. 未检查电动机皮带扣2分、未检查皮带轮、护罩扣2分，未检查静电接地、电缆扣2分； 3. 未检查光杆方卡子扣2分，未检查防护网、光杆余量扣2分； 4. 未检查套管低压阀扣3分； 5. 未打开双闸板防喷器半封扣10分，未调整盘根压帽松紧扣3分； 6. 未验电扣3分，未戴绝缘手套接触柜门扣3分，未侧身合闸扣3分，未检查供电系统扣3分； 7. 未验电扣3分，未戴绝缘手套接触柜门扣3分，未侧身合闸扣3分，未检查供电系统扣3分，未检查仪表是否正常扣3分，未检查继电器扣3分； 8. 未调整旋转按钮归零扣10分	25		

续表

序号	考核内容	操作规程	评分要素	评分标准	配分	扣分	得分
4	启动螺杆泵操作	1. 确定井口周边无障碍物； 2. 旋转启动按钮启动螺杆泵并调整规定频率； 3. 记录开井时间	正确启动螺杆泵	1. 未检查周边无障碍物扣3分； 2. 不会启动螺杆泵扣5分，未调整工作频率的扣5分； 3. 未记录开井时间扣2分	10		
5	开井后检查	1. 检查减速箱是否有异常声响及渗漏； 2. 检查电动机是否震动，温度是否正常； 3. 检查机组运转电流是否正常或震动过大； 4. 检查过载保护值是否是运行电流的1.2~1.5倍； 5. 检查井口压力、温度、检查有无出液； 6. 盘根盒松紧是否合适，光杆是否按照标注的箭头方向转动； 7. 检查井口密封是否可靠，地面生产流程有无“跑、冒、滴、漏”现象； 8. 记录开井后生产参数； 9. 核实产量	启泵后的各项检查	1. 未检查减速箱是否有异响及渗漏扣3分； 2. 未检查电动机温度、震动扣3分； 3. 未检查机组电流扣5分，测电流方法不正确扣5分，未戴绝缘手套持钳形电流表测量扣3分； 4. 未检查过载保护值扣3分； 5. 未检查井口压力、温度、出液情况扣5分，漏一处扣2分； 6. 未检查盘根盒松紧扣2分，未检查光杆旋转方向扣5分； 7. 未检查地面生产流程有无“跑、冒、滴、漏”现象扣3分； 8. 未记录开井后生产参数扣5分，少1项扣1分； 9. 未核实产量扣3分	20		
6	停螺杆泵操作	1. 验电确认安全，先将调速旋转按钮慢慢调零后，再转动停止按钮； 2. 侧身拉闸断电，观察光杆是否反转； 3. 记录停机时间； 4. 用试电笔对一级配电柜验电，确认安全后戴绝缘手套开柜门侧身拉闸断电	严格按照停泵的先后顺序操作	1. 不会停机扣5分，未调整旋转调速按钮扣10分； 2. 未验电扣5分，未戴绝缘手套接触柜门扣3分，未侧身拉闸断电扣3分； 3. 未记录停机时间扣2分； 4. 未验电扣5分，未戴绝缘手套接触柜门扣5分；未侧身拉闸断电扣5分	10		

续表

序号	考核内容	操作规程	评分要素	评分标准	配分	扣分	得分
7	关井操作	1. 关闭双闸板防喷器半封(掺稀井需用稀油处理井筒)； 2. 关闭套管外侧阀门(掺稀井提前通知计转站停止掺稀)，关闭立管阀门； 3. 稠油井需扫线，作业完毕后关闭回压阀门； 4. 通知计转站关闭进站阀门	严格按照规范操作	1. 未关闭双闸板防喷器半封扣10分；未口述掺稀井需用稀油处理井筒扣3分； 2. 未关闭套管外侧阀门扣5分；掺稀井未提前通知计转站停止掺稀扣10分，未关闭立管阀门扣5分； 3. 未口述螺杆泵扫线扣3分，扫线后未关闭回压阀门扣5分； 4. 关井后未通知计转站关闭进站阀门扣5分	10		
8	填写报表，清理场地	1. 将相关数据填入班报表； 2. 清洁现场，收拾工具	规范填写报表、收拾工具，清洁场地	1. 未填写报表扣5分，漏一项扣2分； 2. 未清理现场扣5分，工具少收一件扣2分	5		
9	安全文明操作	1. 遵守国家或企业有关安全规定； 2. 操作过程中严格遵守“四不伤害”原则	遵守国家或企业有关安全规定	1. 每违反一项规定，从总分中扣5分； 2. 因操作不当造成人身伤害，从总分中扣20分； 3. 严重违规取消考核			
备注							
合　计					100		

考评员：　　　　　　　　核分员：　　　　　　　　年　月　日

四十六、采油树及井口装置注密封脂操作

1. 考核要求

(1) 必须穿戴劳动保护用品。
(2) 工具、用具准备齐全，正确使用。
(3) 操作规程符合安全文明操作。
(4) 按规定完成操作项目，质量达到技术要求。
(5) 操作完毕，做到“工完、料净、场地清”。

2. 准备要求

(1) 设备准备：

序 号	名 称	规 格	数 量	备 注
1	采油树	105MPa、70MPa、35MPa、25MPa	1 口	
2	注脂枪		1 把	

(2) 材料准备：

序 号	名 称	规 格	数 量	备 注
1	大布		若干	
2	手套		1 副	
3	密封脂	耐油密封脂	若干	1kg/盒

(3) 工具、用具准备：

序 号	名 称	规 格	数 量	备 注
1	报表		1 张	
2	记录笔		1 支	
3	活动扳手	300mm、375mm	各 1 把	

（4）气防设施：

序 号	名 称	规 格	数 量	备 注
1	硫化氢检测仪		1 台	适用于含硫井
2	正压式空气呼吸器		1 套	适用于含硫井
3	备用气瓶		1 个	

3. 操作程序说明

1）检查

（1）检查注脂枪，附件齐全完好，液压油不少于 2/3，泵灵活好用，密封脂不少于 2/3，不足时及时加密封脂。

（2）检查采油树各法兰、阀门完好无渗漏，阀门开关灵活（视生产情况打开或关闭阀门到位，切断注脂腔体与油气流腔体之间的联系）。

（3）注脂前了解采油树结构、井身结构及参数。

2）注密封脂操作

（1）记录油井参数（油压、套压）。

（2）人站侧面用活动扳手缓慢卸下注脂阀帽，拆卸过程中有刺、漏现象，停止操作，重新上紧该注脂阀帽，及时记录、上报。

（3）将注脂枪头连接到注脂阀上。

（4）开始注密封脂，阀门打压至 15MPa，法兰打压至 20MPa（注脂量达到 1kg 时），注脂枪压力表压力下降缓慢或不下降时，停止注脂。

（5）静止 5min，待注脂阀内钢球回座后，泄压。

（6）卸掉注脂枪头，并用大布包裹住枪头。

（7）注脂阀擦拭干净，上紧注脂阀帽。

（8）依次对采油树各法兰、阀门注脂阀注密封脂。

3）填写班报表，清理场地

（1）填写报表（填写密封脂型号、注脂部位、注脂量、注脂压力、注脂时间）。

（2）打扫卫生，收拾工具、用具。

4. 考核规定说明

（1）如发现操作过程中可能发生重大违章（如人身伤害、环境污染、设备损坏等），将终止操作。

（2）考核采用百分制，考核项目得分按鉴定比重进行折算。

（3）考核方式说明：本项目为实际操作题，考核过程按评分标准及操作过程进行评分。

（4）考评技能说明：本项目主要测试考生对采油树及井口装置注密封脂技能掌握的熟练程度。

5. 考核时限

（1）准备工作：1min（不计入考核时间）。
（2）正式操作时间：15min（1个阀门注脂时间）。
（3）提前完成操作不加分，到时终止操作考核。

6. 评分记录表

采油树及井口装置注密封脂操作评分记录表

操作时间：15min　　考生：　　操作用时：

序号	考核内容	操作规程	评分要素	评分标准	配分	扣分	得分
1	准备	1. 穿戴好劳动保护用品； 2. 准备工具用具：大布、手套、注脂枪、密封脂、活动扳手、报表、笔、井身结构图	准备工具、量具、用具	1. 劳动保护用品穿戴不规范扣5分； 2. 未准备工具及材料扣5分，多、少准备一件扣1分	5		
2	气防检查	1. 观察风向，对现场进行有毒有害气体检测； 2. 佩戴正压式空气呼吸器	根据检测数据判断是否佩戴正压式空气呼吸器（大于20ppm）	1. 未观察风向扣5分； 2. 未检测现场有毒有害气体扣10分； 3. 大于20ppm时未佩戴正压式空气呼吸器，终止操作	10		
3	检查	1. 检查注脂枪，附件齐全完好，液压油不少于2/3，泵灵活好用；密封脂不少于2/3，不足时及时加密封脂； 2. 检查采油树各法兰、阀门完好无渗漏，阀门开关灵活（视生产情况打开或关闭阀门到位，切断注脂腔体与油气流腔体之间的联系）； 3. 注脂前了解井身结构	对采油树各阀门、法兰进行检查，确认生产安全，检查注脂枪确认完好	1. 未检出注脂抢扣5分 2. 未检查井口各阀门、法兰有无异常扣5分； 3. 未检查各阀门开关状态扣5分。阀门未全开或全关扣5分； 4. 未检查各注脂孔扣5分； 5. 注脂前未了解井身结构扣10分，不会看井身结构图扣5分	25		

续表

序号	考核内容	操作规程	评分要素	评分标准	配分	扣分	得分
4	注密封脂	1. 记录油井参数（油压、套压）； 2. 人站侧面用活动扳手缓慢卸下注脂阀帽，拆卸过程中有刺、漏现象，停止操作，重新上紧该注脂帽，及时记录、上报； 3. 将注脂枪头连接到注脂阀上； 4. 开始注密封脂，阀门打压至 15MPa、法兰打压至 20MPa（注脂量达到 1kg 时），注脂枪压力表压力下降缓慢或不下降时，停止注脂； 5. 静置 5min，待注脂阀内钢球回座后，泄压； 6. 卸掉注脂枪头，并用大布包裹住枪头； 7. 注脂孔擦拭干净，上紧注脂帽； 8. 依次对采油树各法兰、阀门注脂阀注密封脂	正确使用注脂枪对采油树各法兰、阀门进行注密封脂操作	1. 未记录参数少一项扣 2 分； 2. 卸注脂阀帽发生刺漏未采取措施扣 10 分； 3. 注脂枪头与注脂阀连接处发生刺漏扣 5 分； 4. 注脂量不够扣 10 分；不会判断是否注够量扣 5 分； 5. 注脂后未静止 5 分钟卸注脂枪头扣 5 分； 6. 注脂后未先泄压，卸注脂枪头停止操作； 7. 未擦拭注脂阀上的密封脂扣 5 分；未包裹注脂枪头扣 5 分 8. 未上紧注脂阀帽扣 5 分； 9. 阀门、法兰漏注密封脂一处扣 10 分	50		
5	清理场地，填写报表	1. 清洁现场、收拾工具、用具并清洁； 2. 填写报表	填写班报表，收拾工具并清洁，清洁场地	1. 未清理现场扣 5 分，工具少收一件扣 2 分； 2. 未填写报表扣 5 分，漏填、错填一处扣 2 分	10		
6	安全文明操作	1. 遵守国家或企业有关安全规定； 2. 操作过程中严格遵守“四不伤害”原则	遵守国家或企业有关安全规定	1. 每违反一项安全规定，从总分中扣 5 分； 2. 工具使用不当一次扣 2 分，最多扣 8 分； 3. 因操作不当造成人身伤害、环境污染、设备损坏，从总分中扣 20 分； 4. 严重违规终止操作			
备注							
合计					100		

考评员： 核分员： 年 月 日

四十七、水套炉自动温控装置检查及投用操作

1. 考核要求

(1) 必须穿戴劳动保护用品。
(2) 工具、用具准备齐全，正确使用。
(3) 操作规程符合安全操作。
(4) 按规定完成操作项目，质量达到技术要求。
(5) 操作完毕，做到“工完、料净、场地清”。

2. 准备要求

(1) 设备准备：

序号	名称	规格	数量	备注
1	加热炉		1台	
2	加热炉温控系统		1套	

(2) 材料准备：

序号	名称	规格	数量	备注
1	大布		若干	
2	手套		1副	

(3) 工具、用具准备：

序号	名称	规格	数量	备注
1	绝缘手套		1副	
2	试电笔		1支	
3	报表		1张	
4	记录笔		1支	

(4) 气防设施：

序号	名称	规格	数量	备注
1	硫化氢检测仪		1台	适用于含硫井
2	正压式空气呼吸器		1套	适用于含硫井
3	备用气瓶		1个	

3. 操作程序说明

1）检查加热炉及温控装置

（1）加热炉温度合适（正常投用的加热炉），符合生产要求。

（2）检查加热炉流程正确，无“跑、冒、滴、漏”现象，加热炉周围无易燃物。

（3）检查加热炉液位在 1/2～2/3 之间。

（4）检查加热炉安全附件齐全、完好，在有效期内。

（5）检查加热炉温控装置控制柜通电状态。

（6）记录参数。

2）设定上下限温度

（1）进入常规参数设定画面进行参数设定。

（2）根据生产指令设定：炉体温度上下限、出口温度停炉值、出口低温重启值。

3）启动操作

在“控制画面”中按“启动”按钮。此时“运行”指示灯亮（绿），并闪烁，等待即刻。

4）运行

（1）自动控制：燃烧器进入正常燃烧状态后自动执行炉体温度控制，“自动”指示灯亮，“自动/手动”切换按钮显示“自动控制”。

（2）软手动控制：在自动控制状态时，在控制画面按“自动/手控”切换按钮，在弹出的确认对话框按确认后，即可切换到软手动控制。

（3）切换到软手动控制后，“自动”指示灯灭，“自动/手动”切换按钮显示“软手控制”。同时控制画面出现“+”“-”提火与降火按钮。

（4）每按一次“+”提火按钮，电动调节阀自动增加 1%的开度；每按一次“-”降火按钮，电动调节阀自动减小 1%的开度。阀位越大，火越大，负荷越高；阀位越小，火越小，负荷越低。

注：软手控制时，阀位应缓慢提高，不应急提火急降火。

5）停止

（1）在“控制画面”中按“停止”按钮即可停止燃烧器的运行，燃烧器停机后自动关闭主电磁阀，关闭调节阀。

（2）燃烧器长时间停机时应关闭主气阀，停止燃气的供应，同时断开系统的电源。长期停炉需放水。

6）填写班报表，清理场地

（1）打扫卫生、收拾工具、用具。

（2）填写报表。

4. 考核规定说明

（1）如发现操作过程中可能发生重大违章（如人身伤害、环境污染、设备损坏等），将终止操作。

（2）考核采用百分制，考核项目得分按鉴定比重进行折算。

(3) 考核方式说明：本项目为实际操作题，考核过程按评分标准及操作过程进行评分。

(4) 考评技能说明：本项目主要测试考生对水套炉自动温控装置检查及投用技能掌握程度。

5. 考核时限

(1) 准备工作：1min（不计入考核时间）。

(2) 正式操作时间：10min。

(3) 提前完成操作不加分，到时终止操作考核。

6. 评分记录表

水套炉自动温控装置检查及投用操作评分记录表

操作时间：10min　　　　考生：　　　　操作用时：

序号	考核内容	操作规程	评分要素	评分标准	配分	扣分	得分
1	准备	1. 穿戴好劳动保护用品； 2. 准备工具用具：大布、手套、绝缘手套、试电笔、报表、记录笔	准备工具、量具、用具	1. 劳动保护用品穿戴不规范扣5分； 2. 未准备工具及材料扣5分，多、少准备一件扣1分	5		
2	气防检查	1. 观察风向，对现场进行有毒有害气体检测； 2. 佩戴正压式空气呼吸器（含硫化氢井）	根据检测数据判断是否佩戴正压式空气呼吸器（大于20ppm）	1. 未观察风向扣5分； 2. 未检测现场有毒有害气体扣10分； 3. 大于20ppm时未佩戴正压式空气呼吸器，终止操作	10		
3	检查加热炉及温控装置	1. 加热炉温度合适（正常投用的加热炉），符合生产要求； 2. 检查加热炉流程正确，无跑冒滴漏现象，加热炉周围如易燃物； 3. 检查加热炉液位在1/2~2/3之间；检查干气压力； 4. 检查加热炉附件，完好，在有效期内； 5. 检查加热炉温控装置控制柜通电； 6. 记录参数（进出口压力、炉温、出温）	掌握加热炉投用前检查内容	1. 未检查炉温扣5分； 2. 未检查流程及跑冒滴漏现场扣5分； 3. 未检查确认干气供气阀门情况扣5分； 4. 未检查加热炉液位扣5分； 5. 未检查各附件完好情况扣5分； 6. 未检查控制柜通电情况扣5分； 7. 未记录参数扣5分	20		

续表

序号	考核内容	操作规程	评分要素	评分标准	配分	扣分	得分
4	设定上下限温度	1. 进入常规参数设定画面进行参数设定； 2. 根据生产指令设定：炉体温度上限、炉体温度下限、出口温度停炉值、出口低温重启值	掌握参数设定操作	1. 不会参设定该项不得分； 2. 参数设定错误扣 10 分； 3. 少设定参数一项扣 5 分	20		
5	启动、运行操作	1. 在“控制画面”中按“启动”按钮；此时“运行”指示灯亮(绿)，并闪烁，等待即刻； 2. 自动控制：燃烧器进入正常燃烧状态后自动执行炉体温度控制，“自动”指示灯亮，“自动/手动”切换按钮显示“自动控制”； 3. 软手动控制：在自动控制状态时，在控制画面按“自动/手控”切换按钮，在弹出的确认对话框按确认对话框按确认后，即可切换到软手动控制(口述：软手控制时，阀位应缓慢提高，不应急提火急降火)	掌握加热炉自动点火装置启动操作	1. 不会启动操作该项不得分； 2. 不会自动/手动转换扣 5 分； 3. 软手控制时急提急降火扣 10 分	20		
6	停止操作	1. 在“控制画面”中按“停止”按钮即可停止燃烧器的运行，燃烧器停机后自动关闭主电磁阀，关闭调节阀； 2. 燃烧器长时间停机时应关闭主气阀，停止燃气的供应，同时断开系统的电源	掌握加热炉温控装置停止操作	1. 不会温控系统停止操作该项不得分； 2. 长时间停炉未关闭主供气阀扣 5 分； 3. 长时间停炉未关闭电源扣 5 分	15		

续表

序号	考核内容	操作规程	评分要素	评分标准	配分	扣分	得分
7	清理场地，填写报表	1. 清洁现场、收拾工具、用具并清洁； 2. 填写报表	填写班报表，收拾工具并清洁，清洁场地	1. 未清理现场扣5分，工具少收一件扣2分； 2. 未填写报表扣5分	10		
8	安全文明操作	1. 遵守国家或企业有关安全规定； 2. 操作过程中严格遵守“四不伤害”原则	遵守国家或企业有关安全规定	1. 每违反一项规定，从总分中扣5分； 2. 因操作不当造成人身伤害、环境污染、设备损坏，从总分中扣20分； 3. 严重违规终止操作			
备注							
合　计					100		

考评员：　　　　　　　　　　核分员：　　　　　　　　　　年　月　日

四十八、多功能储集器启停操作

1. 考核要求

（1）必须穿戴劳动保护用品。
（2）工具、用具准备齐全，正确使用。
（3）操作规程符合安全文明操作。
（4）按规定完成操作项目，质量达到技术要求。
（5）操作完毕，做到“工完、料净、场地清”。

2. 准备要求

（1）设备准备：

序　号	名　称	规　格	数　量	备　注
1	多功能储集器流程		1 套	

（2）材料准备：

序　号	名　称	规　格	数　量	备　注
1	手套		1 副	
2	笔		1 支	
3	报表		1 份	
4	大布		2 块	
5	生料带		1 卷	

（3）工具、用具准备：

序　号	名　称	规　格	数　量	备　注
1	F 扳手		1 把	
2	活动扳手	300mm	1 把	
3	平口起子	300mm	1 把	
4	开口扳手	12 ~ 14/17 ~ 19	各 1 把	

（4）气防设施准备：

序　号	名　称	规　格	数　量	备　注
1	硫化氢检测仪		1 台	适合于含硫井
2	正压式空气呼吸器		1 套	适合于含硫井
3	备用气瓶		1 个	

3. 操作程序说明

1）操作前检查

（1）必须做好自身防护工作，劳保必须穿戴整齐。

（2）观察风向，对现场进行有毒有害气体检测。

（3）检查多功能储集器各阀门是否灵活好用，且处于关闭状态。

（4）检查安全阀是否校验合格，在有效期内。

（5）检查干气补压是否满足要求（>0.06MPa），并点燃长明火。

（6）检查放空自力调节阀是否满足生产要求。

（7）检查放空火炬阻火器是否满足生产（是否有阻火芯子、密封完好）。

（8）检查防火设施是否完好（消防器材、防火墙）。

（9）检查地面流程是否符合生产要求。

（10）检查多功能罐周围20m内是否存放易燃物，场地平整、清洁。

（11）检查确认现场仪器、仪表、液位显示是否与中控室数据保持一致。

2）投运操作

（1）确认多功能储集器安全阀根部阀处于完全开启状态。

（2）打开多功能储集器放空自力调节阀前后阀门。

（3）打开多功能储集器阻火器前后阀门（直通）。

（4）打开多功能储集器进油阀门。

（5）记录投运时间及各项参数。

3）投运后检查

（1）确认储集器进油声音正常。

（2）确认储集器各链接部分无"跑、冒、滴、漏"。

（3）确认放空自力调节阀能自动开启（0.1MPa），且放空火炬燃烧正常。

（4）确认设备仪器仪表运行参数正常，且与监控中心远程数据相匹配（液位、压力、温度）。

4）填写报表，清理场地

（1）将相关数据填入班报表。

（2）清洁现场，收拾工具。

4. 考核规定说明

（1）如发现操作过程中可能发生重大违章（如人身伤害、环境污染、设备损坏等），将终止操作。

（2）考核采用百分制，考核项目得分按鉴定比重进行折算。

（3）考核方式说明：本项目为实际操作题，考核过程按评分标准及操作过程进行评分。

（4）考评技能说明：本项目主要测试考生对多功能储集器启停技能熟练程度。

5. 考核时限

（1）准备工作：1min（不计入考核时间）。

（2）正式操作时间：15min。

（3）提前完成操作不加分，到时终止操作考核。

6. 评分记录表

多功能储集器启停操作评分记录表

操作时间：15min　　　　考生：　　　　操作用时：

序号	考核内容	操作规程	评分要素	评分标准	配分	扣分	得分
1	准备	1. 穿戴好劳动保护用品； 2. 准备工具：手套、笔、报表、大布、生料带、F扳手、活动扳手、开口扳手、硫化氢检测仪、正压式空气呼吸器	准备工具、用具	1. 劳保穿戴不整齐扣5分； 2. 未准备工具及材料扣5分，多、少准备一件扣2分	5		
2	操作前检查	1. 必须做好自身防护工作，劳保必须穿戴整齐； 2. 观察风向，对现场进行有毒有害气体检测； 3. 检查多功能储集器各阀门是否灵活好用，且处于关闭状态； 4. 检查安全阀校验合格，并在有效期内； 5. 检查干气补压是否满足要求（>0.06MPa），并点燃长明火； 6. 检查放空自力调节阀是否完好； 7. 检查放空火炬阻火器是否满足生产（是否有阻火芯子、密封完好）； 8. 检查防火设施是否完好（消防器材、防火墙）； 9. 检查地面流程是否符合生产要求； 10. 检查多功能罐周围20m内是否存放易燃物，场地平整、清洁； 11. 检查确认现场仪器、仪表、液位显示是否与中控室数据保持一致	根据多功能储集器投运前检查内容逐步检查	1. 不检测有毒有害气体扣5分； 2. 不观察风向扣5分； 3. 各阀门检查少一处扣2分，不检查扣10分； 4. 不检查安全阀是否校验扣5分；未检查是否在有效期内扣5分； 5. 不清楚补压压力范围扣5分、不检查长明火扣2分； 6. 不检查自力调节阀扣5分； 7. 防火设施不检查扣5分，检查不到位扣2分； 8. 不确认地面流程扣10分； 9. 未检查阻火器及附件扣5分； 10. 不检查井场无易燃物、场地、清洁扣5分； 11. 不确认参数扣10分	40		

续表

序号	考核内容	操作规程	评分要素	评分标准	配分	扣分	得分
3	投运操作	1. 打开多功能储集器安全阀根部阀； 2. 打开多功能储集器放空自力调节阀前后阀门； 3. 打开多功能储集器阻火器前后阀门(直通)； 4. 打开多功能储集器进油阀门	严格按照多功能储集器投运操作	1. 未打开安全阀根部阀扣10分； 2. 未打开自力调节阀前后阀门终止操作； 3. 未打开阻火器前后阀门终止操作； 4. 未打开储集器进油阀门终止操作	25		
4	投运后检查	1. 确认储集器进油声音正常； 2. 确认储集器各链接部分无“跑、冒、滴、漏”； 3. 确认放空自力调节阀能自动开启(0.1MPa)，且放空火炬能正常燃烧； 4. 确认设备仪器仪表运行参数正常，且与监控中心远程数据相匹配(液位、压力、温度)	根据多功能储集器投运后前检查内容逐步检查	1. 未确认储集器进油声音正常扣5分； 2. 未确认储集器各链接部分无“跑、冒、滴、漏”扣5分； 3. 未确认自力阀是否开启扣5分，火炬是否燃烧正常扣5分； 4. 不确认仪器仪表参数扣10分	20		
5	填写报表，清理场地	1. 将相关数据填入班报表； 2. 清洁现场，收拾工具	规范填写报表、收拾工具、清洁场地	1. 不填写报表扣5分，少一项扣2分； 2. 未清理现场扣5分，工具少收一件扣2分	10		
6	安全文明操作	1. 遵守国家或企业有关安全规定； 2. 操作过程中严格遵守“四不伤害”原则	遵守国家或企业有关安全规定	1. 每违反一项规定，从总分中扣5分； 2. 因操作不当造成人身伤害、环境污染、设备损坏，从总分中扣20分； 3. 严重违规终止操作			
备注							
合　计					100		

考评员：　　　　核分员：　　　　年　月　日

高级工

四十九、抽油机调冲程操作

1. 考核要求

（1）必须穿戴劳动保护用品。
（2）工具、量具、用具准备齐全，正确使用。
（3）操作规程符合安全文明操作。
（4）按规定完成操作项目，质量达到技术要求。
（5）操作完毕，做到“工完、料净、场地清”。

2. 准备要求

（1）设备准备：

序 号	名 称	规 格	数 量	备 注
1	14 型抽油机		1 套	

（2）材料准备：

序 号	名 称	规 格	数 量	备 注
1	报表		1 张	
2	记录笔		1 支	
3	大布		2 块	
4	手套		4 副	
5	砂纸	280~320 目	4 张	除锈
6	润滑脂		1 桶	防锈

（3）工具、用具准备：

序 号	名 称	规 格	数 量	备 注
1	活动扳手	300mm、450mm	各 1 把	
2	榔头	8kg	1 把	
3	手钳子	8in	1 把	
4	撬杠	600mm	1 根	
5	安全绳		1 根	
6	安全带		1 副	
7	试电笔		1 支	

续表

序　号	名　称	规　格	数　量	备　注
8	绝缘手套		1只	
9	禁止合闸警示牌		1块	
10	铜棒	300mm	1根	
11	画笔		1支	

3. 操作程序说明

1）停机

（1）正确使用防护用品，确认用电安全。

（2）停机，将曲柄运转至水平下方45°（曲柄在井口一侧），刹死刹车。

（3）打好安全销。

2）预松曲柄销

（1）穿戴好安全带，做到“高挂低用”。

（2）卸下冕型螺帽防退扣压板锁紧装置。

（3）用大锤预松两侧曲柄冕形螺母，要求4~5扣。

（4）敲击曲柄销（着力点冕形螺母），使曲柄销在冲程孔中有明显轴向移动。

3）确定停机位置、安装支架

（1）打开安全销。

（2）检查周围有无障碍物，确认安全后启动抽油机。

（3）观察曲柄运行位置，停机，将游梁运转至水平略低的位置，刹紧刹车。

（4）挂好安全带，安装游梁支撑杆，并锁紧。

4）调整冲程

（1）使用砂纸、大布对待调衬套孔进行除锈、清洁、涂抹黄油保养。

（2）卸下两侧冕形螺帽。

（3）将两侧连杆、曲柄销装置取出（口述：调整冲程孔如无曲柄衬套则将现衬套拆取并按装）。

（4）检查曲柄轴，确认丝扣完好、轴面无磨损并涂油保养。

（5）松刹车，盘皮带，微调曲柄冲程孔角度，使曲柄销对正预调冲程孔。

（6）将两侧曲柄销装入预调冲程孔内，并预紧冕形螺母。

（7）用大锤紧固两侧冕形螺帽，上紧压盖锁紧防退装置，画好安全线。

（8）清洁、保养原冲程孔，待用。

（9）将支撑杆恢复原位，待用。

5）启抽生产

（1）检查抽油机四周是否有障碍物。

（2）验电确认配电柜外壳安全，摘警示牌，侧身合闸送电。

（3）用试电笔检测启动柜外壳安全，戴绝缘手套打开启动柜门。

（4）缓慢松开抽油机刹车，利用惯性启动抽油机。

(5) 检查抽油机运行状态，确认安全运行。

(6) 记录启抽时间。

6) 填写报表，场地清理

(1) 填写报表。

(2) 清洁现场，收拾工具，做好相应记录。

4. 考核规定说明

(1) 如发现操作过程中可能发生重大违章(如人身伤害、环境污染、设备损坏等)，将终止操作。

(2) 考核采用百分制，考核项目得分按鉴定比重进行折算。

(3) 考核方式说明：本项目为实际操作题，考核过程按评分标准及操作过程进行评分。

(4) 考评技能说明：本项目主要测试考生对抽油机调冲程技能掌握的熟练程度。

5. 考核时限

(1) 准备工作：1min(不计入考核时间)。

(2) 正式操作时间：45min。

(3) 提前完成操作不加分，到时停止操作考核。

6. 评分记录表

抽油机调冲程操作评分记录表

操作时间：45min　　考生：　　操作用时：

序号	考核内容	操作规程	评分要素	评分标准	配分	扣分	得分
1	准备	1. 穿戴好劳动保护用品； 2. 准备工具：报表、记录笔、大布、手套、砂纸、润滑脂、活动扳手、榔头、手钳子、撬杠、安全绳、安全带、试电笔、绝缘手套、禁止合闸警示牌、铜棒、画笔	准备工具、用具	1. 劳保穿戴不整齐扣5分； 2. 未准备工具及材料扣5分，多、少准备一件扣2分	5		
2	停机	1. 正确使用防护用品，确认用电安全； 2. 停机，将曲柄运转至水平下方45°(曲柄在井口一侧)，刹死刹车； 3. 打好安全销	停机操作曲柄位置到位，遵守安全操作规定	1. 未正确使用防护用品一处扣3分； 2. 未验电扣3分，未摘警示牌扣2分，未戴绝缘手套扣3分，未侧身合闸送电扣5分； 3. 停机位置不合适一次扣3分，未拉紧刹车、溜车扣5分； 4. 未打好安全销终止操作	10		

续表

序号	考核内容	操作规程	评分要素	评分标准	配分	扣分	得分
3	预松曲柄销	1. 穿戴好安全带，做到“高挂低用”； 2. 卸下冕型螺帽防退扣压板锁紧装置； 3. 用大锤预松两侧曲柄冕形螺母，要求4~5扣； 4. 敲击曲柄销（着力点冕形螺母），使曲柄销在冲程孔中有明显轴向移动	拆卸压盖，退去冕形螺母，松动曲柄销。	1. 未系安全带扣10分； 2. 未徒手使用大锤一次扣3分，打滑一次扣2分； 3. 未确认曲柄销有明显轴向移动扣5分	15		
4	确定停机位置安装支架	1. 打开安全销； 2. 检查周围有无障碍物，确认安全后启动抽油机； 3. 观察曲柄运行位置，停机，将游梁运转至水平略低的位置，刹紧刹车； 4. 挂好安全带，安装游梁支撑杆，并锁紧	停机操作游梁位置到位，遵守安全操作规定	1. 未打开安全销扣5分； 2. 未检查障碍物扣2分，未正确使用防护用品一处扣3分； 3. 停机位置不合适一次扣3分，未拉紧刹车、溜车扣5分； 4. 高空作业未系好安全带扣10分（高挂低用），游梁支撑杆未锁紧扣10分	20		
5	调整冲程	1. 使用砂纸、大布对待调衬套、孔进行除锈、清洁、涂抹黄油保养； 2. 卸下两侧冕形螺帽； 3. 将两侧连杆、曲柄销装置取出（口述：调整冲程孔如无曲柄衬套则将现衬套拆取并按装）； 4. 检查曲柄轴，确认丝扣完好、轴面无磨损并涂油保养； 5. 松刹车，盘皮带，微调曲柄冲程孔角度，使曲柄销对正预调冲程孔； 6. 将两侧曲柄销装入预调冲程孔内，并预紧冕形螺母； 7. 使用大锤紧固两侧冕形螺帽，上紧压盖锁紧防退装置，画好安全线； 8. 清洁、保养原冲程孔，待用； 9. 将支撑杆恢复原位，待用	规范调整	1. 未对衬套、孔进行除锈、清洁、涂抹黄油保养，一处扣2分； 2. 卸冕形螺帽损坏丝扣5分，掉落扣3分； 3. 连杆、曲柄销装置拆、装过程中造成丝扣损伤扣5分，未口述扣3分； 4. 未检查、保养轴面扣3分； 5. 手握皮带扣5分； 6. 大锤使用使用不当，一次扣3分； 7. 未上紧压盖锁紧装置扣5分，未画好安全线扣5分； 8. 未清洁、保养原冲程孔扣5分； 9. 未将支撑杆恢复原位或固定不牢靠扣5分	30		

续表

序号	考核内容	操作规程	评分要素	评分标准	配分	扣分	得分
6	启抽生产	1. 检查抽油机四周是否有障碍物； 2. 验电确认配电柜外壳安全，摘警示牌，侧身合闸送电； 3. 用试电笔检测启动柜外壳安全，戴绝缘手套打开启动柜门； 4. 缓慢松开抽油机刹车，利用惯性启动抽油机； 5. 检查抽油机运行状态，确认安全运行； 6. 记录启抽时间	设备及时保养	1. 未检查障碍物扣3分； 2. 未验电扣3分，未摘警示牌扣2分，未戴绝缘手套扣3分，未侧身合闸送电扣5分； 3. 未利用惯性启动抽油机扣3分； 4. 未检查抽油机运行状态扣5分； 5. 未记录启抽时间扣3分	15		
7	填写报表，场地清理	1. 规范填写报表； 2. 清洁现场，收拾工具	收拾工具，清洁场地	1. 未填写报表扣5分，漏一项扣2分； 2. 未清理现场扣5分，工具少收一件扣2分	5		
8	安全文明操作	1. 遵守国家或企业有关安全规定； 2. 操作过程中严格遵守“四不伤害”原则	遵守国家或企业有关安全规定	1. 每违反一项规定，从总分中扣5分； 2. 因操作不当造成人身伤害、环境污染、设备损坏，从总分中扣20分； 3. 严重违规终止操作			
备注							
合　计					100		

考评员：　　　　核分员：　　　　年　月　日

五十、抽油机碰泵操作

1. 考核要求

(1) 必须穿戴劳动保护用品。
(2) 工具、量具、用具准备齐全，正确使用。
(3) 操作规程符合安全文明操作。
(4) 按规定完成操作项目，质量达到技术要求。
(5) 操作完毕，做到“工完、料净、场地清”。

2. 准备要求

(1) 设备准备：

序 号	名 称	规 格	数 量	备 注
1	抽油机		1 台	

(2) 材料准备：

序 号	名 称	规 格	数 量	备 注
1	大布		1 块	
2	手套		1 副	
3	砂纸		1 张	
4	画笔		1 支	
5	黄油		1 桶	

(3) 工具、用具准备：

序 号	名 称	规 格	数 量	备 注
1	活动扳手	300mm	1 把	
2	活动扳手	375mm	1 把	
3	管钳	600mm	1 把	
4	方卡子		1 副	与光杆同型号
5	平板锉刀		1 把	
6	钢板尺		1 把	

续表

序 号	名 称	规 格	数 量	备 注
7	绝缘手套		1只	
8	试电笔		1支	
9	笔		1支	
10	报表		1本	
11	警示牌		1块	
12	榔头		1把	

3. 操作程序说明

1）停抽油机

（1）用试电笔检测启动柜外壳，确认安全，戴绝缘手套打开启动柜门。

（2）按停止按钮停抽，将抽油机驴头停在近下死点合适位置，刹紧刹车。

（3）用试电笔检测配电柜外壳，确认安全。

（4）戴绝缘手套打开配电柜门，侧身拉闸断电，关好配电柜门，挂警示牌。

（5）记录停抽时间。

（6）检查刹车锁块在行程的1/2~2/3，各部件连接完好。

2）安装卸载卡子、卸载

（1）清洁光杆，在光杆合适位置处安装卸载卡子。

（2）检查周围无障碍物。

（3）验电、摘警示牌，戴绝缘手套侧身合闸送电，验电，开启动柜门，缓慢松刹车，利用惯性启抽。

（4）将卸载方卡子坐在井口防喷盒上，把驴头载荷转移至卸载方卡子上。

（5）停抽、刹紧刹车，关启动柜门，侧身拉闸断电，挂警示牌。

3）调整防冲距

（1）检查光杆有无下滑现象。

（2）清洁光杆，用画笔在原方卡子上平面划基准线，并以基准线为准向上量取给定距离，做好标记。

（3）卸原光杆方卡子，将方卡子转移至标记处并上紧。

（4）检查周围障碍物，缓慢松刹车将载荷转移到悬绳器上。

（5）拆卸载方卡子，当卸载方卡子距离井口防喷盒100~200mm时刹紧刹车，卸掉卸载卡子。

（6）用锉刀、砂纸修复光杆毛刺，并用细纱布擦净光杆，要求防喷盒与方卡子之间缠上细纱布。

4）碰泵

（1）检查抽油机周围无障碍物，验电，摘警示牌，戴绝缘手套侧身合闸送电。

（2）验电、开启动柜门，缓慢松刹车利用惯性启抽。

（3）碰泵 3~5 次。

5）停机、卸载、调回原防冲距

（1）验电、戴绝缘手套按停止按钮将驴头停止近下死点合适位置。

（2）刹紧刹车，戴绝缘手套侧身拉闸断电，关闭柜门，挂警示牌。

（3）清洁光杆，安装卸载方卡子。

（4）检查周围无障碍物，缓慢松刹车。

（5）验电、摘除警示牌，戴绝缘手套侧身合闸送电；验电，开启动柜门，利用抽油机惯性启抽，将卸载方卡子坐在井口防喷盒上，把驴头载荷转移至卸载方卡子上，停机，刹紧刹车。

（6）戴绝缘手套侧身拉闸断电，关柜门，挂警示牌。

（7）卸方卡子，调回原防冲距并上紧。

（8）缓慢松刹车将卸载卡子载荷转移到悬绳器上，当卸载卡子距离防喷盒 100~200mm 时刹紧刹车，卸掉卸载卡子。

（9）用锉刀、砂纸修复光杆毛刺，并用细纱布擦净光杆和标记，要求防喷盒与卸载卡子之间缠上细纱布。

6）启抽

（1）检查抽油机周围无障碍物。

（2）验电、摘警示牌，戴绝缘手套侧身合闸送电，验电，开启动柜门、缓慢松刹车，利用惯性启抽，关好启动柜门。

（3）记录启抽时间。

7）启抽后检查

（1）检查抽油机运转状况。

（2）检查光杆上、下冲程有无挂碰现象，检查井口各连接处有无渗漏现象。

（3）下行近下死点时调试盘根松紧度，上行时用手背试光杆温度，光杆下行涂抹黄油。

（4）口述：通过憋压验泵、产量核实及功图等手段判断碰泵效果。

8）填写报表，现场清理

（1）将相关数据填入班报表。

（2）收拾、擦拭工具，打扫场地卫生。

4. 考核规定说明

（1）如发现操作过程中可能发生重大违章（如人身伤害、环境污染、设备损坏等），将终止操作。

（2）考核采用百分制，考核项目得分按鉴定比重进行折算。

（3）考核方式说明：本项目为实际操作题，考核过程按评分标准及操作过程进行评分。

（4）测量技能说明：本项目主要测试考生对抽油机井碰泵技能掌握的熟练程度。

5. 考核时限

(1) 准备工作：3min(不计入考核时间)。
(2) 正式操作时间：25min。
(3) 提前完成操作不加分，到时停止操作考核。

6. 评分记录表

抽油机碰泵操作评分记录表

操作时间：25min　　考生：　　操作用时：

序号	考核内容	操作规程	评分要素	评分标准	配分	扣分	得分
1	准备	1. 穿戴好劳动保护用品； 2. 准备工具：大布、手套、细砂纸、画笔、黄油、活动扳手、管钳、方卡子、平板锉刀、钢板尺、绝缘手套、试电笔、笔、报表、警示牌、榔头	准备工具、量具、用具	1. 劳保穿戴不整齐扣5分； 2. 未准备工具及材料扣5分，多、少准备一件扣2分	5		
2	停抽	1. 用试电笔检测启动柜外壳，确认安全，戴绝缘手套打开启动柜门； 2. 将抽油机驴头停在近下死点合适位置； 3. 用试电笔检测配电柜外壳确认安全； 4. 戴绝缘手套打开配电柜门，侧身拉闸断电，关好配电柜门，挂警示牌； 5. 记录停抽时间； 6. 检查刹车锁块在行程的1/2～2/3，各部件连接完好	按要求戴绝缘手套验电停抽、检查刹车系统	1. 未验电一次扣2分，未戴绝缘手套一次扣3分； 2. 停机位置不合适扣3分，多停一次扣2分，刹车未刹紧、溜车扣5分； 3. 工具使用不当一次扣2分，不关柜门一次扣3分； 4. 工具使用不当一次扣2分，未侧身拉闸断电扣2分，未挂警示牌一次扣2分； 5. 未记录停抽时间扣2分； 6. 未检查刹车扣3分	5		

续表

序号	考核内容	操作规程	评分要素	评分标准	配分	扣分	得分
3	安装卸载卡子卸载	1. 清洁光杆，在光杆合适位置处安装卸载卡子； 2. 检查周围无障碍物； 3. 验电、摘警示牌，戴绝缘手套侧身合闸送电，验电，开启动柜门，缓慢松刹车，利用惯性启抽； 4. 将卸载方卡子坐在井口防喷盒上，把驴头载荷转移至卸载方卡子上； 5. 停抽、刹紧刹车，关启动柜门，侧身拉闸断电，挂警示牌	依据操作规程安装卸载方卡子，将抽油机载荷卸掉	1. 未清洁光杆扣 1 分，打卡子位置不合适扣 3 分，卡子打反扣 5 分； 2. 未检查障碍物扣 3 分； 3. 未验电一次扣 3 分，未戴绝缘手套一次扣 5 分，未关柜门一次扣 2 分，未利用惯性启动抽油机扣 5 分，逆向启抽扣 10 分； 4. 载荷卸载过猛扣 5 分； 5. 工具使用不当一次扣 2 分	15		
4	调整防冲距	1. 检查光杆有无下滑现象； 2. 清洁光杆，用画笔在原方卡子上平面画基准线，并以基准线为准向上量取给定距离，做好标记； 3. 卸原光杆方卡子，将方卡子转移至标记处并上紧； 4. 检查周围障碍物，缓慢松刹车将载荷转移到悬绳器上； 5. 拆卸载方卡子，当卸载方卡子距离井口防喷盒 100～200mm 时刹紧刹车，卸掉卸载卡子； 6. 用锉刀、砂纸修复光杆毛刺，并用细纱布擦净光杆，要求防喷盒与方卡子之间缠上细纱布	按要求调整好防冲距	1. 未检查光杆有无下滑扣 3 分； 2. 未清洁光杆扣 2 分，未画基准线扣 2 分，量取位置不正确扣 10 分； 3. 方卡子调整误差超过 ±10mm 扣 5 分，卡子打滑扣 10 分，卡子打反终止操作； 4. 未检查障碍物扣 3 分，不控制刹车扣 2 分； 5. 卸载方卡子距防喷盒不在 100～200mm 范围内扣 2 分； 6. 修复光杆时未缠细纱布扣 3 分，未用锉刀、细砂纸修复毛刺扣 3 分，未擦拭光杆铁屑扣 2 分	20		

续表

序号	考核内容	操作规程	评分要素	评分标准	配分	扣分	得分
5	碰泵	1. 检查抽油机周围无障碍物，验电，摘警示牌，戴绝缘手套侧身合闸送电； 2. 验电、开启动柜门，缓慢松刹车利用惯性启抽； 3. 碰泵 3~5 次	按要求碰泵 3~5 次	1. 未检查障碍物扣 3 分，未验电一次扣 3 分，未戴绝缘手套一次扣 3 分，未侧身合闸一次扣 3 分，未摘警示牌一次扣 2 分； 2. 未利用惯性启抽扣 3 分，逆向启动扣 10 分； 3. 碰泵时少碰或多碰一次扣 3 分	10		
6	停机卸载调回原防冲距	1. 验电、戴绝缘手套按停止按钮将驴头停止在近下死点合适位置； 2. 刹紧刹车，戴绝缘手套侧身拉闸断电，关闭柜门，挂警示牌； 3. 清洁光杆，安装卸载方卡子； 4. 检查周围无障碍物，缓慢松刹车； 5. 验电、摘除警示牌，戴绝缘手套侧身合闸送电；验电，开启动柜门，利用抽油机惯性启抽，将卸载方卡子坐在井口防喷盒上，把驴头载荷转移至卸载方卡子上，停机，刹紧刹车； 6. 戴绝缘手套侧身拉闸断电，关柜门，挂警示牌； 7. 卸方卡子，调回原防冲距并上紧； 8. 缓慢松刹车将卸载卡子载荷转移到悬绳器上，当卸载卡子距离防喷盒 100~200mm 时刹紧刹车，卸掉卸载卡子； 9. 用锉刀、砂纸修复光杆毛刺，并用细纱布擦净光杆和标记，要求防喷盒与卸载卡子之间缠上细纱布	戴绝缘手套验电停抽油机卸去载荷，调回原防冲距	1. 未验电、戴绝缘手套按停止按钮扣 5 分，驴头停不合适位置扣 3； 2. 未刹紧刹车扣 5 分，未戴绝缘手套侧身拉闸断电，关闭柜门，挂警示牌，每项扣 2 分； 3. 未清洁光杆扣 2 分，卸载方卡子打反扣 10 分； 4. 未检查周围无障碍物扣 2 分，未缓慢松刹车扣 3 分； 5. 未验电、摘除警示牌，戴绝缘手套侧身合闸送电；验电，开启动柜门，每项扣 2 分，未利用抽油机惯性启抽扣 5 分，卸载方卡子吃载荷过猛扣 3 分，未刹紧刹车扣 5 分； 6. 未戴绝缘手套侧身拉闸断电，关柜门，挂警示牌每项扣 2 分； 7. 调回原防冲距，方卡子打反终止考核； 8. 未缓慢松刹车转移载荷扣 3 分，原方卡子打滑扣 5 分，卸载卡子距离防喷盒位置不在允许范围扣 2 分，刹车未刹紧扣 5 分； 9. 工具使用不当一次扣 2 分，未在防喷盒与卸载卡子之间缠上细纱布扣 3 分，未清洁光杆扣 5 分	20		

续表

序号	考核内容	操作规程	评分要素	评分标准	配分	扣分	得分
7	启抽	1. 检查抽油机周围无障碍物； 2. 验电、摘警示牌，戴绝缘手套侧身合闸送电，验电，开启动柜门、缓慢松刹车，利用惯性启抽，关好启动柜门； 3. 记录启抽时间	检查，送电，启抽、调整	1. 未检查障碍物每次扣3分，未验电一次扣3分，未戴绝缘手套一次扣5分，未侧身合闸一次扣5分，未摘警示牌一次扣2分； 2. 未利用惯性启动抽油机扣5分，逆向启动扣10分； 3. 未记录启抽时间扣3分	10		
8	启抽后检查	1. 检查抽油机运转状况； 2. 检查光杆上、下冲程有无挂碰现象，检查井口各连接处有无渗漏现象； 3. 下行近下死点时调试盘根松紧度，上行时用手背试光杆温度，光杆下行涂抹黄油； 4. 口述：通过憋压验泵、产量核实及功图等手段判断碰泵效果	巡回检查，确保安全生产	1. 未检查运转状况扣5分； 2. 未检查光杆挂碰扣3分，未检查井口有无渗漏现象扣3分； 3. 下行近下死点时调试盘根松紧度，上行时用手背试光杆温度，光杆下行涂抹黄油，一处错扣2分； 4. 未口述扣3分	10		
9	现场清理，填写报表	1. 将相关数据填入班报表； 2. 收拾、擦拭工具，打扫场地卫生	收拾工具，清洁场地	1. 未填写报表扣5分，漏一项扣2分； 2. 未清理现场扣5分，工具少收一件扣2分	5		
10	安全文明操作	1. 遵守国家或企业有关安全规定； 2. 操作过程中严格遵守“四不伤害”原则	遵守国家或企业有关安全规定	1. 每违反一项规定，从总分中扣5分； 2. 因操作不当造成人身伤害、环境污染、设备损坏，从总分中扣20分； 3. 严重违规终止操作			
备注							
合　计					100		

考评员：　　　　核分员：　　　　年　月　日

五十一、抽油机更换刹车连杆操作

1. 考核要求

(1) 必须穿戴劳动保护用品。
(2) 工具、量具、用具准备齐全，正确使用。
(3) 操作规程符合安全文明操作。
(4) 按规定完成操作项目，质量达到技术要求。
(5) 操作完毕，做到“工完、料净、场地清”。

2. 准备要求

(1) 设备准备：

序 号	名 称	规 格	数 量	备 注
1	抽油机	CYJQ14-5-73HY(Ⅱ)	1台	

(2) 材料准备：

序 号	名 称	规 格	数 量	备 注
1	大布		1块	
2	手套		1副	
3	绝缘手套		1只	
4	笔		1支	
5	纸		1张	
6	黄油		1桶	
7	刹车连杆		1根	

(3) 工具、用具准备：

序 号	名 称	规 格	数 量	备 注
1	活动扳手	300mm、375mm	各1把	
2	手钳子		1把	
3	钢卷尺	2m	1把	
4	警示牌		1块	
5	试电笔		1支	

3. 操作程序说明

1）停机

（1）验电、戴绝缘手套按停止按钮将驴头停止在自由位置。

（2）戴绝缘手套侧身拉闸断电，关闭柜门，挂警示牌。

2）更换刹车连杆

（1）松开刹车至最大行程。

（2）使用手钳取出连杆上、下两端开口销。

（3）由下至上取出连杆销，取出旧连杆。

（4）测量、选择合适的新连杆。

（5）清洁、保养销孔、连杆。

（6）先上后下安装连杆销、开口销。

（7）调整刹车行程，行程在 1/2~2/3 之间，锁紧备帽。

3）启抽、恢复生产

（1）检查抽油机周围无障碍物。

（2）验电、摘警示牌，戴绝缘手套侧身合闸送电，验电，开启动柜门，利用惯性启抽，停抽检查刹车是否灵活好用。

（3）点启动按钮启抽，关好启动柜门。

（4）记录开井时间。

4）填写相关数据，清理场地

（1）将相关数据填入报表。

（2）清洁现场，收拾、清洁工具。

4. 考核规定说明

（1）如发现操作过程中可能发生重大违章（如人身伤害、环境污染、设备损坏等），将终止操作。

（2）考核采用百分制，考核项目得分按鉴定比重进行折算。

（3）考核方式说明：本项目为实际操作题，考核过程按评分标准及操作过程进行评分。

（4）考评技能说明：本项目主要测试考生对抽油机更换刹车连杆技能掌握的熟练程度。

5. 考核时限

（1）准备工作：1min（不计入考核时间）。

（2）正式操作时间：15min。

（3）提前完成操作不加分，到时停止操作考核。

6. 评分记录表

抽油机更换刹车连杆操作评分记录表

操作时间：15min　　考生：　　操作用时：

序号	考核内容	操作规程	评分要素	评分标准	配分	扣分	得分
1	准备	1. 穿戴好劳动保护用品； 2. 准备工具：大布、手套、绝缘手套、笔、纸、黄油、刹车连杆、活动扳手、手钳子、钢卷尺、警示牌、试电笔	准备工、量、用具	1. 劳保穿戴不整齐扣5分； 2. 未准备工具及材料扣5分，多、少准备一件扣2分	10		
2	停机	1. 验电、戴绝缘手套按停止按钮将驴头停止在自由位置； 2. 戴绝缘手套侧身拉闸断电，关闭柜门，挂警示牌	规范停抽	1. 未验电扣3分、未戴绝缘手套扣5分，未侧身拉闸扣5分，未挂牌扣3分； 2. 驴头未停止在自由位置扣10分	20		
3	更换刹车连杆	1. 松开刹车至最大行程； 2. 使用手钳取出连杆上、下两端开口销； 3. 由下至上取出连杆销，取出旧连杆； 4. 测量、选择合适的新连杆； 5. 清洁、保养销孔、连杆； 6. 先上后下安装连杆销、开口销； 7. 调整刹车行程，行程在1/2～2/3之间，锁紧备帽	规范拆除旧连杆，安装新连杆	1. 刹车行程未放至最大扣5分； 2. 工具使用不当，一次扣2分； 3. 取销子顺序错扣5分； 4. 未测量连杆长度扣3分； 5. 新连杆长度选择不合适扣10分； 6. 未清洁、保养销孔、连杆，一处扣3分； 7. 安装连杆销、开口销顺序错扣3分； 8. 刹车行程不合适扣5分，未锁紧备帽扣3分	40		

续表

序号	考核内容	操作规程	评分要素	评分标准	配分	扣分	得分
4	启抽恢复生产	1. 检查抽油机周围无障碍物； 2. 验电、摘警示牌，戴绝缘手套侧身合闸送电，验电，开启动柜门，利用惯性启抽，停抽检查刹车是否灵活好用； 3. 点启动按钮启抽，关好启动柜门； 4. 记录开井时间	开井恢复生产	1. 未检查无障碍物扣3分； 2. 未验电扣3分、未戴绝缘手套扣5分，未侧身拉闸扣5分，未摘牌扣3分； 3. 未利用惯性启抽扣5分； 4. 未检查刹车扣5分； 5. 未记录开井时间扣3分	20		
5	填写报表，清理场地	1. 将相关数据填入报表； 2. 清洁现场，收拾、清洁工具	规范填写报表收拾工具，清洁场地	1. 未填写报表扣5分，漏一项扣2分； 2. 未清理现场扣5分，工具少收一件扣2分	10		
6	安全文明操作	1. 遵守国家或企业有关安全规定； 2. 操作过程中严格遵守“四不伤害”原则	遵守国家或企业有关安全规定	1. 每违反一项规定，从总分中扣5分； 2. 因操作不当造成人身伤害，从总分中扣20分； 3. 严重违规取消考核			
备注							
合　计					100		

考评员：　　　　　　　　　　核分员：　　　　　　　　　　年　月　日

五十二、抽油机井测曲柄剪刀差操作

1. 考核要求

（1）必须穿戴劳动保护用品。
（2）工具、量具、用具准备齐全，正确使用。
（3）操作规程符合安全文明操作。
（4）按规定完成操作项目，质量达到技术要求。
（5）操作完毕，做到“工完、料净、场地清”。

2. 准备要求

（1）设备准备：

序 号	名 称	规 格	数 量	备 注
1	16 型抽油机		1 套	

（2）材料准备：

序 号	名 称	规 格	数 量	备 注
1	记录笔		1 支	
2	班报表		1 张	
3	大布		1 块	

（3）工具、用具准备：

序 号	名 称	规 格	数 量	备 注
1	活动扳手	375mm	1 把	
2	水平仪	600mm	1 把	
3	木直尺	2.5m	1 把	
4	塞尺		1 套	
5	绝缘手套		1 只	
6	试电笔		1 支	
7	扁铲		1 把	
8	砂纸		1 张	
9	警示牌		1 张	正在操作禁止合闸

3. 操作程序说明

1）停机

（1）验电、戴绝缘手套按停止按钮将曲柄停在水平位置。

（2）拉紧刹车，打好安全销。

（3）戴绝缘手套侧身拉闸断电，关闭柜门，挂警示牌。

2）检测底座水平

（1）选底座中间位置，将放木直尺的位置用扁铲、砂纸和大布清洁干净。

（2）将木直尺放在底座中间清洁干净的位置，水平仪放在木直尺的中间。

（3）观察水平仪气泡，测量水平，若不水平，通过在较低一端加塞尺直到水平仪水平；

（4）读取塞尺厚度并记录。

3）测曲柄水平

（1）用扁铲和砂纸清理曲柄尾端表面杂物，用大布清洁端面。

（2）木直尺放在曲柄尾端清洁位置。

（3）将水平仪放在两个曲柄之间木直尺的中间位。

（4）观察水平仪气泡，测量水平，若不水平，通过在较低一端加塞尺直到水平仪水平。

（5）读取塞尺厚度并记录。

4）测量偏差数值并计算偏差值

（1）所测底座和曲柄的数值同向相减，异向相加（所加塞尺在同一侧面为同向，反之为异向）。

（2）12 型以上抽油机剪刀差不得大于 8mm。

5）启动抽油机

（1）检查抽油机周围无障碍物。

（2）验电、摘警示牌，戴绝缘手套侧身合闸送电，验电，开启动柜门，利用惯性启抽，停抽检查刹车是否灵活好用。

（3）点启动按钮启抽，关好启动柜门。

（4）记录开井时间。

6）填写班报表，清理现场

（1）规范填写班报表。

（2）清洁现场，收拾工具。

4. 考核规定说明

（1）如发现操作过程中可能发生重大违章（如人身伤害、环境污染、设备损坏等），将终止操作。

（2）考核采用百分制，考核项目得分按鉴定比重进行折算。

（3）考核方式说明：本项目为实际操作题，考核过程按评分标准及操作过程进行评分。

（4）考评技能说明：本项目主要测试考生对抽油机井测曲柄剪刀差技能掌握的熟练程度。

5. 考核时限

（1）准备工作：1min（不计入考核时间）。

（2）正式操作时间：12min。

（3）提前完成操作不加分，到时停止操作考核。

6. 评分记录表

抽油机井测曲柄剪刀差操作评分记录表

操作时间：12min　　考生：　　操作用时：

序号	考核内容	操作规程	评分要素	评分标准	配分	扣分	得分
1	准备工作	1. 穿戴好劳动保护用品； 2. 准备工具：记录笔、班报表、大布、活动扳手、水平仪、游标卡尺、直尺、塞尺、绝缘手套、试电笔、扁铲、砂纸、警示牌	准备工具、量具、用具	1. 劳保穿戴不整齐扣5分； 2. 未准备工具及材料扣5分，多、少准备一件扣2分	5		
2	停机	1. 验电、戴绝缘手套按停止按钮将曲柄停在水平位置； 2. 拉紧刹车，打好安全销； 3. 戴绝缘手套侧身拉闸断电，关闭柜门，挂警示牌	侧身按停机按钮，侧身拉下电源开关	1. 未验电扣3分、未戴绝缘手套扣5分，未侧身拉闸扣5分，未挂警示牌扣3分； 2. 曲柄未停止在水平位置扣5分，一次停机不到位扣5分	15		
3	检测底座水平	1. 选底座中间位置，将放木直尺的位置用扁铲、砂纸和大布清洁干净； 2. 将木直尺放在底座中间清洁干净的位置，水平仪放在木直尺的中间； 3. 观察水平仪气泡，测量水平，若不水平，通过在较低一端加塞尺直到水平仪水平； 4. 读取塞尺厚度并记录	正确使用量具，读取数据	1. 未用扁铲、砂纸和大布清洁作业面一处扣3分； 2. 木直尺摆放不正确扣3分； 3. 不会使用水平仪扣10分，找水平方法不正确扣5分； 4. 不会读取塞尺数据扣5分，未记录数据扣3分	25		

续表

序号	考核内容	操作规程	评分要素	评分标准	配分	扣分	得分
4	测曲柄水平	1. 用扁铲和砂纸清理曲柄尾端表面杂物，用大布清洁端面； 2. 木直尺放在曲柄尾端清洁位置； 3. 将水平仪放在两个曲柄之间木直尺的中间位； 4. 观察水平仪气泡，测量水平，若不水平，通过在较低一端加塞尺直到水平仪水平； 5. 读取塞尺厚度并记录	正确使用量具，读取数据	1. 未用扁铲、砂纸和大布清洁工作面一处扣 3 分； 2. 木直尺摆放不正确扣 5 分； 3. 未将水平仪放在木直尺中间位扣 3 分； 4. 不会使用水平仪扣 10 分，找水平方法不正确扣 5 分； 5. 不会读取塞尺数据扣 5 分，未记录数据扣 3 分	25		
5	测量偏差数值并计算偏差值	1. 所测底座和曲柄的数值同向相减，异向相加（所加塞尺在同一侧面为同向，反之为异向）； 2. 12 型以上抽油机剪刀差不得大于 8mm	计算剪刀差	1. 公式不清楚扣 10 分，不会计算扣 5 分，计算数据错误扣 3 分； 2. 不清楚剪刀差标准扣 5 分	10		
6	启动抽油机	1. 检查抽油机周围无障碍物； 2. 验电、摘警示牌，戴绝缘手套侧身合闸送电，验电，开启动柜门，利用惯性启抽； 3. 点启动按钮启抽，关好启动柜门； 4. 记录开井时间	规范启抽，恢复生产	1. 未检查无障碍物扣 3 分； 2. 未验电扣 3 分、未戴绝缘手套扣 5 分，未侧身拉闸扣 5 分，未摘牌扣 3 分； 3. 未利用惯性启抽扣 5 分； 4. 未记录开井时间扣 3 分	15		
7	规范填写报表，清理现场	1. 规范填写班报表； 2. 清洁现场，收拾工具	收拾工具，清洁场地	1. 未填写报表扣 5 分，漏一项扣 2 分； 2. 未清理现场扣 5 分，工具少收一件扣 2 分	5		
8	安全文明操作	1. 遵守国家或企业有关安全规定； 2. 操作过程中严格遵守“四不伤害”原则	遵守国家或企业有关安全规定	1. 每违反一项规定，从总分中扣 5 分； 2. 因操作不当造成人身伤害，从总分中扣 20 分； 3. 严重违规取消考核			
备注							
			合　计		100		

考评员：　　　　　　　　　　核分员：　　　　　　　　　　年　月　日

五十三、更换光杆操作

1. 考核要求

(1) 必须穿戴劳动保护用品。
(2) 工具、量具、用具准备齐全，正确使用。
(3) 操作规程符合安全文明操作。
(4) 按规定完成操作项目，质量达到技术要求。
(5) 操作完毕，做到“工完、料净、场地清”。

2. 准备要求

(1) 设备准备：

序 号	名 称	规 格	数 量	备 注
1	抽油机井		1口	
2	吊车	25t	1辆	

(2) 材料准备：

序 号	名 称	规 格	数 量	备 注
1	大布		若干	
2	手套		若干	
3	盘根		若干	
4	润滑脂		若干	
5	光杆		1根	与油井同型号

(3) 工具、用具准备：

序 号	名 称	规 格	数 量	备 注
1	活动扳手	300mm、375mm	2把	
2	管钳	600mm、900mm	各1把	
3	吊卡	1″、1⅛″(1″=1英寸)	各1副	
4	钢丝绳套	6m	1根	
5	麻绳	10m	1根	
6	加力杠	1m	1根	
7	生料带	卷	3卷	
8	方卡子	28mm	2个	
9	平板锉刀		1把	

续表

序号	名称	规格	数量	备注
10	砂纸		1张	
11	钢卷尺		1把	
12	试电笔		1支	
13	绝缘手套		1只	
14	警示牌		1块	

3. 操作程序说明

1）准备工作

（1）验电、戴绝缘手套按停止按钮将驴头停在近下死点位置，拉紧刹车。

（2）戴绝缘手套侧身拉闸断电，关闭柜门，挂警示牌。

（3）观察井口无压力、无溢流，确认井口安全后方可进行下步工作。

2）卸载

（1）清洁光杆，在光杆合适位置处安装卸载卡子。

（2）检查周围无障碍物。

（3）验电、摘警示牌，戴绝缘手套侧身合闸送电，验电，开启动柜门，缓慢松刹车，利用惯性启抽。

（4）将卸载方卡子坐在井口防喷盒上，把驴头载荷转移至卸载方卡子上。

（5）停抽、刹紧刹车，关启动柜门，侧身拉闸断电，挂警示牌。

（6）打好安全销。

（7）拆除悬绳器，用麻绳将悬绳器固定在抽油机支架上。

（8）打吊卡、穿钢丝绳，指挥吊车上提光杆，将载荷转移至吊车上。

3）拆除盘根盒

（1）卸盘根压帽，取出旧盘根，检查二级密封，确认全开。

（2）拆盘根盒，使其与防喷器脱离。

4）拆除旧光杆

（1）将井口防喷器全封、半封闸板完全打开。

（2）指挥吊车缓慢将光杆提出防喷器，节箍距防喷器上端面大于200mm。

（3）在防喷器上部用大布做好防护，打好抽油杆吊卡，下放光杆，将载荷转移至井口。

（4）卸开光杆丝扣，做好牵引，转移至地面，取出吊卡。

（5）拆防脱帽、方卡子，取出盘根盒。

5）组下新光杆

（1）安装盘根盒，丈量确认新光杆光余，打好光杆载荷卡子，安装防脱帽。

（2）打好新光杆吊卡，做好牵引，指挥吊车，将新光杆转移至井口上方。

（3）对正丝扣，连接光杆与抽油杆并上紧。

（4）上提光杆，将载荷转移至吊车。

（5）取出抽油杆吊卡。

（6）防喷器丝扣缠绕生胶带。

(7) 缓慢下方光杆至合适位置，对扣上紧盘根盒，加好盘根，装好格兰、压帽。

(8) 继续缓慢下放光杆至合适位置，安装悬绳器。

(9) 下放光杆，将载荷转至悬绳器。

(10) 取出光杆吊卡。

6) 挂抽恢复生产

(1) 检查抽油机周围障碍物，打开安全销。

(2) 验电、摘除警示牌，戴绝缘手套侧身合闸送电，缓慢松刹车，利用惯性启抽。

(3) 记录启抽时间。

7) 启抽后检查

(1) 检查抽油机各连接部位是否完好，抽油机运行情况是否正常。

(2) 检查光杆上、下冲程有无挂碰现象，井口各连接处有无渗漏现象。

(3) 光杆上行时用手背试光杆温度，光杆下行时涂抹黄油，调整盘根松紧度。

8) 填写报表，清理现场

(1) 将相关数据填入班报表。

(2) 收拾、擦拭工具，打扫场地卫生。

4. 考核规定说明

(1) 如发现操作过程中可能发生重大违章(如人身伤害、环境污染、设备损坏等)，将终止操作。

(2) 考核采用百分制，考核项目得分按鉴定比重进行折算。

(3) 考核方式说明：本项目为实际操作题，考核过程按评分标准及操作过程进行评分。

(4) 考评技能说明：本项目主要测试考生对更换光杆操作技能掌握的熟练程度。

5. 考核时限

(1) 准备工作：1min(不计入考核时间)。

(2) 正式操作时间：35min。

(3) 提前完成操作不加分，到时停止操作考核。

6. 评分记录表

更换光杆操作评分记录表

操作时间：35min　　考生：　　操作用时：

序号	考核内容	操作规程	评分要素	评分标准	配分	扣分	得分
1	准备	1. 穿戴好劳动保护用品； 2. 准备工具：大布、手套、盘根、润滑脂、光杆、活动扳手、管钳、吊卡、钢丝绳套、麻绳、加力杠、生料带、方卡子、平板锉刀、砂纸、钢卷尺、试电笔、绝缘手套、警示牌	准备检查工具	1. 劳保穿戴不整齐扣5分； 2. 未准备工具及材料扣5分，多、少准备一件扣2分	5		

续表

序号	考核内容	操作规程	评分要素	评分标准	配分	扣分	得分
2	准备工作	1. 验电、戴绝缘手套按停止按钮将驴头停在近下死点位置，拉紧刹车； 2. 戴绝缘手套侧身拉闸断电，关闭柜门，挂警示牌； 3. 观察井口无压力、无溢流，确认井口安全后方可进行下步工作	规范停机，确认安全	1. 未验电扣3分，未戴绝缘手套扣3分，未拉紧刹车、溜车扣5分，未侧身拉闸一次扣3分，未挂警示牌扣2分； 2. 未观察井口确认安全扣10分	10		
3	卸载	1. 清洁光杆，在光杆合适位置处安装卸载卡子； 2. 检查周围无障碍物； 3. 验电、摘警示牌，戴绝缘手套侧身合闸送电，验电，开启动柜门，缓慢松刹车，利用惯性启抽； 4. 将卸载方卡子坐在井口防喷盒上，把驴头载荷转移至卸载方卡子上； 5. 停抽、刹紧刹车，关启动柜门，侧身拉闸断电，挂警示牌； 6. 打好安全销； 7. 拆除悬绳器，用麻绳将悬绳器固定在抽油机支架上； 8. 打吊卡、穿钢丝绳，指挥吊车上提光杆，将载荷转移至吊车上	卸载步骤是否正确	1. 未清洁光杆扣2分，停机位置不合适一次扣3分，卸载卡子位置不合适扣3分，打滑扣5分，打反停止操作； 2. 未检查障碍物扣2分； 3. 未验电扣3分，未戴绝缘手套扣3分，未侧身拉闸一次扣3分，未摘警示牌扣2分，未控制刹车扣2分，未利用惯性启抽扣5分； 4. 卸载不成功一次扣5分； 5. 未拉紧刹车、溜车扣5分； 6. 未打安全销扣10分； 7. 工具使用不当一次扣2分，悬绳器固定不牢固扣3分； 8. 打吊卡、穿钢丝绳，指挥吊车上提光杆，将载荷转移至吊车上顺序错一处扣3分	20		
4	拆除盘根盒	1. 卸盘根压帽，取出旧盘根，检查二级密封，确认全开； 2. 拆盘根盒，使其与防喷器脱离	正确拆卸盘根盒	1. 取盘根方法不正确扣5分，未检查二级密封扣3分； 2. 工具使用不当一次扣2分	10		

续表

序号	考核内容	操作规程	评分要素	评分标准	配分	扣分	得分
5	拆除旧光杆	1. 将井口防喷器全封、半封闸板完全打开； 2. 指挥吊车缓慢将光杆提出防喷器，节箍距防喷器上端面大于200mm； 3. 在防喷器上部用大布做好防护，打好抽油杆吊卡，下放光杆，将载荷转移至井口； 4. 卸开光杆丝扣，做好牵引，转移至地面，取出吊卡； 5. 拆防脱帽、方卡子，取出盘根盒	慢提慢放，平稳操作	1. 未将井口防喷器全封、半封闸板完全打开扣5分； 2. 上提过猛扣2分，距离不合适扣2分； 3. 未用大布做好防喷器防护扣3分，抽油杆吊卡未打好扣10分，转移载荷过猛扣5分； 4. 工具使用不当一次扣2分，转移过程中碰挂其他设备扣2分； 5. 造成井下落物终止操作	10		
6	组下新光杆	1. 安装盘根盒，丈量确认光杆光余，打好光杆载荷卡子，安装防脱帽； 2. 打好光杆吊卡，做好牵引，指挥吊车，将光杆转移至井口上方； 3. 对正丝扣，连接光杆与抽油杆并上紧； 4. 上提光杆，将载荷转移至吊车； 5. 取出抽油杆吊卡； 6. 防喷器丝扣缠绕生胶带； 7. 缓慢下方光杆至合适位置，对扣上紧盘根盒，加好盘根，装好格兰、压帽； 8. 继续缓慢下放光杆至合适位置，安装悬绳器； 9. 下放光杆，将载荷转至悬绳器； 10. 取出光杆吊卡	穿换光杆	1. 安装盘根盒顺序错扣2分，光杆光余误差超过±10mm扣5分，载荷卡子打反扣5分，未及时发现停止操作，防脱帽安装不到位扣5分； 2. 光杆吊卡未打好扣5分，转移光杆时碰挂其他设备扣3分； 3. 节箍未上紧扣10分，造成井下落物终止操作； 4. 上提光杆过快扣5分； 5. 未检查防喷器丝扣扣3分，未缠绕生胶带扣3分； 6. 下方光杆磕碰井口扣3分，盘根盒未上紧扣3分，丝扣损坏扣10分，未加好盘根、格兰、压帽每处扣2分； 7. 工具使用不当每次扣2分； 8. 不控制下放速度扣3分； 9. 悬绳器安装不正扣5分	20		

续表

序号	考核内容	操作规程	评分要素	评分标准	配分	扣分	得分
7	挂抽恢复生产	1. 检查抽油机周围障碍物，打开安全销； 2. 验电、摘除警示牌，戴绝缘手套侧身合闸送电，缓慢松刹车，利用惯性启抽； 3. 记录启抽时间	规范启抽，恢复生产	1. 未检查障碍物扣 3 分，未打开安全销停止操作； 2. 未验电扣 3 分，未戴绝缘手套扣 3 分，未侧身拉闸一次扣 3 分，未摘警示牌扣 2 分，未控制刹车扣 2 分，未利用惯性启抽扣 5 分； 3. 未记录启抽时间扣 3 分	10		
8	启抽后检查	1. 检查抽油机各连接部位是否完好，抽油机运行情况是否正常； 2. 检查光杆上、下冲程有无挂碰现象，井口各连接处有无渗漏现象； 3. 光杆上行时用手背试光杆温度，光杆下行时涂抹黄油，调整盘根松紧度	巡回检查，确保安全生产	1. 未检查抽油机各连接部位是否完好扣 3 分，未检查抽油机运行情况扣 3 分； 2. 未检查光杆挂碰现象扣 3 分，未检查井口渗漏现象扣 3 分； 3. 未试温度扣 2 分，未涂抹黄油扣 2 分，未调整盘根松扣 2 分；操作方式错误一次扣 2 分	10		
9	填写报表，清理现场	1. 将相关数据填入班报表； 2. 收拾、擦拭工具，打扫场地卫生	规范填写报表，清理现场	1. 未填写报表扣 5 分，漏一项扣 2 分； 2. 未清理现场扣 5 分，工具少收一件扣 2 分	5		
10	安全文明操作	1. 遵守国家或企业有关安全规定； 2. 操作过程中严格遵守“四不伤害”原则	遵守国家或企业有关安全规定	1. 每违反一项规定，从总分中扣 5 分； 2. 因操作不当造成人身伤害、环境污染、设备损坏，从总分中扣 20 分； 3. 严重违规终止操作			
备注							
合计					100		

考评员：　　　　核分员：　　　　年　月　日

五十四、更换高压双闸板防喷器操作

1. 考核要求

（1）必须穿戴劳动保护用品。

（2）工具、量具、用具准备齐全，正确使用。

（3）操作规程符合安全文明操作。

（4）按规定完成操作项目，质量达到技术要求。

（5）操作完毕，做到“工完、料净、场地清”。

2. 准备要求

（1）设备准备：

序 号	名 称	规 格	数 量	备 注
1	抽油机井口		1口	
2	吊车	25t	1辆	
3	高压双闸板防喷器		1个	与原井同型号

（2）材料准备：

序 号	名 称	规 格	数 量	备 注
1	大布		5块	
2	手套		3副	
3	生料带		3卷	
4	黄油		1桶	

（3）工具、用具准备：

序 号	名 称	规 格	数 量	备 注
1	活动扳手	450mm	2把	
2	管钳	600mm、900mm	各1把	
3	加力杠	1200mm	1根	
4	班报表		1本	
5	笔		1支	
6	绝缘手套		1只	
7	试电笔		1支	

续表

序 号	名 称	规 格	数 量	备 注
8	警示牌		1块	
9	吊卡	1″、1⅛″	各1副	
10	光杆方卡子		1个	与现场一致
11	双闸板专用扳手		1套	
12	钢丝绳		1根	
13	牵引绳		1根	

3. 操作程序说明

1）准备工作

（1）验电、戴绝缘手套按停止按钮将驴头停在近下死点位置，拉紧刹车，打上安全销。

（2）戴绝缘手套侧身拉闸断电，关闭柜门，挂警示牌。

（3）压井，观察井口无压力、无溢流，确认井口安全后方可进行下步工作。

2）卸双闸板防喷器

（1）卸松盘根盒与防喷器连接丝扣。

（2）卸掉双闸板防喷器，与井口分离。

（3）打好光杆吊卡，指挥吊车缓缓上提光杆，使双闸板防喷器与采油树分离200mm以上。

（4）打好抽油杆吊卡，缓慢下放光杆，把载荷座在抽油杆吊卡上。

（5）拆卸光杆，缓慢上提并移至操作平台上。

（6）卸掉旧防喷器。

3）安装新防喷器

（1）新防喷器丝扣处缠绕生料带并与盘根盒连接，手动上紧。

（2）缓慢上提转移至井口上方，光杆与抽油杆对扣并上紧。

（3）指挥吊车缓慢上提光杆，将载荷转移至吊车上。

（4）取抽油杆吊卡。

（5）丝扣处缠绕生料带，对扣上紧防喷器及盘根盒。

（6）下放光杆，将载荷转移至悬绳器上。

（7）取下光杆吊卡及钢丝绳。

4）开井恢复生产

（1）检查抽油机周围障碍物，打开安全销。

（2）验电、摘除警示牌，戴绝缘手套侧身合闸送电，缓慢松刹车，利用惯性启抽。

（3）记录启抽时间。

5）启抽后检查

（1）检查抽油机各连接部位是否完好，抽油机运行情况是否正常。

（2）检查井口各连接处有无渗漏现象。

（3）憋压，验漏。

（4）光杆上行时用手背试光杆温度，光杆下行时涂抹黄油，调整盘根松紧度。

6）填写班报表，清理现场

（1）规范填写班报表。

（2）收拾、擦拭工具，打扫场地卫生。

4. 考核规定说明

（1）如发现操作过程中可能发生重大违章（如人身伤害、环境污染、设备损坏等），将终止操作。

（2）考核采用百分制，考核项目得分按鉴定比重进行折算。

（3）考核方式说明：本项目为实际操作题，考核过程按评分标准及操作过程进行评分。

（4）考评技能说明：本项目主要测试考生对更换高压双闸板防喷器技能掌握的熟练程度。

5. 考核时限

（1）准备工作：2min（不计入考核时间）。

（2）正式操作时间：30min。

（3）提前完成操作不加分，到时停止操作考核。

6. 评分记录表

更换高压双闸板防喷器操作评分记录表

操作时间：30min　　　　考生：　　　　操作用时：

序号	考核内容	操作规程	评分要素	评分标准	配分	扣分	得分
1	准备	1. 穿戴好劳动保护用品； 2. 准备工具：大布、手套、生料带、黄油、活动扳手、管钳、加力杠、班报表、笔、绝缘手套、试电笔、警示牌、吊卡、光杆方卡子、双闸板专用扳手、钢丝绳、牵引绳	准备工、量、用具	1. 劳保穿戴不整齐扣5分； 2. 未准备工具及材料扣5分，多、少准备一件扣2分	5		
2	准备工作	1. 验电、戴绝缘手套按停止按钮将驴头停在近下死点位置，拉紧刹车，打上安全销； 2. 戴绝缘手套侧身拉闸断电，关闭柜门，挂警示牌； 3. 压井，观察井口无压力、无溢流，确认井口安全后方可进行下步工作	规范停机，确认安全	1. 未验电扣3分，未戴绝缘手套扣3分，未拉紧刹车、溜车扣5分，未侧身拉闸一次扣3分，未挂警示牌扣2分，未打安全销终止考核； 2. 未观察井口确认安全扣10分	10		

续表

序号	考核内容	操作规程	评分要素	评分标准	配分	扣分	得分
3	卸双闸板防喷器	1. 卸松盘根盒与防喷器连接丝扣； 2. 卸掉双闸板防喷器，与井口分离； 3. 打好光杆吊卡，指挥吊车缓缓上提光杆，使双闸板防喷器与采油树分离 200mm 以上； 4. 打好抽油杆吊卡，缓慢下放光杆，把载荷座在抽油杆吊卡上； 5. 拆卸光杆，缓慢上提并移至操作平台上； 6. 卸掉旧防喷器	卸盘根盒和双闸板防喷器，配合吊车从取下双闸板防喷器	1. 未卸松盘根盒与防喷器连接丝扣扣 3 分，卸掉扣 5 分； 2. 防喷器与井口未分离扣 5 分，造成丝扣损伤扣 5 分； 3. 上提速度过快扣 3 分，距离不够扣 5 分； 4. 未检查抽油杆吊卡扣 5 分，下放光杆过快扣 3 分，吃载荷过猛扣 3 分； 5. 工具使用不当一次扣 2 分； 6. 未卸掉旧防喷器扣 5 分	30		
4	安装新防喷器	1. 新防喷器丝扣处缠绕生料带并与盘根盒连接，手动上紧； 2. 缓慢上提转移至井口上方，光杆与抽油杆对扣并上紧； 3. 指挥吊车缓慢上提光杆，将载荷转移至吊车； 4. 取抽油杆吊卡； 5. 丝扣处缠绕生料带，对扣上紧防喷器及盘根盒； 6. 下放光杆，将载荷转移至悬绳器上； 7. 取下光杆吊卡及钢丝绳	安装双闸板防喷器和盘根盒，并试压合格，做开井准备	1. 新防喷器未检查丝扣扣 3 分，未缠绕生料带扣 5 分； 2. 转移过程中磕碰井口、丝扣一处扣 3 分，上丝扣过程中造成丝扣损伤扣 5 分； 3. 上提不控制速度扣 3 分； 4. 使用工具不当一次扣 2 分 5. 未缠绕生料带扣 5 分，未上紧防喷器及盘根盒一处扣 5 分； 6. 下放过程中载荷转移过猛扣 5 分； 7. 未取下吊卡、钢丝绳启抽的终止考核	30		
5	开井恢复生产	1. 检查抽油机周围障碍物，打开安全销； 2. 验电、摘除警示牌，戴绝缘手套侧身合闸送电，缓慢松刹车，利用惯性启抽； 3. 记录启抽时间	开井恢复生产	1. 未检查障碍物扣 2 分，未打开安全销扣启抽，终止考核，未验电扣 3 分，未戴绝缘手套扣 3 分，未侧身拉闸一次扣 3 分，未摘警示牌扣 2 分，未控制刹车扣 2 分，未利用惯性启抽扣 5 分； 2. 未记录启抽时间扣 3 分	10		

续表

序号	考核内容	操作规程	评分要素	评分标准	配分	扣分	得分
6	启抽后检查	1. 检查抽油机各连接部位是否完好，抽油机运行情况是否正常； 2. 检查井口各连接处有无渗漏现象； 3. 憋压、验漏； 4. 光杆上行时用手背试光杆温度，光杆下行时涂抹黄油，调整盘根松紧度	巡回检查，确保安全生产	1. 未检查抽油机各连接部位是否完好扣 3 分，未检查抽油机运行情况扣 3 分； 2. 未检查井口渗漏现象扣 3 分，丝扣连接处有漏失扣 3 分，发现漏失不整改扣 10 分； 3. 未憋压、验漏扣 3 分； 4. 未试温度扣 2 分，未涂抹黄油扣 2 分，未调整盘根松扣 5 分	10		
7	填写报表，清理现场	1. 规范填写班报表； 2. 收拾、擦拭工具，打扫场地卫生	收拾工具，清洁场地	1. 未填写报表扣 5 分，漏一项扣 2 分； 2. 未清理现场扣 5 分，工具少收一件扣 2 分	5		
8	安全文明操作	1. 遵守国家或企业有关安全规定； 2. 操作过程中严格遵守"四不伤害"原则	遵守国家或企业有关安全规定	1. 每违反一项规定，从总分中扣 5 分； 2. 因操作不当造成人身伤害、环境污染、设备损坏，从总分中扣 20 分； 3. 严重违规终止操作			
备注							
合计					100		

考评员： 核分员： 年 月 日

五十五、测功图操作

1. 考核要求

(1) 必须穿戴劳动保护用品。
(2) 工具、量具、用具准备齐全，正确使用。
(3) 操作规程符合安全文明操作。
(4) 按规定完成操作项目，质量达到技术要求。
(5) 操作完毕，做到“工完、料净、场地清”。

2. 准备要求

(1) 设备准备：

序　号	名　称	规　格	数　量	备　注
1	机抽井口		1 套	

(2) 材料准备：

序　号	名　称	规　格	数　量	备　注
1	大布		1 块	
2	手套		1 副	

(3) 工具、用具准备：

序　号	名　称	规　格	数　量	备　注
1	低压测试仪器	SF-ⅢA 综合测试仪	1 套	
2	活动扳手	375mm	1 把	
3	锉刀		1 把	
4	砂纸		1 张	
5	管钳	600mm	1 把	
6	卸载器		1 个	
7	绝缘手套		1 只	
8	试电笔		1 支	
9	方卡子		1 个	
10	报表		1 张	
11	笔		1 支	

3. 操作程序说明

1）停抽操作

（1）用试电笔检测启动柜外壳，确认安全，戴绝缘手套打开启动柜门。

（2）按停止按钮停抽，将抽油机驴头停在近下死点位置，刹紧刹车。

（3）用试电笔检测配电柜外壳确认安全。

（4）戴绝缘手套打开配电柜门，侧身拉闸断电，关好配电柜门，挂警示牌。

（5）记录停抽时间。

（6）检查刹车锁块在行程的1/2~2/3，各部件连接完好。

2）安装卸载卡子、卸载

（1）清洁光杆，在光杆合适位置处安装卸载卡子，安装卸载器。

（2）检查周围无障碍物。

（3）验电、摘警示牌，戴绝缘手套侧身合闸送电，验电，开启动柜门，缓慢松刹车，利用惯性启抽。

（4）将驴头载荷转移至井口。

（5）停抽、刹紧刹车，关启动柜门，侧身拉闸断电，挂警示牌。

3）安装测试仪器并测试

（1）检查光杆有无下滑现象。

（2）在悬绳器处安装载荷位移传感器，并将传感器调至无线状态，将位移线固定好。

（3）缓慢松开刹车，将载荷移至悬绳器，取下卸载器，拆除方卡子，修复光杆毛刺。

（4）用试电笔测试配电箱是否带电，取警示牌，拉闸送电，启动抽油机。

（5）开启测试仪，进入“现场测试”，按“9”键输入井号，用“•”键切换拼音与数字。

（6）按“1”键测冲程冲次，测完后按“0”键退出，按“2”键测功图，再按“+”键保存，需要测试3个相似的功图后按“6”键退出，关闭测试仪。

4）卸载，停机断电，拆除测试仪器

（1）停机，拉紧刹车，安装卸载器。

（2）规范启抽，将驴头载荷转移至井口。

（3）用试电笔测试配电箱是否带电，拉闸刀断电，挂警示牌。

（4）收位移线，取出载荷位移传感器并关闭。

（5）缓慢松刹车将载荷转移至悬绳器。

（6）取出卸载器，拆除方卡子，修复光杆毛刺。

5）启抽恢复生产

（1）验电、摘警示牌，戴绝缘手套侧身合闸送电，验电，开启动柜门、缓慢松刹车，利用惯性启抽，关好启动柜门。

（2）记录启抽时间。

6）启抽后检查

（1）检查抽油机运转状况。

（2）检查光杆上、下冲程有无挂碰现象，检查井口各连接处有无渗漏现象。

(3) 下行近下死点时调盘根松紧度，上行时用手背试光杆温度，光杆下行涂抹黄油。

7) 现场清理，填写报表

(1) 将相关数据填入班报表。

(2) 收拾、擦拭工具，打扫场地卫生。

4. 考核规定说明

(1) 如发现操作过程中可能发生重大违章(如人身伤害、环境污染、设备损坏等)，将终止操作。

(2) 考核采用百分制，考核项目得分按鉴定比重进行折算。

(3) 考核方式说明：本项目为实际操作题，考核过程按评分标准及操作过程进行评分。

(4) 考评技能说明：本项目主要测试考生对测功图技能掌握的熟练程度。

5. 考核时限

(1) 准备工作：1min(不计入考核时间)。

(2) 正式操作时间：10min。

(3) 提前完成操作不加分，到时停止操作考核。

6. 评分记录表

测功图操作评分记录表

操作时间：10min　　考生：　　操作用时：

序号	考核内容	操作规程	评分要素	评分标准	配分	扣分	得分
1	准备	1. 穿戴好劳动保护用品； 2. 准备工具：大布、手套、低压测试仪器、活动扳手、锉刀、砂纸、管钳、卸载器、绝缘手套试电笔、方卡子、报表、笔	准备工具、测试、用具	1. 劳保穿戴不整齐扣5分； 2. 未准备工具及材料扣5分，多、少准备一件扣2分	5		
2	停抽操作	1. 用试电笔检测启动柜外壳，确认安全，戴绝缘手套打开启动柜门； 2. 按停止按钮停抽，将抽油机驴头停在近下死点位置，刹紧刹车； 3. 用试电笔检测配电柜外壳确认安全； 4. 戴绝缘手套打开配电柜门，侧身拉闸断电，关好配电柜门，挂警示牌； 5. 记录停抽时间； 6. 检查刹车锁块在行程的1/2～2/3，各部件连接完好	检查刹车，停抽油机，验电	1. 未验电一次扣3分，未戴绝缘手套一次扣5分； 2. 停机位置不合适，多停一次扣5分，刹车未刹紧、溜车扣5分； 3. 不关柜门一次扣2分； 4. 未检查刹车扣5分； 5. 未记录停抽时间扣3分； 6. 未摘、挂警示牌一次扣2分	15		

续表

序号	考核内容	操作规程	评分要素	评分标准	配分	扣分	得分
3	安装卸载卡子、卸载	1. 清洁光杆，在光杆合适位置处安装卸载卡子，安装卸载器； 2. 检查周围无障碍物； 3. 验电、摘警示牌，戴绝缘手套侧身合闸送电，验电，开启动柜门，缓慢松刹车，利用惯性启抽； 4. 将驴头载荷转移至井口； 5. 停抽、刹紧刹车，关启动柜门，侧身拉闸断电，挂警示牌	安装载荷位移传感器，加载，操作测试仪器	1. 未清洁光杆扣2分，打卡子位置不合适扣3分； 2. 未检查障碍物扣3分； 3. 未验电一次扣3分，未戴绝缘手套一次扣5分，未关柜门一次扣2分； 4. 未利用惯性启动抽油机扣5分，逆向启抽扣10分，加载操作不平稳扣5分； 5. 卸载卡子位置不合适扣5分，打滑扣10分，卡子打反该项不得分； 6. 工具使用不当一次扣2分	25		
4	安装测试仪器并测试	1. 检查光杆有无下滑现象； 2. 在悬绳器处安装载荷位移传感器，并将传感器调至无线状态，将位移线固定好； 3. 缓慢松开刹车，将载荷移至悬绳器，取下卸载器，拆除方卡子，修复光杆毛刺； 4. 用试电笔测试配电箱是否带电，取警示牌，拉闸送电，启动抽油机； 5. 开启测试仪，进入“现场测试”，按“9”键输入井号，用“•”键切换拼音与数字； 6. 按“1”键测冲程冲次，测完后按“0”键退出，按“2”键测功图，再按“+”键保存，需要测试3个相似的功图后按“6”键退出，关闭测试仪	卸载，验电，加载	1. 未检查光杆有无下滑现象扣3分； 2. 传感器安装不正确扣5分，未调至无线状态扣5分，不固定位移线扣5； 3. 未缓慢松刹车扣3分，未取下卸载器扣10分，未修复光杆毛刺扣5分； 4. 未检查障碍物扣3分，未验电一次扣3分，未戴绝缘手套一次扣5分，未关柜门一次扣2分，未利用惯性启动抽油机扣5分，逆向启抽扣10分； 5. 不会操作测试仪器终止操作	25		

续表

序号	考核内容	操作规程	评分要素	评分标准	配分	扣分	得分
5	卸载拆除测试仪器	1. 停机，拉紧刹车，安装卸载器； 2. 规范启抽，将驴头载荷转移至井口； 3. 用试电笔测试配电箱是否带电，拉闸刀断电，挂警示牌； 4. 收位移线，取出载荷位移传感器并关闭； 5. 缓慢松刹车将载荷转移至悬绳器； 6. 取出卸载器，拆除方卡子，修复光杆毛刺	验电，站侧面送电，利用惯性启抽	1. 未验电一次扣3分，未戴绝缘手套一次扣5分，停机位置不合适，多停一次扣5分，刹车未刹紧、溜车扣5分，不关柜门一次扣2分； 2. 未收位移线扣5分，手握光杆一次扣5分； 3. 不控制刹车扣3分； 4. 未取卸载器扣10分； 5. 工具使用不当一次扣2分，未修复光杆毛刺扣5分	15		
6	启抽恢复生产	1. 验电、摘警示牌，戴绝缘手套侧身合闸送电，验电，开启动柜门、缓慢松刹车，利用惯性启抽，关好启动柜门； 2. 记录启抽时间	摸温度，紧固，加黄油	1. 未验电一次扣3分，未戴绝缘手套一次扣5分，不关柜门一次扣2分，未利用惯性启抽扣5分； 2. 未记录启抽时间扣3分	5		
7	启抽后检查	1. 检查抽油机运转状况； 2. 检查光杆上、下冲程有无挂碰现象，检查井口各连接处有无渗漏现象； 3. 下行近下死点时调盘根松紧度，上行时用手背试光杆温度，光杆下行涂抹黄油	巡回检查，确保安全生产	1. 未检查运转状况扣5分； 2. 未检查光杆挂碰扣3分，未检查井口有无渗漏现象扣3分； 3. 下行近下死点时调试盘根松紧度，上行时用手背试光杆温度，光杆下行涂抹黄油，一处错扣2分	5		
8	现场清理，填写报表	1. 将相关数据填入班报表； 2. 收拾、擦拭工具，打扫场地卫生	收拾工具，打扫卫生，记录	1. 未填写报表扣5分，漏一项扣2分； 2. 未清理现场扣5分，工具少收一件扣2分	5		
9	安全文明操作	1. 遵守国家或企业有关安全规定； 2. 操作过程中严格遵守“四不伤害”原则	遵守国家或企业有关安全规定	1. 每违反一项规定，从总分中扣5分； 2. 因操作不当造成人身伤害、环境污染、设备损坏，从总分中扣20分； 3. 严重违规终止操作			
备注							
合　计					100		

考评员：　　　　核分员：　　　　年　月　日

五十六、测液面操作

1. 考核要求

(1) 必须穿戴劳动保护用品。

(2) 工具、量具、用具准备齐全，正确使用。

(3) 操作规程符合安全文明操作。

(4) 按规定完成操作项目，质量达到技术要求。

(5) 操作完毕，做到“工完、料净、场地清”。

2. 准备要求

(1) 设备准备：

序　号	名　称	规　格	数　量	备　注
1	机抽井		1 口	
2	低压测试仪器	SF-ⅢA 综合测试仪	1 套	

(2) 材料准备：

序　号	名　称	规　格	数　量	备　注
1	大布		1 块	
2	手套		1 副	

(3) 工具、用具准备：

序　号	名　称	规　格	数　量	备　注
1	管钳	600mm	1 把	
2	专用勾头扳手		1 把	
3	氮气瓶		1 个	
4	专用高压气管线		1 根	
5	专用仪器连接电缆		1 根	
6	污油桶		1 个	
7	油嘴扳手		1 把	
8	通针		1 根	
9	生料带		1 卷	

3. 操作程序说明

1）操作前的检查

（1）打开仪器的电源开关，查看仪器电压，仪器电压不低于6V。

（2）调试仪器液晶显示屏，确保数字清晰，便于读数。

（3）关闭电源开关。

2）检查击发装置

（1）检查SF-ⅢA井口联接器枪头内、外确保清洁、干净无、油污。

（2）检查气瓶压力，确保气瓶压力在4～15MPa。

（3）检查气瓶接头、外观确保完好，在检验有效期之内。

3）安装井口击发器

（1）倒流程，泄压。

（2）用管钳卸下油嘴丝堵，做好污油回收。

（3）使用通针确认油嘴无堵塞，并拆除。

（4）击发器缠生料带并连接，连接高压气管线和信号线。

（5）关击发器排气阀，压下压杆，缓慢开套管阀门、试压。

（6）缓慢打开气瓶充压，冲压，压力控制在2～3MPa，充压后快速关闭气瓶旋钮。

4）测试

（1）打开电源开关。

（2）用转换键输入测试井名。

（3）按液面测试键。

（4）拉动击发环，击发。

（5）测试后检查液面曲线并保存(若曲线不明显，需调整灵敏度，进行二次复测)关闭测试仪器。

5）卸仪器操作

（1）关闭套管外侧阀门，泄压。

（2）卸下高压气瓶线，拔下信号传输线。

（3）卸联接器、击发器，安装油嘴、丝堵。

（4）恢复生产流程。

6）填写报表，清理场地

（1）规范填写报表。

（2）清洁现场，收拾工具。

4. 考核规定说明

（1）如发现操作过程中可能发生重大违章(如人身伤害、环境污染、设备损坏等)，将终止操作。

（2）考核采用百分制，考核项目得分按鉴定比重进行折算。

（3）考核方式说明：本项目为实际操作题，考核过程按评分标准及操作过程进行评分。

（4）测量技能说明：本项目主要测试考生对测液面技能掌握的熟练程度。

5. 考核时限

(1) 准备工作：1min(不计入考核时间)。

(2) 正式操作时间：15min。

(3) 提前完成操作不加分，到时停止操作考核。

6. 评分记录表

测液面操作评分记录表

操作时间：15min　　　　考生：　　　　操作用时：

序号	考核内容	操作规程	评分要素	评分标准	配分	扣分	得分
1	准备工作	1. 穿戴好劳动保护用品； 2. 准备工具：大布、手套、管钳、专用勾头扳手、氮气瓶、专用高压气管线、专用仪器连接电缆、污油桶、油嘴扳手、通针、生料带	准备工具、用具，材料齐全	1. 劳保穿戴不整齐扣5分； 2. 未准备工具及材料扣5分，多、少准备一件扣2分	5		
2	操作前的检查	1. 打开仪器的电源开关，查看仪器电压，仪器电压不低于6V； 2. 调试仪器液晶显示屏，确保数字清晰，便于读数； 3. 关闭电源开关	检查仪器电源电压，检查氮气瓶	1. 未打开电源开关检查电压扣3分，电压不足时不充电扣10分； 2. 未检查仪器操作面板、显示屏扣3分； 3. 检查后未关闭电源开关扣5分	15		
3	检查击发装置	1. 检查SF-ⅢA井口联接器枪头内、外确保清洁、干净无、油污； 2. 检查气瓶压力，确保气瓶压力在4~15MPa； 3. 检查气瓶接头、外观确保完好，在检验有效期之内	检查仪器仪表	1. 未检查枪头内、外是否清洁干净扣3分； 2. 未检查气瓶的压力扣3分，未口述压力区间扣5分； 3. 未检查气瓶接头、外观、效验标签，每少一项扣3分	15		
4	安装井口击发器	1. 倒流程，泄压； 2. 用管钳卸下油嘴丝堵，做好污油回收； 3. 使用通针确认油嘴无堵塞，并拆除； 4. 击发器缠生料带并连接，连接高压气管线和信号线； 5. 关击发器排气阀，压下压杆，缓慢开套管阀门、试压； 6. 缓慢打开气瓶充压，冲压，压力控制在2~3MPa，充压后快速关闭气瓶旋钮	正确倒流程，规范安装设备	1. 流程倒错扣5分，未泄压扣5分； 2. 工具使用不当一次扣2分，未放空扣5分，造成污染扣3分； 3. 未检查油嘴扣3分，未拆除油嘴测试终止考核； 4. 未缠生料带扣5分，生胶带缠反扣3分； 5. 未侧身开关阀门扣5分，未开套管阀门直接测试的终止考核，未关击发器排气阀扣3分，未压下压杆扣3分，未试压验漏的扣10分； 6. 未打开气瓶充压扣5分，冲压区间不符合要求的扣10分，充压后未关闭气瓶扣5分	30		

续表

序号	考核内容	操作规程	评分要素	评分标准	配分	扣分	得分
5	测试	1. 打开电源开关； 2. 用转换键输入测试井名； 3. 按液面测试键； 4. 拉动击发环，击发； 5. 测试后检查液面曲线并保存（若曲线不明显，需调整灵敏度，进行二次复测）关闭测试仪器	正确使用仪器	1. 不会使用仪器终止操作； 2. 信息输入错误一处扣 5 分； 3. 不会选择波段扣 5 分，复测低于 2 次扣 5 分； 4. 未保存测试数据该项不得分； 5. 未关闭测试仪器扣 3 分	20		
6	卸仪器	1. 关闭套管外侧阀门，泄压； 2. 卸下高压气瓶线，拔下信号传输线； 3. 卸联接器、击发器，安装油嘴、丝堵； 4. 恢复生产流程	正确倒流程，规范拆除设备	1. 未侧身开关阀门扣 3 分，未关闭套管外侧阀门扣 5 分，未泄压扣 5 分； 2. 未恢复油嘴扣 5 分，丝堵未缠绕生料带扣 3 分，生胶带缠反扣 2 分，未上紧丝堵扣 5 分； 3. 测试后未恢复原流程扣 10 分	10		
7	填写报表，清理场地	1. 规范填写报表； 2. 清洁现场，收拾工具	规范填写班报表，收拾工具，清洁场地	1. 未填写报表扣 5 分，漏一项扣 2 分； 2. 未清理现场扣 5 分，工具少收一件扣 1 分	5		
8	安全文明操作	1. 遵守国家或企业有关安全规定； 2. 操作过程中严格遵守“四不伤害”原则	遵守国家或企业有关安全规定	1. 每违反一项规定，从总分中扣 5 分； 2. 因操作不当造成人身伤害，从总分中扣 20 分； 3. 严重违规取消考核			
备注							
合　计					100		

考评员：　　　　核分员：　　　　年　月　日

五十七、电动潜油泵调频操作

1. 考核要求

(1) 必须穿戴劳动保护用品。

(2) 工具、量具、用具准备齐全，正确使用。

(3) 操作规程符合安全文明操作。

(4) 按规定完成操作项目，质量达到技术要求。

(5) 操作完毕，做到“工完、料净、场地清”。

2. 准备要求

(1) 设备准备：

序 号	名 称	规 格	数 量	备 注
1	电动潜油泵变频柜		1套	

(2) 材料准备：

序 号	名 称	规 格	数 量	备 注
1	试电笔		1支	
2	绝缘手套		1只	

(3) 工具、用具准备：

序 号	名 称	规 格	数 量	备 注
1	报表		1张	
2	记录笔		1支	

3. 操作程序说明

1) 检查记录

(1) 核实通知单，确认调整频率参数。

(2) 检查记录井口生产运行参数。

(3) 验电，确认变频柜安全。

(4) 检查电动潜油泵控制柜运行参数(在Pr09界面中通过0、1、3获得对应运行数据，并记录)。

2）调频操作

（1）在“rdy”状态下，将电潜泵控制柜界面切换至 Pr07 档，按“R”键进入参数设置状态。

（2）用∧/∨增、减键调整所需频率，按“cw”键返回参数查看状态。

（3）界面切换至 Pr09，读取运行参数，通过 0、1、3 获得对应运行数据。

3）重新设置过、欠载值

（1）运行正常平稳后，观察运行电流值。

（2）根据运行电流计算过、欠载值(口述：过载值为运行电流的 120%，欠载值为运行电流的 80%)。

（3）界面分别切换至 Pr04、Pr05，设置过、欠载值。

4）检查、恢复

（1）界面切换至 Pr09，通过 0、1、3 获得对应的运行数据，并记录。

（2）查询结束后恢复 Pr09 中 3 的运行界面。

（3）检查电流记录仪运行情况，确认电流卡片、记录笔运行正常。

（4）在电流卡片上标注调参信息(口述：调参时间、频率数据、操作人员姓名)。

（5）检查记录井口生产运行参数。

5）填写报表，清理场地

（1）将相关数据填入班报表。

（2）清洁现场，收拾工具。

4. 考核规定说明

（1）如发现操作过程中可能发生重大违章(如人身伤害、环境污染、设备损坏等)，将终止操作。

（2）考核采用百分制，考核项目得分按鉴定比重进行折算。

（3）考核方式说明：本项目为实际操作题，考核过程按评分标准及操作过程进行评分。

（4）考核技能说明：本项目主要测试考生对电动潜油泵调频技能掌握的熟练程度。

5. 考核时限

（1）准备工作：1min(不计入考核时间)。

（2）正式操作时间：10min。

（3）提前完成操作不加分，到时停止操作考核。

6. 评分记录表

电动潜油泵调频操作评分记录表

操作时间：10min　　考生：　　操作用时：

序号	考核内容	操作规程	评分要素	评分标准	配分	扣分	得分
1	准备	1. 戴好劳动保护用品； 2. 准备工具：试电笔、绝缘手套、报表、记录笔	准备工具、量具、用具	1. 未穿戴好劳保 1 处扣 2 分； 2. 未准备工具及材料扣 5 分，多、少准备一件扣 1 分	5		

续表

序号	考核内容	操作规程	评分要素	评分标准	配分	扣分	得分
2	检查记录	1. 核实通知单，确认调整频率参数； 2. 检查记录井口生产运行参数； 3. 验电，确认变频柜安全； 4. 检查电动潜油泵控制柜运行参数（在Pr09界面中通过0、1、3获得对应的运行数据，并记录）	记录调整频率前各项参数	1. 未确认调整参数扣5分； 2. 未记录井口生产运行参数扣3分； 3. 未验电扣3分； 4. 未检查电动潜油泵控制柜运行参数扣5分，未记录扣3分	20		
3	调整频率	1. 在"rdy"状态下，将电潜泵控制柜界面切换至Pr07挡，按"R"键进入参数设置状态； 2. 用∧/∨增、减键调整所需频率，按"cw"键返回参数查看状态； 3. 界面切换至Pr09，读取运行参数，通过0、1、3获得对应的运行数据	调整频率的操作步骤及判断运行状况	1. 不会切换扣5分； 2. 不会调整扣10分，调整操作错误一项扣5分	20		
4	重新设置过欠载值	1. 运行正常平稳后，观察运行电流值； 2. 根据运行电流计算过、欠载值（口述：过载值为运行电流的120%，欠载值为运行电流的80%）； 3. 界面分别切换至Pr04、Pr05，设置过、欠载值	判断调整频率后设定参数是否合理	1. 未观察运行电流值扣3分； 2. 不会计算扣10分，计算错误一项扣5分，未口述扣5分； 3. 不会设置扣10分，设置错误一项扣5分	20		

续表

序号	考核内容	操作规程	评分要素	评分标准	配分	扣分	得分
5	检查恢复	1. 界面切换至Pr09，通过0、1、3获得对应的运行数据，并记录； 2. 查询结束后恢复Pr09中3的运行界面； 3. 检查电流记录仪运行情况，确认电流卡片、记录笔运行正常； 4. 在电流卡片上标注调参信息（口述：调参时间、频率数据、操作人员姓名）； 5. 检查记录井口生产运行参数	记录控制柜运行参数和井口生产参数	1. 不会设置扣5分，未记录扣5分； 2. 未恢复扣5分； 3. 未检查电流记录仪扣5分，未确认电流卡片、记录笔一处扣3分； 4. 未填信息扣10分，填错一项扣2分； 5. 未检查记录井口生产运行参数扣5分	30		
6	填写报表，清理场地	1. 将相关数据填入报表； 2. 清洁现场，收拾工具	收拾工具，清洁场地	1. 未填写报表扣5分，漏一项扣2分； 2. 未清理现场扣5分，工具少收一件扣2分	5		
7	安全文明操作	1. 遵守国家或企业有关安全规定； 2. 操作过程中严格遵守“四不伤害”原则	遵守国家或企业有关安全规定	1. 每违反一项规定，从总分中扣5分； 2. 因操作不当造成人身伤害，从总分中扣20分； 3. 严重违规取消考核			
备注							
合计					100		

考评员： 核分员： 年 月 日

五十八、分析电动潜油泵井电流卡片

1. 考核要求

(1) 必须穿戴劳动保护用品。
(2) 工具、量具、用具准备齐全，正确使用。
(3) 操作规程符合安全文明操作。
(4) 按规定完成操作项目，质量达到技术要求。
(5) 操作完毕，做到“工完、料净、场地清”。

2. 准备要求

(1) 设备准备：

序 号	名 称	规 格	数 量	备 注
1	电动潜油泵变频柜		1套	

(2) 工具、用具准备：

序 号	名 称	规 格	数 量	备 注
1	试电笔		1支	
2	绝缘手套		1只	

(3) 材料准备：

序 号	名 称	规 格	数 量	备 注
1	电流卡片	周卡/日卡	10张	有记录参数
2	铅笔		1支	
3	中性笔		1支	

3. 操作程序说明

1) 检查电流卡片
(1) 检查电流卡片的规格、运行方向是否正确。
(2) 验电、打开记录仪，取出电流卡片。
(3) 检查电流卡片起、止时间。

2）对比电流卡片

（1）比较实际电流卡片与理想工作电流的差异。

（2）对电动潜油泵机组保护是否合理。

3）判断定性

（1）判断电动潜油泵机组工作状况。

（2）观察卡片曲线形状，定性卡片运行状况。

4）分析原因

分析出影响电动潜油泵井正常生产的原因。

5）整改措施

针对分析出的异常原因制定相应的整改措施。

4. 考核规定说明

（1）如考核作弊，将终止考核。

（2）考核采用百分制，考核项目得分按鉴定比重进行折算。

（3）考核方式说明：本项目为答卷考核，考核过程按评分标准进行评分。

（4）考核技能说明：本项目主要测试考生对电动潜油泵井电流卡片的分析能力。

5. 考核时限

（1）准备工作：1min（不计入考核时间）。

（2）正式操作时间：20min。

（3）提前完成操作不加分，到时停止操作考核。

6. 评分记录表

分析电动潜油泵井电流卡片评分记录表

操作时间：20min　　　　考生：　　　　操作用时：

序号	考核内容	操作规程	评分要素	评分标准	配分	扣分	得分
1	准备	1. 穿戴好劳保用品； 2. 准备工具：电流卡片、铅笔、中性笔、试电笔、绝缘手套	准备工具、量具、用具	1. 未穿戴好劳保一处扣2分； 2. 未准备工具及材料扣5分，多、少准备一件扣2分	5		
2	检查电流卡片	1. 检查电电流卡片的规格、运行方向； 2. 验电、打开记录仪，取出电流卡片； 3. 检查电流卡片起止时间	电流卡片的规格、运行方式，运行时间	1. 电流卡片的规格、运行方式错误一处扣10分； 2. 未验电扣5分，未带绝缘手套扣3分； 3. 标注实际运行时间错误一处扣5分	15		

续表

序号	考核内容	操作规程	评分要素	评分标准	配分	扣分	得分
3	对比电流卡片	1. 比较实际电流卡片与理想工作电流的差异； 2. 对电动潜油泵机组保护是否合理	比较实际电流卡片与理想工作电流的差异，机组保护是否合理	1. 对比错误一处扣10分； 2. 未标明原因扣10分	15		
4	分析判断	1. 判断电动潜油泵机组工作状况； 2. 观察卡片曲线形状，定性卡片运行状况	判断电动潜油泵机组工作状况，定性卡片	1. 判断错误一个卡片扣10分； 2. 定性错误一个卡片扣10分	20		
5	分析原因	分析出影响电动潜油泵井正常生产的原因	分析影响电动潜油泵井正常生产的因素	不会分析此项不得分，分析错一项扣5分	30		
6	整改措施	1. 分别书写出影响生产的主次要原因； 2. 针对分析出的异常原因制定相应的整改措施	确认分析结果，提出整改措施	1. 未针对主要原因一处扣5分； 2. 措施错误一处扣5分	10		
7	填写报表，清理场地	1. 将相关数据填入报表； 2. 清洁现场，收拾工具	收拾工具，清洁场地	1. 未填写报表扣5分，漏一项扣2分。 2. 未清理现场扣5分，工具少收一件扣2分	5		
8	安全文明操作	1. 遵守国家或企业有关安全规定； 2. 操作过程中严格遵守“四不伤害”原则	遵守国家或企业有关安全规定	1. 每违反一项规定，从总分中扣5分； 2. 因操作不当造成人身伤害，从总分中扣20分； 3. 严重违规取消考核			
备注							
合计					100		

考评员： 核分员： 年 月 日

五十九、掺稀自喷井调整注入量操作

1. 考核要求

（1）必须穿戴劳动保护用品。
（2）工具、量具、用具准备齐全，正确使用。
（3）操作规程符合安全文明操作。
（4）按规定完成操作项目，质量达到技术要求。
（5）操作完毕，做到“工完、料净、场地清”。

2. 准备要求

（1）设备准备：

序　号	名　称	规　格	数　量	备　注
1	掺稀自喷井		1套	有掺稀自控流量计

（2）材料准备：

序　号	名　称	规　格	数　量	备　注
1	取样瓶	500mL	2个	
2	大布		2块	
3	纸	A4	2张	
4	笔		1支	
5	水彩笔	12色	1盒	
6	直尺、三角板		各1把	
7	米格纸		2张	

（3）工具、用具准备：

序　号	名　称	规　格	数　量	备　注
1	磁笔		1支	流量计专用
2	污油桶		1个	

（4）油井基础资料准备：

序　号	名　称	规　格	数　量	备　注
1	日报表		7张	连续7天
2	含水表		7张	连续7天
3	黏温表		7张	连续7天

3. 操作程序说明

1）操作前的准备

（1）连续7天日报表、含水表、黏温表各1张。

（2）核对油井地层产量、黏度、含水、压力及温度等数据。

（3）绘制7天的生产曲线(油嘴、油、套、回压、井温、含水、黏度)。

（4）检查掺稀流量计，确认芯阀座、叶轮、控制面板、主板、电池完好。

（5）检查流量计前后端控阀门无漏失、前端过滤器清洁。

（6）校对掺稀掺稀流量计，误差控制在0.2m^3/h以下。

（7）核对目前油井掺稀量。

2）分析油井掺稀量有无调整空间

（1）井口油、套压稳定，井温稳定，稳定时间超过4~8h(根据油井产量高低不等确定时间长短，不低于一个油管容积液量推算)。

（2）回压稳定，保持在1.0~1.5MPa之间。

（3）黏度不大于1500mPa·s。

（4）含水稳定，波动在0~5%之内。

（5）油井地层产量稳定，波动在0~5m^3/d之内。

（6）井口取样目测出液黏度。

（7）判断油井目前掺稀量是否有调整空间。

3）判断注入量调整范围(依据生产曲线分析、判断、调整并描述调整范围)

（1）井口压力稳定情况下，出液偏稀，回压低于1.0MPa，黏度在1000mPa·s以下的油井可下调注入量0.2~0.3m^3/h。

（2）井口压力稳定的情况下，出液偏稀，回压在1.0~1.5MPa之间、黏度在1000~1500mPa·s之间的油井可下调注入量0.1~0.2m^3/h。

（3）井口压力稳定的情况下或油压略有上升，出液偏稠，回压大于1.5MPa、黏度大于1500mPa·s的油井可上调注入量0.2~0.5m^3/h。

4）调整掺稀注入量

（1）根据油井情况，调整掺稀注入量。

（2）用磁笔调整掺稀流量计小时掺稀量。

（3）设定后，观察掺稀流量计变化情况和流量计瞬时流量是否满足需求。

（4）观察掺稀流量计底数与瞬时流量是否吻合。

（5）口述：调参后观察30min，确保各项参数稳定后方可离开。

5）填写报表，清理现场同，收拾工具

（1）规范填写班报表。

（2）清洁现场，收拾工具。

4. 考核规定说明

（1）如发现操作过程中可能发生重大违章(如人身伤害、环境污染、设备损坏等)，将终止操作。

（2）考核采用百分制，考核项目得分按鉴定比重进行折算。

（3）考核方式说明：本项目为实际操作题，考核过程按评分标准及操作过程进行评分。

（4）测量技能说明：本项目主要测试考生对掺稀自喷井调整注入量技能掌握的熟练程度。

5. 考核时限

（1）准备工作：1min（不计入考核时间）。

（2）正式操作时间：20min。

（3）提前完成操作不加分，到时停止操作考核。

6. 评分记录表

掺稀自喷井调整注入量操作评分记录表

操作时间：20min　　考生：　　操作用时：

序号	考核内容	操作规程	评分要素	评分标准	配分	扣分	得分
1	资料工具准备	1. 穿戴好劳动保护用品； 2. 准备工具：取样瓶、大布、纸、笔、水彩笔、直尺、三角板、米格纸、磁笔、污油桶、连续7天日报表、含水表、黏温表	准备工具、量具、用具	1. 未穿戴好劳保一处扣2分； 2. 未准备工具及材料扣5分，多、少准备一件扣2分	5		
2	操作前的准备	1. 连续7天日报表、含水表、黏温表各1份； 2. 核对油井地层产量、黏度、含水、压力及温度等数据； 3. 绘制7天的生产曲线（油嘴、油压、套压、回压、井温、含水、黏度）； 4. 检查掺稀流量计，确认芯阀座、叶轮、控制面板、主板、电池完好； 5. 检查流量计前后端控阀门无漏失、前端过滤器清洁； 6. 校对掺稀掺稀流量计，误差控制在0.2m^3/h以下； 7. 核对目前油井掺稀量	规范绘制曲线图	1. 未准备好7天的报表，每少1天扣3分； 2. 未核对油井产液、黏温、含水、压力、井温，每少一项扣3分； 3. 不会绘制曲线，此项不得分，绘制错误扣10分； 4. 未检查流量计，每少一项扣3分； 5. 未检查流量计前后端阀门漏失情况扣3分，未检查过滤器扣5分，有杂质未清理的此项不得分； 6. 未校对流量计误差扣5分； 7. 未核实油井目前注入量扣5分	30		

续表

序号	考核内容	操作规程	评分要素	评分标准	配分	扣分	得分
3	分析油井目前掺稀量有无调整空间	1. 井口油、套压稳定，井温稳定，稳定时间超过4～8h（根据油井产量高低不等确定时间长短，不低于一个油管容积液量推算）； 2. 回压稳定，保持在1.0～1.5MPa之间； 3. 黏度不大于1500mPa·s； 4. 含水稳定，波动在0～5%之内； 5. 油井地层产量稳定，波动在0～5m^3/d之内； 6. 井口取样目测出液黏度； 7. 判断油井目前掺稀量是否有调整空间	分析判断	1. 一项未口述扣3分； 2. 2～6项少一项扣5分； 3. 未判断目前注入量调整空间扣10分	25		
4	判断注入量调整范围	1. 井口压力稳定，出液偏稀，回压低于1.0MPa，黏度在1000mPa·s以下的油井可下调注入量0.2～0.3m^3/h； 2. 井口压力稳定的情况下，出液偏稀，回压在1.0～1.5MPa之间、黏度在1000～1500mPa·s之间的油井可下调注入量0.1～0.2m^3/h； 3. 井口压力稳定的情况下或油压略有上升，出液偏稠，回压在大于1.5MPa、黏度大于1500mPa·s的油井可上调注入量0.2～0.5m^3/h	正确分析调整量	1. 一项分析不到位扣5分； 2. 不会或未能判断出掺稀量的调整范围终止考核	25		

续表

序号	考核内容	操作规程	评分要素	评分标准	配分	扣分	得分
5	调整掺稀注入量	1. 根据油井情况，调整掺稀注入量； 2. 在掺稀流量计上用磁笔设定小时掺稀量； 3. 设定后，观察掺稀流量计变化情况和流量计瞬时流量是否满足需求； 4. 观察掺稀流量计底数与瞬时流量是否吻合； 5. 口述，调参后观察 30min，确保各项参数稳定后方可离开	规范调整	1. 不会使用磁笔扣 3 分，不会调掺稀设备扣 10 分； 2. 调整后未核对的掺稀量扣 5 分； 3. 未口述调参后坐岗观察的扣 5 分	10		
6	填写报表，整理资料	1. 规范填写班报表； 2. 清洁现场，收拾工具	收拾工具，清洁场地	1. 未填写报表扣 5 分，漏一项扣 2 分； 2. 未清理现场扣 5 分，工具少收一件扣 2 分	5		
7	安全文明操作	1. 遵守国家或企业有关安全规定； 2. 操作过程中严格遵守“四不伤害”原则	遵守国家或企业有关安全规定	1. 每违反一项规定，从总分中扣 5 分； 2. 因操作不当造成人身伤害、环境污染、设备损坏，从总分中扣 20 分； 3. 严重违规终止操作			
备注							
合　计					100		

考评员：　　　　核分员：　　　　年　月　日

六十、绘制井下管柱图

1. 考核要求

(1) 必须穿戴劳动保护用品。
(2) 工具、量具、用具准备齐全，正确使用。
(3) 操作规程符合安全文明操作。
(4) 按规定完成操作项目，质量达到技术要求。
(5) 操作完毕，做到“工完、料净、场地清”。

2. 准备要求

(1) 资料准备：

序 号	名 称	规 格	数 量	备 注
1	某井井下管柱数据		1套	

(2) 材料准备：

序 号	名 称	规 格	数 量	备 注
1	铅笔		2支	
2	碳素笔		1支	
3	纸	A4	若干	
4	绘图工具		1套	丁字尺、三角板、绘图板

3. 操作程序说明

1) 绘图前准备
(1) 依据修、完井设计，确认管、杆柱数据，掌握入井工具规格、下深、名称等。
(2) 绘制草图。
2) 绘制管柱图
(1) 按照绘图要求，合理布图。
(2) 参照草图，绘制井下管、杆柱图。
(3) 标注入井管、杆规格、下深、工具名称及各层套管规格、下深。

（4）标注井号、图表名称及图例。

3）填写标题栏，清洁图幅

（1）规范填写标题栏。

（2）清理图幅，收拾工具。

4. 考核规定说明

（1）如发现操作过程中可能发生重大违章（如人身伤害、环境污染、设备损坏等），将终止操作。

（2）考核采用百分制，考核项目得分按鉴定比重进行折算。

（3）考核方式说明：本项目为实际操作题，考核过程按评分标准及操作过程进行评分。

（4）测量技能说明：本项目主要测试考生对绘制井下管柱图技能掌握的熟练程度。

5. 考核时限

（1）准备工作：1min（不计入考核时间）。

（2）正式操作时间：30min。

（3）提前完成操作不加分，到时停止操作考核。

6. 评分记录表

绘制井下管柱图评分记录表

操作时间：30min　　考生：　　操作用时：

序号	考核内容	操作规程	评分要素	评分标准	配分	扣分	得分
1	准备	1. 穿戴好劳保用品； 2. 准备工用具：铅笔、笔、纸、绘图工具	准备工具、用具	1. 未穿戴好劳保一处扣 2 分； 2. 未准备工具及材料扣 5 分，多、少准备一件扣 2 分	10		
2	绘图前准备	1. 依据修、完井设计，确认管、杆柱数据，掌握入井工具规格、下深、名称等； 2. 绘制草图	确认入井管、杆数据、绘制草图	1. 未核实入井管、杆柱数据扣 20 分，每少一项扣 5 分； 2. 未绘制草图扣 10 分	30		

续表

序号	考核内容	操作规程	评分要素	评分标准	配分	扣分	得分
3	绘制管柱图	1. 按照绘图要求，合理布图； 2. 参照草图，绘制井下管、杆柱图； 3. 标注入井管、杆规格、下深、工具名称及各层套管规格、下深； 4. 标注井号、图表名称及图例	依据草图绘制井下管住图	1. 布图不合理扣10分； 2. 未依据草图绘图扣2分，入井管、杆柱绘制错误一处扣5分； 3. 下深、规格、名称标注错误一处扣3分； 4. 标注井号、图表名称及图例错误一处扣2分	40		
4	规范填写清洁图幅	1. 规范填写标题栏； 2. 清理图幅，收拾工具	规范填写	1. 未填写标题栏扣10分，错误一处扣2分； 2. 未清洁图幅扣5分，未清洁工具扣5分，少收一件扣1分	20		
5	安全文明操作	1. 遵守国家或企业有关安全规定； 2. 操作过程中严格遵守“四不伤害”原则	遵守国家或企业有关安全规定	1. 每违反一项规定，从总分中扣5分； 2. 因操作不当造成人身伤害、环境污染、设备损坏，从总分中扣20分； 3. 严重违规终止操作			
备注							
合 计					100		

考评员： 核分员： 年 月 日

7. 图解

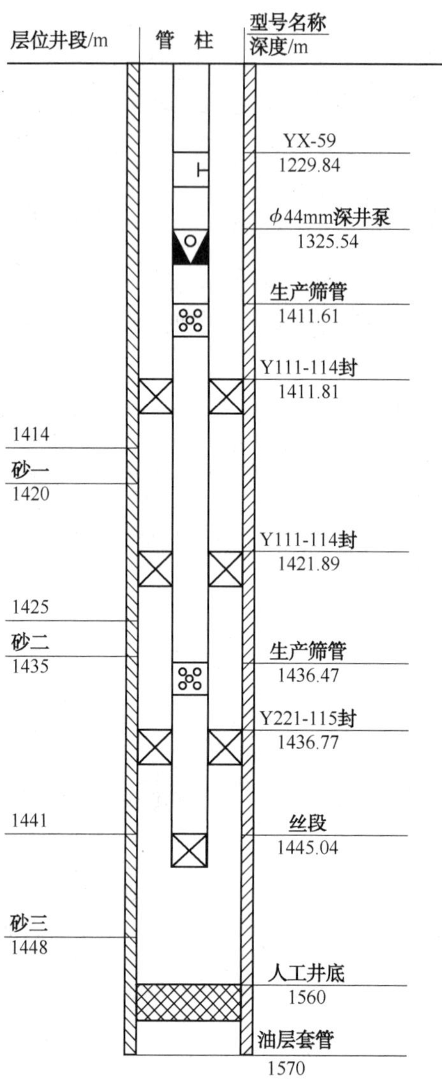

图 60-1　井下管柱图

六十一、生产管线穿孔打卡子操作

1. 考核要求

（1）必须穿戴劳动保护用品。
（2）工具、量具、用具准备齐全，正确使用。
（3）操作规程符合安全文明操作。
（4）按规定完成操作项目，质量达到技术要求。
（5）操作完毕，做到“工完、料净、场地清”。

2. 准备要求

（1）设备准备：

序 号	名 称	规 格	数 量	备 注
1	生产管线	ϕ108mm 或 ϕ133mm	1	能满足倒流程需要

（2）材料准备：

序 号	名 称	规 格	数 量	备 注
1	胶皮	3～5mm	2 块	
2	砂纸	60 目、100 目	若干	
3	卡子	ϕ108mm 或 ϕ133mm	2 个	
4	大布		若干	
5	肥皂水		1 瓶	

（3）工具、用具准备：

序 号	名 称	规 格	数 量	备 注
1	活动扳手	350mm	2 把	
2	管钳	450mm	1 把	
3	污油桶		1 只	
4	外卡钳	250～300mm	1 把	
5	直尺	0～200mm	1 把	
6	F 扳手		1 把	
7	警示牌		1 块	
8	正压式呼吸器		2 套	

续表

序 号	名 称	规 格	数 量	备 注
9	四合一检测仪		1台	
10	刮刀		1把	
11	剪刀		1把	
12	警戒带		1卷	

3. 操作程序说明

1）准备工用具

（1）数据核实管径，选取合适卡子。

（2）准备所需工具、用具。

2）倒流程操作

（1）含硫化氢井需佩戴好呼吸器。

（2）倒旁通流程或备用流程，关闭穿孔管线进出口阀门。

（3）对穿孔管线段进行泄压，压力泄至零，无液无气为合格。

（4）确定作业区域，拉好警戒线。

3）找漏点

（1）拆除保温材料，用平口螺丝刀找漏失点，并确定漏失点位置、大小和数量。

（2）分析管线穿孔原因。

4）清理管线

（1）清理穿孔部位。

（2）用刮刀对破口进行清创处理。

（3）用砂纸和大布将破口和打卡子位置清理干净。

5）打卡子

（1）用外卡钳、直尺再次核实管径，选取和穿孔管线同规格型号的卡子。

（2）制作胶皮垫子。

（3）将胶皮垫子贴附在管线穿孔中心位置。

（4）卡子打在胶皮垫子上，对角上紧螺栓。

6）倒流程、试压、恢复生产

（1）关闭穿孔管线泄压阀门。

（2）打开穿孔流程上游阀门试压，用肥皂水验漏，合格后打开下游阀门。

（3）关闭生产流程旁通隔断阀门或备用流程，恢复生产。

7）填写报表，清理现场

（1）填写报表。

（2）清洁现场，收拾工具。

4. 考核规定说明

（1）如发现操作过程中可能发生重大违章（如人身伤害、环境污染、设备损坏等），将终止操作。

(2) 考核采用百分制，考核项目得分按鉴定比重进行折算。
(3) 考核方式说明：本项目为实际操作题，考核过程按评分标准及操作过程进行评分。
(4) 考评技能说明：本项目主要测试考生对生产管线打卡子技能掌握的熟练程度。

5. 考核时限

(1) 准备工作：1min(不计入考核时间)。
(2) 正式操作时间：15min。
(3) 提前完成操作不加分，到时停止操作考核。

6. 评分记录表

生产管线穿孔打卡子操作评分记录表

操作时间：15min　　考生：　　操作用时：

序号	考核内容	操作规程	评分要素	评分标准	配分	扣分	得分
1	准备工用具	1. 穿戴好劳动保护用品； 2. 准备工具：胶皮、砂纸、卡子、大布、肥皂水、活动扳手、管钳、污油桶、外卡钳、直尺、F扳手、警示牌、正压式呼吸器、四合一检测仪、刮刀、剪刀、警戒带	正确选用工用具和材料	1. 劳保穿戴不整齐扣5分； 2. 未准备工具及材料扣5分，多、少准备一件扣2分	5		
2	核实管径选取卡子	数据核实管径，选取合适卡子	核实管径，选取合适卡子	选取卡子不合适扣10分	10		
3	倒流程操作	1. 含硫化氢井需佩戴好呼吸器； 2. 倒旁通流程或备用流程，关闭穿孔管线进出口阀门； 3. 对穿孔管线段进行泄压，压力泄至零，无液无气为合格； 4. 确定作业区域，拉好警戒线	正确使用气防设施，切换流程	1. 未检测扣5分，检测含硫化氢不佩戴呼吸器终止操作； 2. 未倒流程，停用管线停止操作； 3. 未泄压扣10分，泄压不合格扣3分； 4. 未确定作业区域，拉好警戒线扣3分	15		
4	找漏点	1. 拆除保温材料，用平口螺丝刀找漏失点，并确定漏失点位置、大小和数量； 2. 分析管线穿孔原因	准确找到漏点并能分析漏点原因	1. 未找到漏失点扣15分，漏点数量未找全扣10分； 2. 未分析管线穿孔原因扣10分	15		

续表

序号	考核内容	操作规程	评分要素	评分标准	配分	扣分	得分
5	清理管线	1. 清理穿孔部位； 2. 用刮刀对破口进行清创处理； 3. 用砂纸和大布将破口和打卡子位置清理干净	正确使用工具，清理管线脏污和破口	1. 未清理干净作业面扣5分； 2. 未用刮刀对破口进行清创处理扣10分； 3. 未用砂纸和大布将破口和打卡子位置清理干净扣3分	15		
6	打卡子	1. 用外卡钳、直尺再次核实管径，选取和穿孔管线同规格型号的卡子； 2. 制作胶皮垫子； 3. 将胶皮垫子贴附在管线穿孔中心位置； 4. 卡子打在胶皮垫子上，对角上紧螺栓	会正确打卡子堵漏	1. 未再次核实管径扣3分，使用卡钳错误扣2分，选取卡子错误扣20分； 2. 制作胶皮垫子不合适扣5分； 3. 胶皮垫子未居中扣10分； 4. 卡子安装不规范扣10分，未对角上紧螺栓扣5分	20		
7	倒流程试压恢复生产	1. 关闭穿孔管线泄压阀门； 2. 打开穿孔流程上游阀门试压，用肥皂水验漏，合格后打开下游阀门； 3. 关闭生产流程旁通隔断阀门或备用流程，恢复生产	会正确倒流程、会判断试压结果	1. 未关闭泄压阀门扣15分； 2. 未验漏扣5分，未试压扣10分； 3. 倒流程错误扣10分	15		
8	填写报表，清理现场	1. 填写报表； 2. 清洁现场，收拾工具	规范填写报表，收拾工具，清洁场地	1. 未填写报表扣5分，漏一项扣2分； 2. 未清理现场扣5分，工具少收一件扣2分	5		
9	安全文明操作	1. 遵守国家或企业有关安全规定； 2. 操作过程中严格遵守“四不伤害“原则	遵守国家或企业有关安全规定	1. 每违反一项规定，从总分中扣5分； 2. 因操作不当造成人身伤害、环境污染、设备损坏，从总分中扣20分； 3. 严重违规终止操作			
备注							
合　计					100		

考评员：　　　　核分员：　　　　年　月　日

六十二、自喷井注气开井操作

1. 考核要求

(1) 必须穿戴劳动保护用品。
(2) 工具、量具、用具准备齐全，正确使用。
(3) 操作规程符合安全文明操作。
(4) 按规定完成操作项目，质量达到技术要求。
(5) 操作完毕，做到"工完、料净、场地清"。

2. 准备要求

(1) 设备准备：

序　号	名　称	规　格	数　量	备　注
1	自喷注气井井口流程		1套	

(2) 材料准备：

序　号	名　称	规　格	数　量	备　注
1	大布		若干	
2	手套		若干	
3	油嘴		1个	根据开井方案
4	纸		1张	
5	笔		1支	
6	生料带		2卷	

(3) 工具、用具准备：

序　号	名　称	规　格	数　量	备　注
1	油嘴扳手		1把	
2	管钳	600mm	1把	
3	游标卡尺		1把	
4	通针		1根	
5	污油桶		1个	
6	大锤	8磅	1把	采气树专用
7	正压式呼吸器		3套	
8	四合一检测仪		1台	

3. 操作程序说明

1）开井前检查

（1）检查井口油、套压力是否符合注气井闷井方案所定压力要求。

（2）检查所装油嘴是否符合开井要求，不符要求需更换。

（3）检查掺稀流程是否连接正常、仪器仪表完好符合要求。

（4）检查生产流程是否连接正常、所扎地锚是否符合要求(每根生产管线必须有地锚固定)，仪器仪表完好符合要求。

（5）检查井口分离器是否完好，压力表是否符合要求。

（6）记录开井前参数。

（7）检尺，测量生产罐空液位。

2）倒流程操作

（1）打开水套炉掺稀进出口闸门，倒通掺稀流程并确认罐区或是计转站掺稀量已稳定(遵循先低压后高压原则)，口述：注入压力过高时采用泵车掺稀生产。

（2）依次打开生产罐进罐闸门、分离器进出口闸门、生产翼立管闸门(遵循先低压后高压原则)。

3）开井操作

（1）硫化氢井需佩戴空气呼吸器。

（2）缓慢打开采油树生产翼生产闸门。

4）开井后检查

（1）检查井口油压、套压、回压、井温、出液是否正常。

（2）口述：调整分离器，根据气量确定是否进行放空点火。

（3）检查井口流程是否有“跑、冒、滴、漏”现象。

5）录取参数

（1）记录开井时间。

（2）记录开井后的油压、套压、回压、井温、掺稀量。

（3）计量，通过检尺核实产液量。

6）取油气水样

（1）取含水样。

（2）取气样，做全分析。

（3）用四合一检测仪测取罐口含氧量。

7）填写报表，清理场地

（1）填写报表。

（2）清洁现场，收拾工具。

4. 考核规定说明

（1）如发现操作过程中可能发生重大违章(如人身伤害、环境污染、设备损坏等)，将终止操作。

（2）考核采用百分制，考核项目得分按鉴定比重进行折算。

（3）考核方式说明：本项目为实际操作题，考核过程按评分标准及操作过程进行评分。
（4）考评技能说明：本项目主要测试考生对自喷井注气开井技能掌握的熟练程度。

5. 考核时限

（1）准备工作：1min（不计入考核时间）。
（2）正式操作时间：20min。
（3）提前完成操作不加分，到时停止操作考核。

6. 评分记录表

自喷井注气开井操作评分记录表

操作时间：20min 考生： 操作用时：

序号	考核内容	操作规程	评分要素	评分标准	配分	扣分	得分
1	准备	1. 穿戴好劳动保护用品； 2. 准备工具：大布、手套、油嘴、纸、笔、生料带、油嘴扳手、管钳、游标卡尺、通针、污油桶、大锤、正压式呼吸器、四合一检测仪	准备工具、量具、用具	1. 劳保穿戴不整齐扣5分； 2. 未准备工具及材料扣5分，多、少准备一件扣2分	5		
2	开井前检查	1. 检查井口油、套压力是否符合注气井闷井方案所定压力要求； 2. 检查所装油嘴是否符合开井要求，不符要求需更换； 3. 检查掺稀流程是否连接正常、仪器仪表完好符合要求； 4. 检查生产流程是否连接正常、所扎地锚是否符合要求（每根生产管线必须有地锚固定），仪器仪表完好符合要求； 5. 检查井口分离器是否完好，压力表是否符合要求； 6. 记录开井前参数； 7. 量生产罐空液位	对流程的检查是否到位，井口水套炉的检查是否到位	1. 未检查压力表扣5分，未检查油、套压力扣3分； 2. 未检查油嘴是否符合开井要求扣5分，不符未更换扣10分； 3. 流程、水套炉、分离器检查少一项未扣3分； 4. 未检查地锚扣3分； 5. 未记录开井前参数少一项扣2分； 6. 未量生产罐液位扣10分	25		

续表

序号	考核内容	操作规程	评分要素	评分标准	配分	扣分	得分
3	倒流程操作	1. 打开水套炉掺稀进出口闸门倒通掺稀流程并确认罐区或是计转站掺稀量已稳定(口述：注入压力过高时采用泵车掺稀生产)； 2. 依次打开生产罐进罐闸门、分离器进出口闸门、生产翼立管闸门	倒通流程时应遵循先低压后高压原则，倒通后应再次确认流程的通畅	1. 倒流程错误扣10分； 2. 开闸门未侧身一次扣3分，方向错误一次扣2分； 3. 未遵循先低压后高压原则扣10分； 4. 未确认流程是否通畅扣10分	20		
4	开井操作	1. 含硫化氢井需佩戴空气呼吸器； 2. 缓慢打开生产翼生产闸门	正确佩戴正压式空气呼吸器；熟悉采油树结构	1. 含硫化氢井未佩戴空气呼吸器终止操作； 2. 未缓慢开阀门扣2分，未侧身开阀门扣2分	10		
5	开井后检查	1. 检查井口油压、套压、回压、井温、出液是否正常； 2. 口述：调整分离器，根据气量确定是否进行放空点火； 3. 检查井口流程是否有“跑、冒、滴、漏”现象	依次检查油压、套压、回压、井温、出液是否正常，是否有“跑、冒、滴、漏”现象	1. 井口检查一项不到位扣3分； 2. 未口述扣5分； 3. 未检查井口跑冒滴漏一处扣3分	15		
6	录取参数	1. 记录开井时间； 2. 记录开井后的油压、套压、回压、井温、掺稀量； 3. 计量，通过检尺核实产液量	准确录取各项参数	1. 未记录开井时间扣3分； 2. 油压、套压、回压、井温1项未记录或记录错误扣2分； 3. 未计量合适产量扣10分	10		
7	取油气水样	1. 取含水样； 2. 取气样，做全分析； 3. 用四合一检测仪测取罐口含氧量	会取样、会检测硫化氢浓度	1. 未取含水样扣2分； 2. 未取气样扣2分； 3. 不会用四合一检测仪或测量错误扣5分	10		

续表

序号	考核内容	操作规程	评分要素	评分标准	配分	扣分	得分
8	填写报表，清理场地	1. 填写报表； 2. 清洁现场，收拾工具	规范填写班报表，收拾工具，清洁场地	1. 未填写报表扣5分，漏一项扣2分； 2. 未清理现场扣5分，工具少收一件扣2分	5		
9	安全文明操作	1. 遵守国家或企业有关安全规定； 2. 操作过程中严格遵守“四不伤害”原则	遵守国家或企业有关安全规定	1. 每违反一项规定，从总分中扣5分； 2. 因操作不当造成人身伤害，从总分中扣20分； 3. 严重违规取消考核			
备注							
合 计					100		

考评员： 核分员： 年 月 日

六十三、自喷井注气关井操作

1. 考核要求

（1）必须穿戴劳动保护用品。
（2）工具、量具、用具准备齐全，正确使用。
（3）操作规程符合安全文明操作。
（4）按规定完成操作项目，质量达到技术要求。
（5）操作完毕，做到“工完、料净、场地清”。

2. 准备要求

（1）设备准备：

序　号	名　称	规　格	数　量	备　注
1	自喷注气井井口流程		1套	

（2）材料准备：

序　号	名　称	规　格	数　量	备　注
1	大布		2块	
2	手套		1副	
3	报表		1张	
4	笔		1支	

（3）工具、用具准备：

序　号	名　称	规　格	数　量	备　注
1	管钳	600mm	1把	
2	污油桶		1个	

3. 操作程序说明

1）关井前检查
（1）检查井口油压、套压、回压、回温是否正常，油井生产是否正常。
（2）记录关井前参数。
2）关井操作
（1）侧身关闭采油树生产翼生产闸门。

（2）如需扫线应对管线进行扫线操作。

（3）掺稀井需对井筒进行处理。

3）倒流程操作

（1）依次关闭生产翼立管闸门、生产罐进罐闸门、分离器进出口闸门（遵循先高压后低压原则）。

（2）通知罐区或是计转站停止掺稀，关闭套管闸门、水套炉掺稀进出口闸门（遵循先高压后低压原则）。

4）关井井后检查

（1）检查井口油压、套压力是否正常。

（2）检查流程有无“跑、冒、滴、漏”。

5）录取参数

（1）记录关井时间。

（2）记录关井后的油压、套压。

6）填写报表，清理场地

（1）填写报表。

（2）清洁现场，收拾工具。

4. 考核规定说明

（1）如发现操作过程中可能发生重大违章（如人身伤害、环境污染、设备损坏等），将终止操作。

（2）考核采用百分制，考核项目得分按鉴定比重进行折算。

（3）考核方式说明：本项目为实际操作题，考核过程按评分标准及操作过程进行评分。

（4）测量技能说明：本项目主要测试考生对自喷井注气关井技能掌握的熟练程度。

5. 考核时限

（1）准备工作：1min（不计入考核时间）。

（2）正式操作时间：10min。

（3）提前完成操作不加分，到时停止操作考核。

6. 评分记录表

自喷井注气关井操作评分记录表

操作时间：10min　　考生：　　考试用时：

序号	考核内容	操作规程	评分要素	评分标准	配分	扣分	得分
1	准备	1. 穿戴好劳动保护用品； 2. 准备工具：大布、手套、报表、笔、管钳、污油桶	准备工具、量具、用具	1. 劳保穿戴不整齐扣5分； 2. 未准备工具及材料扣5分，多、少准备一件扣2分	5		

续表

序号	考核内容	操作规程	评分要素	评分标准	配分	扣分	得分
2	关井前检查	1. 检查井口油套回压是否正常，油井生产是否正常； 2. 记录关井前参数	对流程的检查是否到位	1. 检查漏一项扣3分； 2. 未记录扣5分，少一项扣分	15		
3	关井操作	1. 侧身关闭生产翼闸门； 2. 如需扫线应对管线进行扫线操作； 3. 掺稀井需处理井筒		1. 关错生产闸门该项不得分、方向错误一次扣2分，为侧身扣5分； 2. 未扫线扣5分； 3. 未处理井筒扣10分	25		
4	倒流程操作	1. 依次关闭生产翼立管闸门、生产罐进罐闸门、分离器进出口闸门、（遵循先高压后低压原则）； 2. 通知罐区或是计转站停止掺稀后关闭套管闸门、水套炉掺稀进出口闸门（遵循先高压后低压原则）	遵循先高压后低压原则依次关闭闸门	1. 未遵循先高压后低压原则该项不得分； 2. 未通知罐区或是计转站停止掺稀就关闭套管闸门扣5分	35		
5	关井后检查	1. 检查井口油、套压力是否正常； 2. 检查流程有无“跑、冒、滴、漏”现象	确认关井后安全	检查漏一项不到位扣3分	10		
6	录取参数	1. 记录关井时间； 2. 记录关井后的油、套压力	准确录取压力与温度值	1. 未记录关井时间扣3分； 2. 油压、套压一项未记录或记录错误扣2分	10		
7	填写报表清理场地	1. 填写报表； 2. 清洁现场，收拾工具	规范填写班报表，收拾工具，清洁场地	1. 未填写报表扣5分，漏一项扣2分； 2. 未清理现场扣5分，工具少收一件扣2分	5		

续表

序号	考核内容	操作规程	评分要素	评分标准	配分	扣分	得分
8	安全文明操作	1. 遵守国家或企业有关安全规定； 2. 操作过程中严格遵守“四不伤害”原则	遵守国家或企业有关安全规定	1. 每违反一项规定，从总分中扣5分； 2. 因操作不当造成人身伤害，从总分中扣20分； 3. 严重违规取消考核			
备注							
合　计					100		

考评员：　　　　核分员：　　　　年　月　日

六十四、钳形电流表测量抽油机井平衡率操作

1. 考核要求

(1) 必须穿戴劳动保护用品。
(2) 工具、量具、用具准备齐全，正确使用。
(3) 操作规程符合安全文明操作。
(4) 按规定完成操作项目，质量达到技术要求。
(5) 操作完毕，做到“工完、料净、场地清”。

2. 准备要求

(1) 设备准备：

序 号	名 称	规 格	数 量	备 注
1	抽油机井	常规	1 口	

(2) 材料准备：

序 号	名 称	规 格	数 量	备 注
1	记录纸		1 张	
2	记录笔		1 支	
3	报表		1 张	
4	绝缘手套		1 只	
5	大布		2 块	
6	手套		1 副	

(3) 工具、用具准备：

序 号	名 称	规 格	数 量	备 注
1	钳形电流表		1 块	
2	试电笔		1 支	
3	计算器		1 个	

3. 操作程序说明

1）检查钳型电流表

（1）检查钳形电流表是否在校验期内，测量范围是否合适。

（2）检查外观无破损无裂痕，屏显清晰，钳口闭合良好无污染。

（3）检查钳形电流表电池电量，要求显示面板数字清晰。

2）挡位选择

（1）验电，确认启动柜安全。

（2）根据电机额定电流的2倍选择合适挡位。

（3）戴绝缘手套持表，被测导线垂直居中卡入钳口中央，查看数字显示(由大到小选择合适挡位，换挡时电流表应与被测导线分离，读数误差小于±1A)。

3）取值(三次的平均值)

（1）测取抽油机上行最大电流值。

（2）测取抽油机下行最大电流值。

4）计算平衡率

（1）平衡率公式：

$$B=(I_{上}/I_{下})\times100\% \tag{64-1}$$

式中，B 为抽油机平衡率；$I_{上}$为抽油机上行最大电流；$I_{下}$为抽油机下行最大电流。

（2）平衡率在85%～115%之间为合格。

（3）根据计算结果，判断、调整平衡。

5）清理场地，填写报表

（1）清洁现场，收拾工具。

（2）填写报表。

4. 考核规定说明

（1）如发现操作过程中可能发生重大违章(如人身伤害、环境污染、设备损坏等)，将终止操作。

（2）考核采用百分制，考核项目得分按鉴定比重进行折算。

（3）考核方式说明：本项目为实际操作题，考核过程按评分标准及操作过程进行评分。

（4）考评技能说明：本项目主要测试考生对钳形电流表测量抽油机井平衡率技能掌握的熟练程度。

5. 考核时限

（1）准备工作：1min(不计入考核时间)。

（2）正式操作时间：8min。

（3）提前完成操作不加分，到时停止操作考核。

6. 评分记录表

钳形电流表测量抽油机井平衡率评分记录表

操作时间：8min　　考生：　　操作用时：

序号	考核内容	操作规程	评分要素	评分标准	配分	扣分	得分
1	准备	1. 穿戴好劳动保护用品； 2. 准备工具：绝缘手套、试电笔、记录纸、记录笔、报表、计算器、钳形电流表、大布、手套	准备工具、量具、用具	1. 劳保穿戴不整齐扣5分； 2. 未准备工具及材料扣5分，多、少准备一件扣2分	10		
2	检查钳型电流表	1. 检查钳形电流表是否在校验期内，测量范围是否合适； 2. 检查外观无破损无裂痕，屏显清晰，钳口闭合良好无污染； 3. 检查钳形电流表电池电量，要求显示面板数字清晰	钳型电流表的检查	1. 未检查钳形电流表是否在校验期内扣5分，未检查测量范围扣5分； 2. 检查外观无破损无裂痕，屏显、钳口闭合良好无污染，少一处扣2分； 3. 未检查电池电量扣3分	20		
3	挡位选择	1. 验电，确认启动柜安全； 2. 根据电机额定电流的2倍选择合适挡位； 3. 戴绝缘手套持表，被测导线垂直居中卡入钳口中央，查看数字显示(由大到小选择合适挡位，换挡时电流表应与被测导线分离，读数误差小于±1A)	正确选择测量挡位	1. 未验电确认安全扣5分； 2. 挡位选择不正确扣10分；未戴绝缘手套持表扣5分，被测导线未垂直居中卡入钳口中央扣5分； 3. 未由大到小选择合适挡位扣2分，换挡时电流表未与被测导线分离扣10分，读数误差大于±1A扣5分	20		
4	取值	1. 测取抽油机上行最大电流值； 2. 测取抽油机下行最大电流值	正确读取电流值	取值时未取三次的平均值扣5分，取值不正确扣10分	10		

续表

序号	考核内容	操作规程	评分要素	评分标准	配分	扣分	得分
5	计算平衡率	1. 平衡率公式：$B=(I_{上}/I_{下})\times100\%$ 式中，B 为抽油机平衡率；$I_{上}$ 为抽油机上行最大电流，$I_{下}$ 为抽油机下行最大电流； 2. 平衡率在 85%～115%之间为合格； 3. 根据计算结果，判断、调整平衡	平衡率计算	1. 平衡率公式不正确该项不得分，不会计算平衡率扣 10 分； 2. 计算结果错误扣 5 分； 3. 不会判断扣 20 分，不会调整扣 10 分	30		
6	填写报表，清理场地	1. 填写班报表； 2. 清洁现场，收拾工具	规范填写报表，收拾工具，清洁场地	1. 未填写报表扣 5 分，少一项扣 2 分； 2. 未清理现场扣 5 分、工具少收一件扣 2 分	10		
7	安全文明操作	1. 遵守国家或企业有关安全规定； 2. 操作过程中严格遵守“四不伤害”原则	遵守国家或企业有关安全规定	1. 每违反一项规定，从总分中扣 5 分； 2. 因操作不当造成人身伤害、环境污染、设备损坏，从总分中扣 20 分； 3. 严重违规终止操作			
备注							
合　计					100		

考评员：　　　　核分员：　　　　年　月　日

六十五、VR堵封堵采油树内侧套管阀门及阀门更换操作

1. 考核要求

(1) 必须穿戴劳动保护用品。
(2) 工具、量具、用具准备齐全，正确使用。
(3) 操作规程符合安全文明操作。
(4) 按规定完成操作项目，质量达到技术要求。
(5) 操作完毕，做到“工完、料净、场地清”。

2. 准备要求

(1) 设备准备：

序号	名称	规格	数量	备注
1	采油树		1台	
2	试压设备	105MPa	1套	
3	随车吊	8t	1辆	

(2) 材料准备：

序号	名称	规格	数量	备注
1	大布		若干块	
2	手套		3双	
3	生胶带		1卷	
4	采油树阀门	70MPa或105MPa	1个	
5	钢圈		2副	配套钢圈
6	接油桶		1个	
7	黄油		1桶	

(3) 工具、用具准备：

序号	名称	规格	数量	备注
1	VR堵设备		1套	
2	打压泵		1套	

续表

序 号	名 称	规 格	数 量	备 注
3	液压油		10L	
4	双头梅花扳手	36~41	2把	
5	梅花敲击扳手	36	1把	
6	内六方扳手		1套	
7	撬杠	1.2m	2根	
8	防爆榔头	8磅	1把	

（4）气防设施：

序 号	名 称	规 格	数 量	备 注
1	硫化氢检测仪		2台	含硫井须携带
2	正压式空气呼吸器		3套	含硫井须携带
3	备用气瓶		2个	

3. 操作程序说明

1）检测检查

（1）进井场前观察风向，对现场进行有毒有害气体检测。

（2）检查井口套管阀门开关情况。

（3）确定更换的阀门。

2）倒流程

（1）确认关闭油、套连通阀门（更换的阀门在油、套连通同一翼）。

（2）侧身关闭更换一翼的套管内侧阀门，打开外侧阀门。

3）泄压拆除法兰

（1）打开套压表考克进行泄压（落零），无气无液。

（2）拆除油套连通卡箍阀（更换的阀门在油套连通同一侧）。

（3）拆除套管外侧阀门丝堵法兰。

（4）将外侧阀门法兰面和钢圈清洁干净。

4）VR堵工具的连接

（1）VR堵堵头丝扣部位缠绕生料带。

（2）通过手轮将内杆从长外筒推出连接法兰40mm左右。

（3）将送入工具接头连接到内杆上，对准两者之间的横销孔，穿上横销后拧入螺钉，用内六方扳手将横销固定。

（4）检查VR堵是否损坏和里面的阀座动作是否灵活可靠，将VR堵头连接到送入工具接头上。

（5）随车吊到位，用吊带将VR堵送入工具吊起，水平平稳送入套管内。

（6）将VR堵送入取出工具法兰与套管外侧阀门法兰连接并用敲击扳手紧固。

（7）关闭套压表考克。

5）VR 堵操作

（1）关闭工具上的泄压阀，打开平衡阀，缓缓开启套管内侧阀，待压力平衡后，完全开启套管内侧阀。

（2）观察连接部位渗漏情况。

（3）将试压枪连接到泄压阀上。

（4）打开泄压阀，关闭平衡阀，利用试压枪升压使活塞杆前移，当活塞杆不再前移且压力表差值较正常升高时，停止打压，关闭泄压阀，打开平衡阀。

（5）用手轮顺时针扳转活塞杆，使活塞杆前移，将 VR 堵旋入到油管四通内，确认旋紧后，开启泄压阀，将工具内的压力放尽，观察 5min 后，如无气无液，则证明 VR 堵已安装成功。

（6）拆除试压枪的连接管线，退出取送器，刻度显示为“0”。

（7）拆卸 VR 堵工具。

6）拆离阀门

（1）拆卸与采油树相连一侧连接法兰螺帽。

（2）随车吊挂吊带，将吊带挂阀门上，使吊带轻微带负荷并保持。

（3）吊车将一翼阀门水平移动，吊离采油树。

（4）将拆下的一翼阀门放在地面，在地面将需要更换的阀门拆离开。

（5）检查采油树本体以及阀门上的钢圈槽是否完好。

（6）清理法兰面和钢圈槽，给新钢圈和钢圈槽涂抹黄油。

7）安装阀门

（1）在地面上将试压合格的新阀门与拆下一翼的阀门连接并用敲击扳手紧固。

（2）吊车悬挂吊带将组装好的一翼阀门水平吊至安装位置。

（3）用梅花扳手上连接处法兰螺帽，并用梅花敲击扳手紧固。

（4）从套管压力表处连接试压枪对安装流程试压。高压按额定工作压力试压，30min 压降小于 0. 5MPa 为合格；低压 2MPa、30min 不渗不漏无压降为合格。

8）取出 VR 堵操作

（1）VR 工具与采油树连接，安装步骤同上一致。

（2）关闭泄压阀，打开平衡阀，逆时针向前旋转活塞杆，促使取出工具的螺纹旋入到 VR 堵内，到达一定深度时，工具顶部即将 VR 堵的阀座顶开，井内压力即进入工具内，压力平衡后，继续逆时针扳转活塞杆，将取出工具的螺纹全部上到底时，就会感觉到扳手的力矩增大，继续扳转活塞杆，就会看到活塞杆随着转动压力表压力上升，证明 VR 堵头从油管四通中卸扣，直到全部退出为止。

（3）将手轮外拉，检验 VR 堵是否完全脱开油管四通，然后关闭工具上的平衡阀，缓慢开启泄压阀，利用井内压力，促使活塞杆上升（注意放泄阀不能开的过快，以防活塞杆急速上升冲顶），当活塞杆上升到底时，关闭平板阀，关闭套管内侧阀门，缓慢开启泄压阀继续泄压至 0MPa，拆除连接法兰，平稳地退出取送杆，直到刻度为 0。

（4）将工具头从 VR 堵中取出，清洁擦净。

9）恢复流程

（1）有安装油套连同的，要连接油套连同处的卡箍。

(2) 安装套管压力表，并将考克打开。
(3) 安装套管外侧法兰及堵头。
(4) 关闭套管外侧阀门，打开内侧阀门。
10) 清理场地，填写报表
打扫卫生，收拾工具归位，填写报表。

4. 考核规定说明

(1) 如发现操作过程中可能发生重大违章(如人身伤害、环境污染、设备损坏等)，将终止操作。
(2) 考核采用百分制，考核项目得分按鉴定比重进行折算。
(3) 考核方式说明：本项目为实际操作题，项目操作需要多方协调，适合3个人配合操作。考核过程按评分标准及操作过程进行评分。
(4) 操作时间说明：试压时间不计入操作考核时间。
(5) 考评技能说明：本项目主要测试考生对VR堵设备安装使用，以及采油树套管内侧阀门更换、试压技能掌握的熟练程度。

5. 考核时限

(1) 准备工作：10min(不计入考核时间)。
(2) 正式操作时间：45min(不建议用比武时间)。
(3) 吊车吊装时间不计入考核时间。
(4) 提前完成操作不加分，到时终止操作考核。

6. 评分记录表

VR堵封堵采油树内侧套管阀门及阀门更换操作评分记录表

操作时间：45min　　考生：　　操作用时：

序号	考核内容	操作规程	评分要素	评分标准	配分	扣分	得分
1	准备	1. 穿戴好劳动保护用品； 2. 准备工具、用具：梅花扳手、撬杠、管钳、同型号的合格阀门、榔头、内六角扳手、梅花敲击扳手、VR堵设备	准备工具、用具	1. 劳保穿戴不整齐扣5分； 2. 未准备工具及材料扣5分，多、少准备一件扣2分	5		
2	检测检查	1. 观察风向进入井场，检测井场硫化氢含量，如果硫化氢超标，需要佩戴正压式空气呼吸器操作； 2. 检查井口套管阀门开关情况，确定需要更换阀门	对实施作业的场所安全确定以及生产流程的确认	1. 未观察风向扣2分； 2. 未检查硫化氢浓度扣2分； 3. 未检查流程阀门开关情况扣2分	5		

续表

序号	考核内容	操作规程	评分要素	评分标准	配分	扣分	得分
3	倒流程	1. 侧身关闭套管一翼内侧套管阀门，开套管外侧阀门； 2. 如果是油套连接的一翼，确认连接处的阀门关闭	开关阀门的操作要规范	1. 未侧身开关阀门的扣2分； 2. 倒流程错误的扣4分； 3. 开关阀门到位后不回转半圈的扣2分	5		
4	泄压拆除法兰	1. 打开套压表上考克进行泄压（落零），无气无液； 2. 拆除套管外侧丝堵法兰； 3. 将外侧阀门法兰面和钢圈清洁干净	泄压方式要正确	1. 不观察套压表落零或者起压情况进行下一步操作扣10分； 2. 未清洁法兰面和钢圈扣2分； 3. 泄压时，未用接油桶接污油扣2分	5		
5	VR堵工具连接	1. VR堵堵头丝扣部位缠绕生料带； 2. 通过手轮将内杆从长外筒推出连接法兰40mm左右； 3. 将送入工具接头连接到内杆上，对准两者之间的横销孔，穿上横销后拧入螺钉，将横销固定牢； 4. 检查VR堵是否损坏和里面的阀座动作是否灵活可靠，然后将VR堵连接到送入工具接头上； 5. 随车吊到位，用吊带将VR堵送入取出工具吊起，水平平稳送入套管内； 6. 将VR堵送入取出工具法兰与套管外侧阀门法兰连接并用敲击扳手紧固； 7. 关闭套压表考克	VR堵的连接方法正确，紧固方法要正确	1. 缠生料带方向错误扣2分，VR堵头丝扣上不缠生料带扣2分，未固定横销扣2分； 2. 未检查VR堵损坏情况扣2分； 3. 未关闭工具上的泄压阀扣2分； 4. 未关闭套压表考克扣2分， 5. 吊装时，吊臂下面站人扣10分	15		

续表

序号	考核内容	操作规程	评分要素	评分标准	配分	扣分	得分
6	VR 堵操作	1. 关闭工具上的泄压阀，打开平衡阀，缓缓开启套管内侧阀，待压力平衡后，完全开启套管内侧阀； 2. 观察连接部位的渗漏情况； 3. 将试压枪连接到泄压阀上； 4. 打开泄压阀，关闭平衡阀，利用试压枪升压使活塞杆前移，当活塞杆不再前移且压力表差值较正常升高时，停止打压，关闭泄压阀，打开平衡阀； 5. 将手轮外拉，检验 VR 堵是否完全脱开油管四通，然后关闭工具上的平衡阀，缓慢开启泄压阀，利用井内压力，促使活塞杆上升(注意放泄阀不能开的过快，以防活塞杆急速上升冲顶)，当活塞杆上升到底时，关闭平板阀，关闭套管内侧阀门，缓慢开启泄压阀继续泄压至 0MPa，拆除连接法兰，平稳地退出取送杆，直到刻度为 0； 6. 拆卸 VR 堵工	操作 VR 工具顺序要正确	1. 未关闭泄压阀扣 2 分； 2. 未侧身开关阀门扣 2 分； 3. 开关阀门到位后不回转半圈的扣 2 分； 4. 未观察渗漏情况扣 2 分； 5. 未观察压力表的变化情况扣 2 分； 6. 转动手轮方向错误扣 2 分； 7. 未观察 VR 工具上的刻度扣 2 分； 8. 未关闭套管内侧阀门泄外侧法兰终止操作； 9. 未泄尽套管与工具内余压拆卸发法兰扣 15 分	15		

续表

序号	考核内容	操作规程	评分要素	评分标准	配分	扣分	得分
7	拆离阀门	1. 拆卸与采油树相连一侧连接法兰螺帽； 2. 拆除油套连同处的卡箍（更换的阀门在油套连同同一侧）； 3. 随车吊挂吊带，将吊带挂阀门上，使吊带轻微带负荷并保持； 4. 吊车将一翼阀门水平移动，吊离采油树； 5. 将拆下的一翼阀门放在地面，在地面将需要更换的阀门拆离开； 6. 检查采油树本体以及阀门上的钢圈槽是否完好； 7. 清理法兰面和钢圈槽兰，给新钢圈和钢圈槽涂抹黄油	吊装时吊物要捆绑牢靠，及时检查钢圈和钢圈槽的完好状况	1. 吊装时吊臂下面站人扣10分； 2. 未检查采油树和阀门钢圈扣2分； 3. 带手套使用榔头扣2分	10		
8	安装阀门	1. 在地面上将试压合格的新阀门与拆下一翼的阀门连接并用敲击扳手紧固； 2. 吊车悬挂吊带将组装一翼阀门水平吊至安装位置； 3. 用梅花扳手上连接处法兰螺帽，并用敲击扳手紧固； 4. 从套管压力表处连接试压枪对安装流程试压；高压按额定工作压力试压（口述：0min 压降小于0.5MPa为合格；低压2MPa、30min）不渗不漏无压降为合格； 5. 试压合格后拆除试压设备	按照新的井控细则中的要求试压	1. 未对角紧固法兰扣2分 2. 带手套使用榔头扣2分； 3. 吊装时，吊臂下面站人扣10分； 4. 试压不合格扣10分	15		

续表

序号	考核内容	操作规程	评分要素	评分标准	配分	扣分	得分
9	取出VR堵的操作	1. VR 工具与采油树连接，安装步骤同上一致； 2. 关闭泄压阀，打开平衡阀，逆时针向前旋转活塞杆，促使取出工具的螺纹旋入到 VR 堵内，到达一定深度时，工具顶部将 VR 堵的阀座顶开，这时井内压力即进入工具内，待压力平衡后，继续逆时针扳转活塞杆，将取出工具的螺纹全部上到底时，就会感觉到扳手的力矩增大，继续扳转活塞杆，活塞杆随着转动，压力表压力上升，证明 VR 堵正从油管四通中卸扣，直到全部退出为止； 3. 将手轮外拉，检验 VR 堵是否完全脱开油管四通，然后关闭工具上的平衡阀，缓慢开启泄压阀，利用井内压力，促使活塞杆上升（注意放泄阀不能开的过快，以防活塞杆急速上升冲顶），当活塞杆上升到底时，关闭平板阀； 4. 吊带绑在工具中间，吊带挂在吊车上，使吊车微持载荷； 5. 拆开连接处法兰螺柱，利用吊车水平平稳将工具吊离采油树； 6. 将工具放在地面，继续退出取送杆，直至刻度为零； 7. 将工具头从 VR 堵中取出，清洁擦净	旋转活塞杆方向要正确，取出工具后要泄压，要观察取送器的刻度	1. 未关闭泄压阀扣 2 分； 2. 未打开平衡阀扣 2 分； 3. 旋转活塞杆方向错误扣 2 分； 4. 未对 VR 堵设备泄压扣 4 分； 5. 工具刻度不归零扣 2 分； 6. 未用接油桶接泄压污油扣 2 分； 7. 吊装时，吊臂下面站人扣 10 分	10		

续表

序号	考核内容	操作规程	评分要素	评分标准	配分	扣分	得分
10	恢复流程	1. 有油套连同的，要连接油套连同处的卡箍； 2. 安装套管压力表，并将考克打开； 3. 安装套管外侧丝堵法兰，用敲击扳手敲击紧固； 4. 关闭套管外侧阀门，打开内侧阀门	确保生产流程畅通	1. 未安装压力表扣2分； 2. 考克未开扣2分； 3. 开关阀门顺序错误扣6分； 4. 未侧身开关阀门扣2分； 5. 开关阀门到位后不回转半圈的扣2分	10		
11	清理场地，填写报表	1. 清洁现场，收拾工具； 2. 按规范填写报表	收拾工具，清洁场地，填写报表	1. 未清理现场扣5分、工具少收一件扣2分； 2. 未填写报表扣5分	5		
12	安全文明操作	1. 遵守国家或企业有关安全规定； 2. 操作过程中严格遵守“四不伤害”原则	遵守国家或企业有关安全规定	1. 每违反一项规定，从总分中扣5分； 2. 因操作不当造成人身伤害、环境污染、设备损坏，从总分中扣20分； 3. 严重违规终止操作			
备注							
合　计					100		

考评员：　　　　核分员：　　　　年　月　日

六十六、杆式泵高压正注解堵操作

1. 考核要求

(1) 必须穿戴劳动保护用品。
(2) 工具、量具、用具、安全仪表、安全设备准备齐全，正确使用。
(3) 操作规程符合安全文明操作。
(4) 按规定完成操作项目，质量达到技术要求。
(5) 操作完毕，做到“工完、料净、场地清”。

2. 准备要求

(1) 设备准备：

序号	名称	规格	数量	备注
1	抽油机井井口	350 井口	1 套	
2	吊车	50t	1 辆	带电子悬重表
3	泵车	700 型	1 辆	
4	压井液	1.14g/cm^3	80m^3(约容积的 1.5 倍)	特殊情况 1.25g/cm^3 重浆

(2) 材料准备：

序号	名称	规格	数量	备注
1	手套		5 副	
2	笔		1 支	
3	报表		1 张	
4	大布		5 块	
5	抽油杆调整短节	1″	各 1 根	0.5m、1.5m
6	生料带		4 卷	
7	污油桶		1 个	
8	黄油		1 桶	
9	试电笔		1 支	

续表

序　号	名　称	规　格	数　量	备　注
10	绝缘手套		1只	
11	警示牌		1个	正在操作禁止合闸
12	枕木	1.5m	3根	
13	雨布		1卷	
14	麻绳		20m	

(3) 工具、用具准备：

序　号	名　称	规　格	数　量	备　注
1	活动扳手	250mm、300mm、450mm	各1把	
2	管钳	600mm、900mm、1200mm	各1把	
3	钢丝刷		1把	
4	抽油杆吊卡	1″	3个	
5	无痕光杆抱卡	28mm	2个	
6	高压正注解堵工具		1套	备用1″杆柱悬挂器和密封圈
7	钢丝绳	1″	1根	6~8m
8	钢卷尺	5m	1个	
9	盘根		5个	与光杆配套

(4) 气防设施：

序　号	名　称	规　格	数　量	备　注
1	硫化氢检测仪		3台	含硫井须携带
2	正压式空气呼吸器		3套	含硫井须携带
3	备用气瓶		3个	

3. 操作程序说明

1) 安装高压正注解堵工具前的准备

(1) 查阅和熟悉该井井身结构图和杆、泵基础资料。

(2) 做好自身防护，必须确保劳保穿戴整齐。

(3) 检查工具、用具是否齐全、完好。

(4) 检查抽油机是否停在近下死点位置，检查启动柜、电源柜是否断电，抽油机安全销是否打好。

(5) 检查井口生产流程，关闭生产流程和掺稀流程，将流程倒至扫线流程。

(6) 指挥吊车停靠在采油树附件便于操作的地方。

2) 安装高压正注解堵工具操作步骤

(1) 光杆上部安装好 0.5m 的抽油杆短节。

(2) 吊车挂好钢丝绳，带抽油杆吊卡至悬绳器上部，将吊卡打牢在抽油杆短节上。

(3) 指挥吊车缓慢上提杆柱，将载荷由悬绳器转移至吊车上(抱卡底部离悬绳器 5~10cm 为宜)。

(4) 拆除悬绳器，并固定在抽油机上。

(5) 指挥吊车继续上提杆柱，至第一根抽油杆上接箍到达双闸板防喷器下部位置停止上提;

(6) 卸掉双闸扳手动防喷器固定丝扣，关闭防喷器半封。

(7) 指挥吊车继续上提杆柱，至第一根抽油杆上接箍完全露出法兰 10~20cm 为止。

(8) 打好抽油杆吊卡，指挥吊车将载荷由吊车转移至抽油杆吊卡上。

(9) 卸掉光杆，并和双闸扳手动防喷器一起放置在地面枕木上(要求放平)。

(10) 拆卸钢丝绳，指挥吊车把钢丝绳穿到井口吊卡，继续上提抽油杆，至抽油杆下接箍完全露出法兰 10~20cm 为止。

(11) 打好抽油杆吊卡，指挥吊车将载荷由吊车转移至抽油杆吊卡上，并继续上提抽油杆至下接箍 20cm 位置。

(12) 卸掉抽油杆，放置在地面枕木上(要求放平)，确保抽油泵柱塞完全提出泵筒。

(13) 将高压解堵工具放置在井口抽油杆接箍上，并将 1.5m 抽油杆短节穿过解堵工具后与原井抽油杆连接好。

(14) 指挥吊车把吊卡打牢在 1.5m 抽油杆短节上，缓慢上提杆柱，将载荷由井口转移至吊车上。

(15) 取掉下部抽油杆吊卡，将高压解堵工具缓慢下放，并与油管悬挂器中部的 BPV 母扣连接牢固(高压解堵工具为反扣)。

(16) 继续上提抽油杆至 1.5m 短接下接箍完全露出高压解堵工具 10~20cm。

(17) 打好抽油杆吊卡，指挥吊车将载荷由吊车转移至抽油杆吊卡上。

(18) 卸掉 1.5m 抽油杆短接，安装抽油杆悬挂器，悬挂器上部连接 1.5m 抽油杆短节。

(19) 指挥吊车将吊卡打牢在 1.5m 抽油杆短节上。

(20) 缓慢上提杆柱，将载荷由井口转移至吊车上，拆除底部吊卡。

(21) 指挥吊车缓慢下放，将抽油杆悬挂器送入高压解堵工具内并卸掉载荷。

(22) 拆除吊卡，指挥吊车待命。

(23) 卸掉 1.5m 抽油杆短接。

3) 处理井筒操作步骤

(1) 指挥泵车连接管线(管线连到井口高压解堵工具上)。

(2) 管线按设计方案试压。

(3) 试压合格后开始处理井筒。

(4) 处理初期，以最小排量进行处理，逐步提压处理，直至处理完毕。

4) 恢复井口操作步骤

(1) 泄尽管线内余压。

(2) 拆除井口泵车管线，将 1.5m 抽油杆短节与高压解堵工具内悬挂器连接。

(3) 将抽油杆吊卡打牢在 1.5m 抽油杆短节上。

(4) 缓慢上提杆柱，将载荷由井口转移至吊车上。

(5) 继续上提抽油杆至 1.5m 短接下接箍完全露出高压解堵工具 10~20cm 为止。

(6) 打好抽油杆吊卡，指挥吊车将载荷由吊车转移至抽油杆吊卡上。

(7) 卸掉 1.5m 抽油杆短节，拆除抽油杆悬挂器，将 1.5m 短节与原抽油杆连接。

(8) 将抽油杆吊卡打牢在 1.5m 抽油杆短节上。

(9) 缓慢上提杆柱，将载荷由井口转移至吊车上，缓慢拆除高压解堵工具(高压解堵工具为反扣)，上提杆柱并露出 1.5m 抽油杆短接下部接箍 10~20cm 为止。

(10) 打好抽油杆吊卡，指挥吊车将载荷由吊车转移至抽油杆吊卡上。

(11) 卸掉 1.5m 抽油杆短接及高压解堵工具。

(12) 组下原取出的抽油杆及光杆。

(13) 连接双闸板防喷器，将杆柱载荷转移至悬绳器上，并固定卡紧。

(14) 拆光杆提升短节，加装新盘根。

(15) 引导井口施工设备撤离。

(16) 验电、按序启抽，调整盘根松紧，待注油。口述：掺稀井需联系计转站，并恢复掺稀流程，按照要求套补、油补稀油至规定量。

(17) 确认进站管线畅通，调整掺稀量，原工作制度开井。

(18) 记录开井时间，调整水套炉温度。

(19) 光杆涂抹黄油、调整盘根盒松紧度，检查抽油机和深井泵运行情况。

(20) 清理现场卫生，收拾工具，清洗、保养高压解堵工具。

5) 填写记录，清理场地

(1) 规范填写检查记录。

(2) 清理现场卫生，收拾工具。

4. 考核规定说明

(1) 如发现操作过程中可能发生重大违章(如人身伤害、环境污染、设备损坏等)，将终止操作。

(2) 考核采用百分制，考核项目得分按鉴定比重进行折算。

(3) 考核方式说明：本项目为实际操作题，考核过程按评分标准及操作过程进行评分。

(4) 考评技能说明：本项目主要测试考生对杆式泵高压正注解堵技能掌握的熟练程度。

5. 考核时限

(1) 准备工作：2min(不计入考核时间)。

(2) 正式操作时间：60min。

(3) 提前完成操作不加分，到时停止操作考核。

6. 评分记录表

杆式泵高压正注解堵操作评分记录表

操作时间：60min　　　　考生：　　　　操作用时：

序号	考核内容	操作规程	评分要素	评分标准	配分	扣分	得分
1	工用具准备	1. 穿戴好劳动保护用品； 2. 准备工具：手套、笔、报表、大布、抽油杆调整短节、生料带、污油桶、黄油、枕木、试电笔、绝缘手套、警示牌、活动扳手、管钳、钢丝刷、抽油杆吊卡、钢丝绳、钢卷尺、高压正注解堵工具、盘根、无痕光杆抱卡、雨布、麻绳	准备工具、用具	1. 劳保穿戴不整齐扣 5 分； 2. 未准备工具及材料扣 5 分，多、少准备一件扣 2 分	5		
2	安装前的检查	1. 核实正常生产时的载荷，并做好记录； 2. 做好自身防护，必须确保劳保穿戴整齐； 3. 进井场前观察风向，对现场进行有毒有害气体检测； 4. 核实井场水套炉启停情况，应处于温炉状态； 5. 检查抽油机状态，验电后拉闸断电拉，挂警示标志牌； 6. 关闭回压阀门，掺稀井停掺并关闭井口掺稀注入阀门； 7. 记录井口油、套压力并核实井口出液情况； 8. 根据井口压力确定压井液密度、计算压井液总量油套环空及油管容积的 1.5 倍	施工前确认及检查	1. 未核实正常生产时载荷扣 1 分； 2. 未对现场进行有毒有害气体检测扣 2 分； 3. 未检查井场设备运行状态，每少一项扣 1 分； 4. 未确认井口管线开启状态，每少一处扣 1 分； 5. 未录取参数扣 3 分，漏一项扣 1 分，未核实出液情况扣 1 分； 6. 未确认压井液类型及密度，每少一项扣 1 分	15		

续表

序号	考核内容	操作规程	评分要素	评分标准	配分	扣分	得分
2	安装前的检查	1. 按照分公司规定确保车辆有足够的安全距离大于15m； 2. 指挥引导700型泵车、压井液车进入井场； 3. 连接压井管线，组织安全验收； 4. 管线试压。口述：高压15MPa、低压2MPa，各稳压30min，无渗无漏为合格； 5. 打开回压阀门，确保进站管线畅通，倒通井口反循环压井流程； 6. 压井，至井口油、套压力落零，关闭进站回压阀门； 7. 观察井口30min，确保油、套压落零，井口无溢流	正确选择压井方式以及试压参数的确认	1. 施工车辆安全距离不符合分公司规范，扣3分； 2. 未按照验收标准验收扣3分，每漏验一项扣1分； 3. 未按照试压规范试压扣3分，高、低压值不清楚扣1分，稳压时间口述不正确扣1分； 4. 压井流程开启状态未确认扣2分，憋压操作终止考核； 5. 压井方法不正确，造成压井失败扣2分； 6. 压井结束后未确认压井效果扣2分	15		
3	高压解堵工具检查操作步骤	1. 核对筒体钢印，确保规格符合需求； 2. 外观检查，确保接头丝扣完好、扣型一致，底部密封圈完好无损伤； 3. 悬挂器是否符合要求	规范操作	1. 未核对高压解堵工具规格扣2分； 2. 未进行外观检查每少一处扣1分； 3. 未检查底部密封圈扣3分	5		
4	安装高压正注解堵工具操作步骤	1. 光杆上部安装好0.5m的抽油杆短节； 2. 吊车挂好钢丝绳，带抽油杆吊卡至悬绳器上部，将吊卡打牢在抽油杆短节上； 3. 指挥吊车缓慢上提杆柱，将载荷由悬绳器转移至吊车上抱卡底部离悬绳器5～10cm为宜； 4. 拆除悬绳器，并固定在抽油机上；	规范操作，串换井口杆柱要缓慢、平稳	1. 人员进入吊车大臂活动区域下方作业扣3分； 2. 悬绳器未移动至近下死点扣2分，未拉紧刹车扣3分； 3. 提升短节连接不牢靠扣5分，未取出盘根扣2分； 4. 未记录管柱悬重扣1分 5. 未控制上提速度扣1分，未记录实际载荷扣3分； 6. 未拆双闸板防喷器上提光杆扣2分，至光杆底部依旧不拆除的，终止考核；	20		

续表

序号	考核内容	操作规程	评分要素	评分标准	配分	扣分	得分
4	安装高压正注解堵工具操作步骤	5. 指挥吊车继续上提杆柱，至第一根抽油杆上接箍到达双闸板防喷器下部位置停止上提； 6. 卸掉双闸扳手动防喷器固定丝扣，关闭防喷器半封； 7. 指挥吊车继续上提杆柱，至第一根抽油杆上接箍完全露出法兰10~20cm为止； 8. 打好抽油杆吊卡，指挥吊车将载荷由吊车转移至抽油杆吊卡上； 9. 卸掉光杆，并和双闸扳手动防喷器一起放置在地面枕木上要求放平； 10. 拆卸钢丝绳，指挥吊车把钢丝绳穿到井口吊卡，继续上提抽油杆，至抽油杆下接箍完全露出法兰10~20cm为止； 11. 打好抽油杆吊卡，指挥吊车将载荷由吊车转移至抽油杆吊卡上，并继续上提抽油杆至下接箍20cm位置； 12. 卸掉抽油杆，放置在地面枕木上要求放平；确保抽油泵柱塞完全提出泵筒； 13. 将高压解堵工具放置在井口抽油杆接箍上，并将1.5m抽油杆短节穿过解堵工具后与原井抽油杆连接好； 14. 指挥吊车把吊卡打牢在1.5m抽油杆短节上，缓慢上提杆柱，将载荷由井口转移至吊车上；		7. 抽油杆未置于枕木之上的扣3分，间距布局不合理的扣1分，未灌补压井液扣2分； 8. 高压解堵工具未水平安装扣5分，安装时未检查密封圈扣3分 9. 安装过程悬挂器安装顺序错误扣10分 10. 短接选用错误扣3分 11. 转移载荷过猛扣3分 12. 未放水平扣2分 13. 未规范使用工具、用具一次扣2分 14. 转移载荷过猛扣3分 15. 上扣时上错扣5分；损坏密封圈扣5分 16. 操作过猛扣3分 17. 未打好吊卡扣10分 18. 未规范使用工具、用具一次扣2分 19. 未打牢吊卡扣3分 20. 未规范使用工具、用具一次扣2分 21. 一次未放入悬挂器扣3分 22. 未规范使用工具、用具一次扣2分 23. 未规范使用工具、用具一次扣2分			

续表

序号	考核内容	操作规程	评分要素	评分标准	配分	扣分	得分
4	安装高压正注解堵工具操作步骤	15. 取掉下部抽油杆吊卡，将高压解堵工具缓慢下放，并与油管悬挂器中部的BPV母扣连接牢固高压解堵工具为反扣； 16. 继续上提抽油杆至1.5m短接下接箍完全露出高压解堵工具10~20cm； 17. 打好抽油杆吊卡，指挥吊车将载荷由吊车转移至抽油杆吊卡上； 18. 卸掉1.5m抽油杆短接，安装抽油杆悬挂器，悬挂器上部连接1.5m抽油杆短节； 19. 指挥吊车将吊卡打牢在1.5m抽油杆短节上； 20. 缓慢上提杆柱，将载荷由井口转移至吊车上，拆除底部吊卡； 21. 指挥吊车缓慢下放，将抽油杆悬挂器送入高压解堵工具内并卸掉载荷； 22. 拆除吊卡，指挥吊车待命 23. 卸掉1.5m抽油杆短接					
5	处理井筒操作步骤	1. 指挥泵车连接管线管线连到井口高压解堵工具上； 2. 管线按设计方案试压； 3. 试压合格后开始处理井筒； 4. 处理初期，以最小排量进行处理，逐步提压处理，直至处理完	准确连接管线并试压，快速处理井筒	1. 管线连接错误终止考核； 2. 管线未按要试压扣3分； 3. 初期处理排量过大扣5分； 4. 未逐级提压扣5分	15		

续表

序号	考核内容	操作规程	评分要素	评分标准	配分	扣分	得分
6	恢复井口操作步骤	1. 泄尽管线内余压； 2. 拆除井口泵车管线，将1.5m抽油杆短节与高压解堵工具内悬挂器连接； 3. 将抽油杆吊卡打牢在1.5m抽油杆短节上； 4. 缓慢上提杆柱，将载荷由井口转移至吊车上； 5. 继续上提抽油杆至1.5m短接下接箍完全露出高压解堵工具10~20cm为止； 6. 打好抽油杆吊卡，指挥吊车将载荷由吊车转移至抽油杆吊卡上； 7. 卸掉1.5m抽油杆短节，拆除抽油杆悬挂器，将1.5m短节与原抽油杆连接； 8. 将抽油杆吊卡打牢在1.5m抽油杆短节上； 9. 缓慢上提杆柱，将载荷由井口转移至吊车上，缓慢拆除高压解堵工具高压解堵工具为反扣.，上提杆柱并露出1.5m抽油杆短接下部接箍10~20cm为止； 10. 打好抽油杆吊卡，指挥吊车将载荷由吊车转移至抽油杆吊卡上； 11. 卸掉1.5m抽油杆短接及高压解堵工具； 12. 组下原取出的抽油杆及光杆； 13. 连接双闸板防喷器，将杆柱载荷转移至悬绳器上，并固定卡紧；	平稳操作，正确恢复管柱，及时恢复井口，调高时效	1. 未按照顺序组下杆柱扣3分； 2. 未控制下放速度扣3分； 3. 双闸板防喷器丝扣未缠生胶带扣3分，载荷转至悬绳器后未上紧锁块扣5分； 4. 高压解堵工具未水平拆除扣5分，拆除时损坏密封圈扣3分； 5. 拆卸过程顺序错误扣10分； 6. 影响生产时效扣5分； 7. 加装盘根不正确扣3分，每少一个扣1分； 8. 未验电扣2分，未口述掺稀井注油扣2分，未利用惯性启抽扣5分； 9. 未确认管线阀门开启状态扣5分，造成憋压的终止考核； 10. 未记录开井时间扣2分； 11. 启抽后未检查光杆扣2分	20		

续表

序号	考核内容	操作规程	评分要素	评分标准	配分	扣分	得分
6	恢复井口操作步骤	14. 拆光杆提升短节，加装新盘根； 15. 引导井口施工设备撤离； 16. 验电、按序启抽，调整盘根松紧，待注油。口述：掺稀井需联系计转站，并恢复掺稀流程，按照要求套补、油补稀油至规定量； 17. 确认进站管线畅通，调整掺稀量，原工作制度开井； 18. 记录开井时间，调整水套炉温度； 19. 光杆涂抹黄油、调整盘根盒松紧度，检查抽油机和深井泵运行情况； 20. 清理现场卫生，收拾工具，清洗、保养高压解堵工具					
7	填写记录，清理场地	1. 填写报表； 2. 清洁现场，收拾工具	规范填写报表及记录	1. 少填写一项扣 2 分； 2. 未清理现场扣 5 分，工具少收或少清洁一件扣除 2 分	5		
8	安全文明操作	1. 遵守国家或企业有关安全规定； 2. 操作过程中严格遵守“四不伤害”原则	遵守国家或企业有关安全规定	1. 每违反一项规定，从总分中扣 5 分； 2. 因操作不当造成人身伤害，从总分中扣 20 分； 3. 严重违规取消考核			
备注							
合　计					100		

考评员：　　　　核分员：　　　　年　月　日

六十七、抽油机井打捞杆柱操作

1. 考核要求

（1）必须穿戴劳动保护用品。
（2）工具、量具、用具、安全仪表、安全设备准备齐全，正确使用。
（3）操作规程符合安全文明操作。
（4）按规定完成操作项目，质量达到技术要求。
（5）操作完毕，做到“工完、料净、场地清”。

2. 准备要求

（1）设备准备：

序 号	名 称	规 格	数 量	备 注
1	抽油机井井口	350 井口	1 套	
2	吊车	50t	1 辆	带电子悬重表
3	泵车	700 型	1 辆	
4	压井液	1.14g/cm^3	80m^3(约容积的 1.5 倍)	特殊情况 1.25g/cm^3 重浆

（2）材料准备：

序 号	名 称	规 格	数 量	备 注
1	手套		5 副	
2	笔		1 支	
3	报表		1 张	
4	大布		5 块	
5	抽油杆	1″	2 根	或配套光杆 1 根
6	抽油杆调整短节	1″	各 1 根	0.5m、1.0m、2.0m
7	生料带		2 卷	
8	污油桶		1 个	
9	黄油		1 桶	
10	计算器		1 个	
11	试电笔		1 支	
12	绝缘手套		1 只	
13	警示牌		1 个	
14	枕木	1.5m	3 根	正在操作禁止合闸
15	井身结构图			本井图

(3) 工具、用具准备:

序 号	名 称	规 格	数 量	备 注
1	活动扳手	250mm、300mm	各 1 把	
2	管钳	600mm、900mm	各 1 把	
3	钢丝刷		1 把	
4	抽油杆吊卡	1″	2 个	
5	无痕光杆抱卡	28mm	2 个	
6	抽油杆卡瓦打捞筒	1″	1 个	备用卡瓦牙 1 套
7	钢丝绳	1″	1 根	2~3m
8	钢卷尺	5m	1 把	
9	石笔		1 根	
10	铜锤	8 磅	1 个	
11	盘根		5 个	与光杆配套
12	三点式安全带		1 套	

(4) 气防设施:

序 号	名 称	规 格	数 量	备 注
1	硫化氢检测仪		3 台	含硫井须携带
2	正压式空气呼吸器		3 套	含硫井须携带
3	备用气瓶		3 个	

3. 操作程序说明

1) 检查准备

(1) 核实正常生产时的载荷，并做好记录。

(2) 做好自身防护，必须确保劳保穿戴整齐。

(3) 进井场前观察风向，对现场进行有毒有害气体检测。

(4) 核实井场水套炉应处于温炉状态。

(5) 检查抽油机状态，验电、拉闸断电，挂警示标志牌。

(6) 关闭回压阀门，掺稀井停掺并关闭井口掺稀注入阀门。

(7) 记录井口油、套压力并核实井口出液情况。

(8) 根据井口压力确定压井液密度、计算压井液总量(油套环空及油管容积的 1.5 倍)。

2) 压井操作步骤

(1) 指挥引导 700 型泵车、压井液车进入井场(确保车辆有足够的安全距离)。

(2) 连接压井管线，组织安全验收。

(3) 管线试压(口述：高压 15MPa、低压 2 MPa，各稳压 30min，无渗无漏为合格)。

(4) 打开回压阀门，确保进站管线畅通，倒通井口反循环压井流程。

(5) 压井并直至井口油、套压力落零，关闭进站阀门、回压阀门。

(6) 观察井口 30min，确保油、套压落零，井口无溢流。

3）打捞筒检查操作步骤

（1）核对井身结构图，确定所需打捞筒规格型号。

（2）核对打捞筒筒体钢印，确保打捞筒规格符合打捞需求。

（3）外观检查，打捞筒上接头丝扣完好、扣型一致，底部引鞋完好无损。

（4）检查内部附件确保卡瓦牙、止推杆、弹簧及连接丝扣完好、无损伤、筒体内清洁。

（5）依次组装，引鞋、卡瓦牙、止推杆、弹簧、上接头，确保内部附件上下活动顺畅。

4）上提杆柱操作步骤

（1）引导吊车进入作业区域，并确保进入工作状态。

（2）将悬绳器转移到近下死点，拉紧抽油机刹车并打好安全销。

（3）光杆上部安装 0.5m 抽油杆短节(1″)并上紧，打开盘根压帽，取出盘根。

（4）指挥引导吊车穿好钢丝绳、抽油杆吊卡，并移至井口。

（5）记录吊车空载悬重，将抽油杆吊卡打牢在抽油杆短节上。

（6）指挥吊车缓慢上提，观察吊车悬重变化，核实载荷大小。

（7）根据载荷计算杆柱数量(1″抽油杆，32kg/根计算)。

（8）拆井口双闸板防喷器，将光杆及双闸板防喷器转移至地面，放置于枕木(3 组)上。

（9）逐根缓慢上提杆柱至断脱处，并放置于地面枕木上(10 根 1 露头)，口述：上提杆柱过程中应定时(每上提 15 根)给井筒补液。

（10）清洁、检查断脱部位，拍照存档，确定打捞方案。

5）打捞杆柱操作步骤

（1）将打捞筒连接至抽油杆上并上紧。

（2）依次组下抽油杆至鱼顶位置。

（3）缓慢下放杆柱，在上部杆柱自重下正旋转杆柱，确保将鱼顶引入打捞筒，并通过卡瓦牙，再次缓慢下放杆柱直至悬重落零。

（4）缓慢上提杆柱，观察载荷变化，确保落鱼打捞成功(口述：最大上提载荷控制在 20T 内，若超过停止打捞作业，上报主管部门制定下步方案)

（5）若落鱼打捞未成功需反复进行(3)、(4)步骤，若反复多次未成功，需提出打捞筒检查。

（6）缓慢上提杆柱至断脱处。

（7）按序拆解打捞筒，取出断脱抽油杆。

6）恢复杆柱操作步骤

（1）逐根依次组下抽油杆、调整短节、光杆，确保柱塞入泵筒。

（2）重新调整防冲距(口述：不低于 3 次，做好标记)。

（3）连接双闸板防喷器，将杆柱载荷转移至悬绳器上，并固定卡紧。

（4）拆除光杆提升短节，加装新盘根。

（5）引导井口施工设备撤离。

（6）验电、按序启抽，调整盘根松紧，上下死点憋压验泵，确保柱塞完全进入泵筒，停机(口述：掺稀井需联系计转站，并恢复掺稀流程，按照要求套补、油补稀油至规定量)。

（7）确认进站管线畅通，调整掺稀量，原工作制度开井。

（8）记录开井时间，调整水套炉温度。

(9) 光杆涂抹黄油、调整盘根盒松紧度，检查有无碰挂现象。

(10) 清理现场卫生，收拾工具，检查、保养打捞筒。

7) 填写记录，清理场地

(1) 规范填写检查记录。

(2) 清理现场卫生，收拾工具。

4. 考核规定说明

(1) 如发现操作过程中可能发生重大违章(如人身伤害、环境污染、设备损坏等)，将终止操作。

(2) 考核采用百分制，考核项目得分按鉴定比重进行折算。

(3) 考核方式说明：本项目为实际操作题，考核过程按评分标准及操作过程进行评分。

(4) 考评技能说明：本项目主要测试考生对抽油机井打捞杆柱技能掌握的熟练程度。

5. 考核时限

(1) 准备工作：2min(不计入考核时间)。

(2) 正式操作时间：60min。

(3) 提前完成操作不加分，到时停止操作考核。

6. 评分记录表

抽油机井打捞杆柱操作评分记录表

操作时间：60min　　　　考生：　　　　操作用时：

序号	考核内容	操作规程	评分要素	评分标准	配分	扣分	得分
1	准备	1. 穿戴好劳动保护用品； 2. 准备工具：手套、笔、报表、大布、抽油杆、抽油杆调整短节、生料带、污油桶、黄油、枕木、试电笔、绝缘手套、警示牌、计算器、活动扳手、管钳、钢丝刷、抽油杆吊卡、三点式安全带、抽油杆卡瓦打捞筒、钢丝绳、钢卷尺、石笔、铜锤、盘根、无痕光杆抱卡	准备好工具、量具、用具	1. 劳保穿戴不整齐扣5分； 2. 未准备工具及材料扣5分，多、少准备一件扣2分	5		

续表

序号	考核内容	操作规程	评分要素	评分标准	配分	扣分	得分
2	检查	1. 核实正常生产时的载荷，并做好记录； 2. 做好自身防护，必须确保劳保穿戴整齐； 3. 进井场前观察风向，对现场进行有毒有害气体检测； 4. 核实井场水套炉应处于温炉状态； 5. 检查抽油机状态，验电、拉闸断电，挂警示标志牌； 6. 关闭回压阀门，掺稀井停掺并关闭井口掺稀注入阀门； 7. 记录井口油、套压力并核实井口出液情况； 8. 根据井口压力确定压井液密度、计算压井液总量(油套环空及油管容积的1.5倍)	施工前确认及检查	1. 未核实正常生产时载荷扣3分； 2. 未对现场进行有毒有害气体检测扣5分； 3. 未检查井场设备运行状态，每少一项扣2分； 4. 未确认井口管线开启状态，每少一处扣2分； 5. 未录取参数扣2分，漏一项扣1分，未核实出液情况扣1分； 6. 未确认压井液类型及密度，每少一项扣2分	15		
3	压井操作步骤	1. 指挥引导700型泵车、压井液车进入井场(确保车辆有足够的安全距离)； 2. 连接压井管线，组织安全验收； 3. 管线试压(口述：高压15MPa、低压2MPa，各稳压30min，无渗无漏为合格)； 4. 打开回压阀门，确保进站管线畅通，倒通井口反循环压井流程； 5. 压井并直至井口油、套压力落零，关闭进站阀门、回压阀门； 6. 观察井口30min，确保油、套压落零，井口无溢流	正确选择压井方式以及试压参数的确认	1. 未检查施工车辆或摆放不符合规范扣3分； 2. 未按照验收标准验收扣3分，每漏验一项扣1分； 3. 未按照试压规范试压扣3分，高、低压值不清楚扣1分，稳压时间口述不正确扣1分； 4. 压井流程开启状态未确认扣2分，憋压操作终止考核； 5. 压井方法不正确，造成压井失败扣5分； 6. 压井结束后未确认压井效果扣2分	15		

续表

序号	考核内容	操作规程	评分要素	评分标准	配分	扣分	得分
4	打捞筒检查操作步骤	1. 核对井身结构图，确定所需打捞筒规格型号； 2. 核对打捞筒筒体钢印，确保打捞筒规格符合打捞需求； 3. 外观检查，打捞筒上接头丝扣完好、扣型一致，底部引鞋完好无损； 4. 检查内部附件确保卡瓦牙、止推杆、弹簧及连接丝扣完好、无损伤、筒体内清洁； 5. 依次组装，引鞋、卡瓦牙、止推杆、弹簧、上接头，确保内部附件上下活动顺畅	规范操作、正确检查安装	1. 未核对打捞筒规格扣 2 分； 2. 未进行外观检查每少一处扣 1 分； 3. 不会拆解打捞筒扣 3 分，每少检查一处扣 1 分； 4. 不会组装打捞筒扣 2 分，组装错误扣 5 分	5		
5	上提杆柱操作步骤	1. 引导吊车进入作业区域，并确保进入工作状态； 2. 将悬绳器转移到近下死点，拉紧抽油机刹车并打好安全销； 3. 光杆上部安装 0.5m 抽油杆短节(1″)并上紧，打开盘根压帽，取出盘根； 4. 指挥引导吊车穿好钢丝绳、抽油杆吊卡，并移至井口； 5. 记录吊车空载悬重，将抽油杆吊卡打牢在抽油杆短节上； 6. 指挥吊车缓慢上提，观察吊车悬重变化，核实载荷大小； 7. 根据载荷计算杆柱数量(1″抽油杆，32kg/根计算)； 8. 拆井口双闸板防喷器，将光杆及双闸板防喷器转移至地面，放置于枕木(3 组)上； 9. 逐根缓慢上提杆柱至断脱处，并放置于地面枕木上(10 根 1 露头)，口述：上提杆柱过程中应定时(每上提 15 根)给井筒补液； 10. 清洁、检查断脱部位，拍照存档，确定打捞方案	上提管住平稳操作，及时灌补压井液	1. 悬绳器未移动至近下死点扣 2 分，未拉紧刹车扣 3 分； 2. 提升短节连接不牢靠扣 5 分，未取出盘根扣 2 分； 3. 未记录空载悬重扣 1 分，未检查吊卡锁片扣 2 分； 4. 未控制上提速度扣 1 分，未记录实际载荷扣 3 分； 5. 不会计算抽油杆数量扣 5 分； 6. 未拆双闸板防喷器上提光杆扣 2 分，至光杆底部依旧不拆除的终止操作； 7. 抽油杆未置于枕木之上的扣 1 分，间距布局不合理的扣 1 分，未灌补压井液扣 2 分； 8. 未确认断脱状态的扣 3 分	15		

续表

序号	考核内容	操作规程	评分要素	评分标准	配分	扣分	得分
6	打捞杆柱操作步骤	1. 连接打捞筒，确保丝扣上满并拧紧； 2. 依次组下抽油杆，并通过调整短节下至鱼顶位置； 3. 缓慢下放杆柱，在上部杆柱自重下正旋转杆柱，确保将鱼顶引入打捞筒，并通过卡瓦牙，再次缓慢下放杆柱直至悬重落零； 4. 缓慢上提杆柱，观察载荷变化，确保落鱼打捞成功，口述：最大上提载荷控制在20t内，若超过可视为柱塞卡死，应停止上提，进行悬停，同时上报主管部门，若落鱼打捞不成功需要反复进行，必要时可通过敲击提升短节上部从而引导鱼顶进入卡瓦牙，若反复多次不成功，则需要上提检查打捞筒； 5. 缓慢上提杆柱至断脱处，杆柱依次摆放于地面枕木上（10根1露头）； 6. 按序拆解打捞筒，取出断脱抽油杆	正确打捞，缓慢平稳上提	1. 打捞筒连接不牢固且丝扣未上满终止操作； 2. 未按照顺序组下打捞杆柱扣3分； 3. 未控制好下放速度扣2分，不会打捞终止操作； 4. 未控制上提速度扣2分，未口述异常载荷处理措施扣2分； 5. 抽油杆未置于枕木之上的扣1分，间距布局不合理的扣1分； 6. 不会拆解打捞筒扣2分，拆解方法不正确扣5分	20		

续表

序号	考核内容	操作规程	评分要素	评分标准	配分	扣分	得分
7	恢复杆柱操作步骤	1. 逐根依次组下抽油杆、调整短节、光杆，确保柱塞至泵底； 2. 探泵底（口述：不低于3次，做好标记），重新调整防冲距； 3. 连接双闸板防喷器，将杆柱载荷转移至悬绳器上，并固定卡紧； 4. 拆光杆提升短节，加装新盘根； 5. 引导井口施工设备撤离； 6. 验电、按序启抽，调整盘根松紧，上下死点憋压验泵，确保柱塞完全进入泵筒，停机，待注油（口述：掺稀井需联系计转站，并恢复掺稀流程，按照要求套补、油补稀油至规定量）； 7. 确认进站管线畅通，调整掺稀量，原工作制度开井； 8. 记录开井时间，调整水套炉温度； 9. 光杆涂抹黄油、调整盘根盒松紧度，检查碰泵情况； 10. 清理现场卫生，收拾工具，检查、保养打捞筒	平稳操作，正确调整防冲距，熟练憋压验泵	1. 未按照顺序组下打捞杆柱扣3分； 2. 未控制下放速度探泵底扣3分； 3. 双闸板防喷器丝扣未缠生胶带扣3分，载荷转至悬绳器后未上紧锁块扣5分； 4. 加装盘根不正确扣3分，每少一个扣1分； 5. 未验电扣2分，未口述掺稀井注油扣2分，未利用惯性启抽扣5分； 6. 未确认管线阀门开启状态扣5分，造成憋压的终止考核； 7. 未记录开井时间扣2分； 8. 启抽后未检查光杆扣2分，未检查碰泵情况扣3分； 9. 未清洁现场扣2分，未保养打捞筒扣3分	15		
8	填写记录，清理场地	1. 填写报表； 2. 清洁现场，收拾工具	规范填写报表及记录	1. 少填写一项扣2分； 2. 未清理现场扣5分，工具少收或少清洁一件扣除2分	10		

续表

序号	考核内容	操作规程	评分要素	评分标准	配分	扣分	得分
9	安全文明操作	1. 遵守国家或企业有关安全规定； 2. 操作过程中严格遵守“四不伤害”原则	遵守国家或企业有关安全规定	1. 每违反一项规定，从总分中扣5分； 2. 因操作不当造成人身伤害，从总分中扣20分； 3. 严重违规取消考核			
备注							
合　　计					100		

考评员： 核分员： 年 月 日

六十八、高压自控流量仪（LZDK 型）检查及更换阀芯操作

1. 考核要求

（1）必须穿戴劳动保护用品。
（2）工具、量具、用具准备齐全，正确使用。
（3）操作规程符合安全文明操作。
（4）按规定完成操作项目，质量达到技术要求。
（5）操作完毕，做到“工完、料净、场地清”。

2. 准备要求

（1）设备准备：

序　号	名　称	规　格	数　量	备　注
1	井口或计转站	常规	1 座	

（2）材料准备：

序　号	名　称	规　格	数　量	备　注
1	记录纸		1 张	
2	记录笔		1 支	
3	报表		1 张	
4	绝缘手套		1 只	
5	大布		2 块	
6	手套		1 副	
7	污油桶		1 个	
8	黄油		1 桶	

（3）工具、用具准备：

序　号	名　称	规　格	数　量	备　注
1	试电笔		1 支	

续表

序 号	名 称	规 格	数 量	备 注
2	内六方工具		1套	
3	平口起子	150mm	1把	
4	活动扳手	250mm	1把	
5	新阀芯		1个	配套阀芯
6	磁笔		1支	

(4) 气防设施准备:

序 号	名 称	规 格	数 量	备 注
1	硫化氢检测仪		1台	含硫井须携带
2	正压式空气呼吸器		1套	含硫井须携带
3	备用气瓶		1个	

3. 检查操作程序说明

1) 准备工作

(1) 必须做好自身防护工作，劳保必须穿戴整齐。

(2) 观察风向，对现场进行有毒有害气体检测。

2) 检查操作

(1) 检查流量自动控制装置及其辅助设备是否为所需要的型号、规格等。

(2) 检查外观是否完好，各连接处有无“跑、冒、滴、漏”。

(3) 检查流量自动控制装置电机有无异响、调节手轮是否能自动调节。

(4) 检查电源指示灯是否通电(红色灯常亮)。

3) 更换阀芯操作

(1) 倒通流量计旁通流程，关闭流量计上下流阀门，打开泄压考克泄尽余压，切断电源(二级配电柜)。

(2) 依次拆除流量计顶盖、表头部分、齿轮结合部分、阀芯压盖、阀芯(边撬边活动，防止余压伤人)。

(3) 检查阀芯刺漏情况，并清理阀座。

(4) 依次安装阀芯、阀芯压盖、齿轮结合部分并涂抹黄油润滑、压盖部分并紧固。

(5) 关闭泄压考克，打开流量计下流阀门试压，试压合格后打开流量计上流阀门。

(6) 调整注入量至规定流量，缓慢关闭旁通流程。

4) 填写报表，清理场地

(1) 将相关数据填入班报表。

(2) 收拾工具，清理现场。

4. 考核规定说明

（1）如发现操作过程中可能发生重大违章（如人身伤害、环境污染、设备损坏等），将终止操作。

（2）考核采用百分制，考核项目得分按鉴定比重进行折算。

（3）考核方式说明：本项目为实际操作题，考核过程按评分标准及操作过程进行评分。

（4）考评技能说明：本项目主要测试考生对高压自控流量仪（LZDK 型）检查及更换阀芯技能掌握的熟练程度。

5. 考核时限

（1）准备工作：1min（不计入考核时间）。

（2）正式操作时间：20min。

（3）提前完成操作不加分，到时停止操作考核。

6. 评分记录表

高压自控流量仪（LZDK 型）检查及更换阀芯操作评分记录表

操作时间：20min　　　考生：　　　考生用时：

序号	考核内容	操作规程	评分要素	评分标准	配分	扣分	得分
1	准备	1. 穿戴好劳动保护用品； 2. 准备工具：大布、手套、绝缘手套、验电笔、笔、报表、泄压桶、黄油、内六方专用扳手、活动扳手、平口起子、新阀芯	准备工具、量具、用具	1. 未准备工具及材料扣 5 分，多、少准备一件扣 2 分； 2. 劳保穿戴不整齐扣 5 分	10		
2	检查操作	1. 检查流量自动控制装置及其辅助设备是否为所需要的型号、规格等； 2. 检查外观是否完好，各连接处有无“跑、冒、滴、漏”； 3. 检查流量自动控制装置电机有无异响、调节手轮是否能自动调节； 4. 检查电源指示灯是否通电（红色灯常亮）	确认流程	1. 未检查流量自动控制装置及其辅助设备是否为所需要的型号、规格每项扣 5 分； 2. 未检查外观是否完好，各连接处有“跑、冒、滴、漏”扣 5 分； 3. 未检查流量自动控制装置电机有无异响、调节手轮是否能自动调节扣 5 分； 4. 未检查电源指示灯是否通电（红色灯常亮）扣 3 分	40		

续表

序号	考核内容	操作规程	评分要素	评分标准	配分	扣分	得分
3	更换阀芯操作	1. 倒通流量计旁通流程，关闭流量计上下流阀门，打开泄压考克泄尽余压，切断电源（二级配电柜）； 2. 依次拆除流量计顶盖、表头部分、齿轮结合部分、阀芯压盖、阀芯（边撬边活动，防止余压伤人）； 3. 检查阀芯刺漏情况，并清理阀座； 4. 依次安装阀芯、阀芯压盖、齿轮结合部分并涂抹黄油润滑、压盖部分并紧固； 5. 关闭泄压考克，打开流量计下流阀门试压，试压合格后打开流量计上流阀门； 6. 调整注入量至规定流量，缓慢关闭旁通流程	严格按操作步骤操作	1. 未切断电源终止操作； 2. 切换流程顺序错扣 5 分； 3. 未关闭泄压考克扣 10 分； 4. 操作次序颠倒错误扣 10 分； 5. 人未站侧面卸阀芯口 10 分； 6. 不会检查流量计阀芯刺漏情况扣 10 分； 7. 未按规定调整注入量扣 10 分	40		
4	填写报表，清理现场	1. 将相关数据填入报表； 2. 收拾工具，清理现场	规范填写班报表，清理现场	1. 未填写班报表扣 5 分，漏填一项扣 2 分； 2. 未清理扣 5 分，未收拾工具扣 5 分，少收一件扣 2 分	10		
5	安全文明操作	1. 遵守国家或企业有关安全规定； 2. 操作过程中严格遵守“四不伤害”原则	遵守国家或企业有关安全规定	1. 每违反一项规定，从总分中扣 5 分； 2. 使用工具错误扣 2 分，累计扣 8 分； 3. 因操作不当造成人身伤害，从总分中扣 20 分； 4. 严重违规取消考核			
备注							
合计					100		

考评员： 核分员： 年 月 日

六十九、游梁式抽油机调对中操作

1. 考核要求

(1) 必须穿戴劳动保护用品。
(2) 工用具准备齐全，正确使用。
(3) 操作规程符合安全文明操作。
(4) 按规定完成操作项目，质量达到技术要求。
(5) 操作完毕，做到"工完、料净、场地清"。

2. 准备要求

(1) 设备准备：

序 号	名 称	规 格	数 量	备 注
1	游梁式抽油机		1台	14型

(2) 材料准备：

序 号	名 称	规 格	数 量	备 注
1	手套		1副	
2	报表		1张	
3	笔		1支	
4	黄油		1桶	
5	大布		2块	
6	画线笔		1支	
7	斜铁		10块	
8	垫木	ϕ14mm	1块	

(3) 工用具准备：

序 号	名 称	规 格	数 量	备 注
1	管钳	600mm	1把	
2	活动扳手	300mm、375mm、450mm	各1把	
3	钢板尺	300mm	1把	

续表

序 号	名 称	规 格	数 量	备 注
4	试电笔	氖管	1 支	
5	绝缘手套		1 副	
6	警示牌		1 个	禁止合闸
7	工具包		1 个	
8	安全绳		1 根	10m
9	吊线锤		1 个	
10	千斤顶	50t	1 个	
11	正压式呼吸器		1 台	硫化氢井佩戴
12	四合一气体检测仪		1 台	硫化氢井佩戴
13	备用气瓶		2 个	硫化氢井佩戴
14	安全带	三点式	1 条	

3. 操作程序说明

1）检查操作

（1）检查井口流程有无“跑、冒、滴、漏”。

（2）检查抽油机运行状况。

（3）记录停抽前生产参数。

2）停抽油机操作

（1）验电，确认安全后，戴绝缘手停抽（抽油机游梁停在水平位置±5°）。

（2）刹紧刹车，打好安全销。

（3）配电柜外壳验电，确认安全后，戴绝缘手套侧身拉闸断电，挂警示牌。

（4）记录停抽时间。

（5）检查刹车锁块，保证锁块在行程的1/2~2/3，各部件连接牢固、灵活好用。

（6）检查防喷器闸板开启状态，确保完全处于打开状态。

（7）调整水套炉，处于温炉状态。

3）测量驴头对中操作

（1）对于井口无压力的，需打开盘根盒并取出盘根，便于观察。

（2）正确穿戴好安全带，上机前将测量、调整工用具置于工具包并挂牢。

（3）采用三点式安全法蹬梯，并挂好安全带（高挂低用）。

（4）确保吊线锤长度足够并在驴头中心位置系好，在驴头最大圆处垫木质14mm垫木。

（5）吊线锤通过垫木上平面，测量驴头与光杆防脱帽对中数据。

（6）读取数据前确保吊线锤稳定、无摆动并记录好偏差数值。

4）调整对中操作

（1）偏差在10mm以下的，通过调整抽油机中央轴承座与游梁位置，使驴头与井口对中，首先松中央轴承座与游梁固定螺栓，待调整合格后对角紧固螺栓，具体调整方法如下：

① 驴头偏左：松左前右后顶丝，紧右前左后顶丝。

② 驴头偏右：松右前左后顶丝，紧左前右后顶丝。

③ 驴头靠前：松前端 2 条顶丝，紧后端 2 条顶丝。

④ 驴头靠后：松后端 2 条顶丝，紧前端 2 条顶丝。

（2）偏差超过 10mm 以上的需松开抽油机固定压板螺栓，参考偏差数值利用千斤顶适当调整抽油机底座前、后、左、右，并通过斜铁调偏、找平，直至达到允许误差。

（3）确保抽油机在静态状态下光杆与井口中心误差≤±1.5mm，抽油机在动态状态下其悬点投影误差值为 ϕ28mm（口述：12 型机不大于 8mm，14 型机不大于 10mm、16 型机不大于 12mm）。

（4）检查固定螺栓是否拧紧，并涂黄油保养。

5）启抽操作

（1）盘根盒加新盘根，恢复井口光杆密封。

（2）打开抽油机安全销。

（3）验电、摘警示牌，戴绝缘手套侧身合闸送电。

（4）检查抽油机周围无障碍物。

（5）验电、开启动柜门、缓慢松刹车，利用惯性二次启抽。

（6）关好启动柜门。

（7）记录启抽时间及生产参数。

（8）调整井场水套炉炉温。

6）启抽后检查

（1）检查抽油机运转状况。

（2）检查光杆上、下冲程有无挂碰现象，检查井口各连接处有无渗漏现象。

（3）下行近下死点时调试盘根松紧度，上行时用手背试光杆温度，光杆下行涂抹黄油。

7）填写报表，现场清理

（1）将相关数据填入班报表。

（2）收拾、擦拭工具，打扫场地卫生。

4. 考核规定说明

（1）如发现操作过程中可能发生重大违章（如人身伤害、环境污染、设备损坏等），将取消操作。

（2）考核采用百分制，考核项目得分按鉴定比重进行折算。

（3）考核方式说明：本项目为实际操作题，考核过程按评分标准及操作过程进行评分。

（4）考评技能说明：本项目主要测试考生对游梁式抽油机调对中技能掌握的熟练程度。

5. 考核时限

（1）准备工作：1min（不计入考核时间）。

（2）正式操作时间：60min。

（3）提前完成操作不加分，到时终止操作。

6. 评分记录表

游梁式抽油机调对中考评表评分记录表

操作时间：60min　　考生：　　操作用时：

序号	考核内容	操作规程	评分要素	评分标准	配分	扣分	得分
1	准备	1. 穿戴好劳动保护用品； 2. 准备工具：大布、手套、画线笔、黄油、活动扳手、管钳、斜铁、垫片、钢板尺、绝缘手套、试电笔、笔、报表、警示牌、工具包、安全绳、千斤顶、吊线锤	按照规范配置工具、用具	1. 劳保穿戴不整齐扣5分； 2. 未准备工具及材料扣5分，多、少准备一件扣2分	5		
2	检查操作	1. 检查井口流程有无“跑、冒、滴、漏”； 2. 检查抽油机运行状况； 3. 记录停抽前生产参数	规范检查，确保安全	1. 未检查井口流程有无“跑、冒、滴、漏”扣5分，每少一项扣2分； 2. 未检查抽油机运行状况扣3分； 3. 未记录停抽前生产参数扣5分，每少一项扣2分	10		
3	停抽油机操作	1. 验电，确认安全后，戴绝缘手停抽（抽油机游梁停在水平位置）； 2. 刹紧刹车，打好安全销； 3. 配电柜外壳验电，确认安全后，戴绝缘手套侧身拉闸断电，挂警示牌； 4. 记录停抽时间及抽后的井口参数； 5. 检查刹车锁块，保持在行程的1/2～2/3，各部件连接完好、灵活； 6. 检查防喷器闸板开启状态，确保完全处于打开状态； 7. 调整水套炉，处于温炉状态	按照操作规程操作、检查	1. 未验电确认安全扣5分，未戴绝缘手套停抽扣5分，停机位置不正确扣3分； 2. 未刹紧刹车扣2分，未打好安全销扣10分； 3. 验电不正确扣2分，未戴绝缘手套侧身拉闸断电扣5分，未挂警示牌扣3分； 4. 未记录停抽时间及参数扣5分，每少一项扣1分； 5. 未检查刹车扣3分； 6. 未检查防喷器闸板开启状态扣3分； 7. 未调整水套炉扣3分	15		

续表

序号	考核内容	操作规程	评分要素	评分标准	配分	扣分	得分
4	测量驴头对中操作	1. 对于井口无压力的，需打开盘根盒并取出盘根，便于观察； 2. 正确穿戴好安全带，上机前将测量、调整工用具置于工具包并挂牢； 3. 采用三点式安全法蹬梯，并挂好安全带(高挂低用)； 4. 确保吊线锤长度足够并在驴头合适位置系好，在驴头最大圆处固定垫木； 5. 吊线锤通过垫木上平面，测量驴头与光杆防脱帽对中数据； 6. 读取数据前确保吊线锤稳定、无摆动并记录好偏差数值	按照规范正确测量偏差	1. 对于井口无压力的，未打开盘根盒并取出盘根扣5分； 2. 未正确穿戴好安全带扣5分； 3. 未采用三点式安全法蹬梯扣3分，安全带悬挂位置不正确扣5分； 4. ϕ14mm 垫木放置位置不正确扣10分； 5. 不会测量偏差扣10分； 6. 不会读取数值扣5分，读取数据不正确扣3分	20		
5	调整对中操作	1. 偏差在10mm以下的，通过调整抽油机中央轴承座与游梁位置，使驴头与井口对中，首先松中央轴承座与游梁固定螺栓，待调整后对紧固螺栓进行紧固，具体调整方法如下： ① 驴头偏左：松左前右后顶丝，紧右前左后顶丝； ② 驴头偏右：松右前左后顶丝，紧左前右后顶丝； ③ 驴头靠前：松前端2条顶丝，紧后端2条顶丝； ④ 驴头靠后：松后端2条顶丝，紧前端2条顶丝。 2. 偏差超过10mm以上的需松开抽油机	按照规范调整误差值	1. 调整不准确扣5分，不会调整扣10分； 2. 未口述各类机型允许偏差扣5分，每少一项扣1分； 3. 未检查固定螺栓是否拧紧扣5分，未并涂黄油保养扣3分	25		

续表

序号	考核内容	操作规程	评分要素	评分标准	配分	扣分	得分
5	调整对中操作	固定压板螺栓，参考偏差数值利用千斤顶适当调整抽油机底座前、后、左、右，并通过斜铁调偏、找平，直至达到允许误差。 3. 偏差超过10mm以上的需松开抽油机固定压板螺栓，参考偏差数值利用千斤顶适当调整抽油机底座前、后、左、右，并通过斜铁调偏、找平，直至达到允许误差。 4. 确保抽油机在静态状态下光杆与井口中心误差≤±1.5mm，抽油机在动态状态下其悬点投影误差值为ϕ28mm（口述：12型机不大于8mm，14型机不大于10mm、16型机不大于12mm）。 5. 检查固定螺栓是否拧紧，并涂黄油保养					
6	启抽操作	1. 盘根盒加新盘根，恢复井口光杆密封； 2. 打开抽油机安全销； 3. 验电、摘警示牌，戴绝缘手套侧身合闸送电； 4. 检查抽油机周围无障碍物； 5. 验电、开启动柜门、缓慢松刹车，利用惯性启抽； 6. 关好启动柜门； 7. 记录启抽时间及生产参数； 8. 调整井场水套炉炉温	按照规范启抽	1. 未加新盘根，恢复井口光杆密封扣3分； 2. 未打开安全销终止考核； 3. 未验电扣5分，未摘警示牌扣1分，未戴绝缘手套侧身合闸送电扣5分； 4. 未检查抽油机周围无障碍物扣5； 5. 未验电扣5分，未缓慢松刹车利用惯性启抽扣3分； 6. 关好启动柜门扣2分； 7. 未记录启抽时间、生产参数扣5分，每少一项扣2分； 8. 未调整井场水套炉炉温扣3分	10		

续表

序号	考核内容	操作规程	评分要素	评分标准	配分	扣分	得分
7	启抽后检查	1. 检查抽油机运转状况； 2. 检查光杆上、下冲程有无挂碰现象，检查井口各连接处有无渗漏现象； 3. 下行近下死点时调试盘根松紧度，上行时用手背试光杆温度，光杆下行涂抹黄油	规范检查	1. 未检查运转状况扣 5 分； 2. 未检查光杆挂碰扣 3 分，未检查井口有无渗漏现象扣 3 分； 3. 下行近下死点时调试盘根松紧度，上行时用手背试光杆温度，光杆下行涂抹黄油，一处错扣 2 分	10		
8	现场清理，填写报表	1. 将相关数据填入班报表； 2. 收拾、擦拭工具，打扫场地卫生	收拾工具，清洁场地	1. 未填写报表扣 5 分，漏一项扣 2 分； 2. 未清理现场扣 5 分，工具少收一件扣 2 分	5		
9	安全文明操作	1. 遵守国家或企业有关安全规定； 2. 操作过程中严格遵守“四不伤害”原则	遵守国家或企业有关安全规定	1. 每违反一项规定，从总分中扣 5 分； 2. 因操作不当造成人身伤害、环境污染、设备损坏，从总分中扣 20 分； 3. 严重违规终止操作			
备注							
合计					100		

考评员：　　　　核分员：　　　　年　月　日

七十、雅安特控制柜操作

1. 考核要求

(1) 必须穿戴劳动保护用品。
(2) 工用具准备齐全，正确使用。
(3) 操作规程符合安全文明操作。
(4) 按规定完成操作项目，质量达到技术要求。
(5) 操作完毕，做到"工完、料净、场地清"。

2. 准备要求

(1) 设备准备：

序 号	名 称	规 格	数 量	备 注
1	雅安特控制柜		1台	

(2) 材料准备：

序 号	名 称	规 格	数 量	备 注
1	手套		1副	
2	大布		2块	
3	报表		1张	
4	笔		1支	
5	液压油		1桶	

(3) 工用具准备：

序 号	名 称	规 格	数 量	备 注
1	活动扳手	300mm	2把	
2	试电笔		1支	
3	绝缘手套		1副	
4	四合一气体检测仪		1个	硫化氢井(站)
5	备用气瓶		2个	
6	正压式呼吸器		1具	
7	标识牌		1个	

3. 操作程序说明

1）检查操作

（1）检查各工具、用具的可用性，须符合本次操作使用要求。

（2）验电，检查控制柜各连接部位是否紧固牢靠。

（3）检查供电系统是否正常。

2）雅安特控制柜打压操作

（1）初次开井时用手压泵打压，检查有无“跑、冒、滴、漏”。

（2）锁紧井口地面安全阀压帽。

（3）关闭井下安全阀液压管线根部阀门。

（4）关闭手动泵出口阀门。

（5）打开电动泵出口阀门并调至手动状态。

（6）启动电动泵打压，液压供给动力源压力表起压，保持补充压力高于6000psi。

（7）调节地面安全阀供给压力调压阀，使地面安全阀供给压力表值到2500psi。

（8）按下控制面板先导回路充压按钮，使逻辑先导回路压力表起压。

（9）顺时针调节先导压力调节阀，将逻辑先导压力表值调节到90psi左右。

（10）待各压力完全稳定，拉出井下紧急关断阀，使井下安全阀输出压力表起压。

（11）通知中控室远程控制复位，使电磁阀供电(24VDC)

（12）拉出地面安全阀紧急关断阀，使地面安全阀输出压力表起压，达到其工作压力。

（13）取下井口地面安全阀压帽，并打开井下安全阀根部阀门。

（14）观察地面安全阀压力表和井下安全阀压力表显示是否变化。

（15）当井下安全阀压力不足时继续打压补充至规定压力，检查各连接部位无渗漏现象。

（16）控制柜电动泵转换为自动状态。

3）关井操作

（1）按下地面安全阀紧急关断阀，地面安全阀系统泄压，关闭，地面安全阀输出压力表落零。

（2）按下井下安全阀紧急关断阀，井下安全阀系统泄压，关闭，井下安全阀输出压力表落零。

（3）远程关井操作：通知中控室执行关井操作，对电磁开关阀断电，关断地面安全阀，检查地面安全阀输出压力表落零。

4）长期关井操作

（1）重复步骤3）。

（2）电动泵打到关闭状态。

（3）依次打开逻辑管线泄压阀、地面安全阀泄压阀、动力源压力泄压阀，观察压力落零。

5）填写报表

（1）记录参数，填写报表。

（2）收拾工具。

4. 考核规定说明

（1）如发现操作过程中可能发生重大违章（如人身伤害、环境污染、设备损坏等），将取消操作。

（2）考核采用百分制，考核项目得分按鉴定比重进行折算。

（3）考核方式说明：本项目为实际操作题，考核过程按评分标准及操作过程进行评分。

（4）考评技能说明：本项目主要测试考生对雅安特控制柜技能掌握的熟练程度。

5. 考核时限

（1）准备工作：1min（不计入考核时间）。

（2）正式操作时间：20min。

（3）提前完成操作不加分，到时终止操作。

6. 评分记录表

雅安特控制柜操作评分记录表

操作时间：20min　　　　考生：　　　　操作用时：

序号	考核内容	操作规程	评分要素	评分标准	配分	扣分	得分
1	准备	1. 穿戴好劳动保护用品； 2. 准备工具：四合一气体检测仪、正压式呼吸器（硫化氢井站）、报表、笔、管钳、300mm 活动扳手、手套、棉纱、标识牌	准备工具、量具、用具	1. 劳保穿戴不整齐扣5分； 2. 未准备工具扣5分，多、少一件扣1分	5		
2	操作前检查	1. 检查毛细管各连接部位有无渗漏； 2. 检查控制柜内各阀门开关状态是否正常； 3. 检查液压油箱液位是否正常； 4. 检查控制柜供电情况是否正常	按要求检查	1. 未检查毛细管各连接部位有无渗漏扣2分； 2. 未检查控制柜内各阀门开关状态是否正常扣3分； 3. 未检查液压油箱液位是否正常扣3分； 4. 未检查控制柜供电情况是否正常扣2分	10		
3	雅安特控制柜打压操作	1. 锁紧井口地面安全阀压帽； 2. 关闭井下安全阀液压管线根部阀门； 3. 关闭手动泵出口阀门； 4. 打开电动泵出口阀门并调至手动状态；	按操作规程投用控制柜	1. 地面安全阀压帽未锁紧，扣5分； 2. 井下安全阀液压管线阀门未关闭或未关严，扣5分； 3. 未关闭手动泵后阀门，扣3分； 4. 未打开电动泵后阀门，扣3分；电动泵未调至手动状态，扣5分； 5. 电动泵打压，未保持补充压力高	40		

续表

序号	考核内容	操作规程	评分要素	评分标准	配分	扣分	得分
3	雅安特控制柜打压操作	5. 启动电动泵打压，液压供给动力源压力表起压，保持补充压力高于6000psi； 6. 调节地面安全阀供给压力调压阀，使地面安全阀供给压力表值到2500psi； 7. 按下控制面板先导回路充压按钮，使逻辑先导回路压力表起压； 8. 顺时针调节先导压力调节阀，将逻辑先导压力表值调节到90psi左右； 9. 待各压力完全稳定，拉出井下紧急关断阀，使井下安全阀输出压力表起压； 10. 通知中控室远程控制复位，使电磁阀供电(24VDC)； 11. 拉出地面安全阀紧急关断阀，使地面安全阀输出压力表起压，达到其工作压力； 12. 取下井口地面安全阀压帽，并打开井下安全阀根部阀门； 13. 观察地面安全阀压力表和井下安全阀压力表显示是否变化，当井下安全阀压力不足时继续打压补充至规定压力； 14. 检查各连接部位无渗漏现象； 15. 控制柜电动泵转换为自动状态		于6000psi，扣10分。 6. 地面安全阀供给压力表值未到2500psi左右，扣10分； 7. 未按下控制面板先导回路充压按钮，使逻辑先导回路压力表起压扣5分； 8. 逻辑先导压力表值调节未到90psi左右，扣10分； 9. 各压力未完全稳定执行后续操作，扣10分；不会向外拉出井下紧急关断阀，扣10分； 10. 未通知中控复位，扣5分； 11. 不会拉出地面安全阀紧急关断阀，扣10分； 12. 未摘下地面安全阀压帽扣5分；未打开井下安全阀液压管线阀门，扣5分； 13. 未将井下安全阀压力控制在规定压力扣5分； 14. 未检查各连接部位无渗漏现象扣5分； 15. 未将控制柜电动泵转换为自动状态扣5分			

续表

序号	考核内容	操作规程	评分要素	评分标准	配分	扣分	得分
4	关井操作	1. 按下地面安全阀紧急关断阀，地面安全阀系统泄压，地面安全阀输出压力表落零； 2. 待地面安全阀压力为零后，按下井下安全阀紧急关断阀井下安全阀系统泄压，井下安全阀输出压力表落零； 3. 也可以通知中控室执行关井操作，对电磁开关阀去电，关断地面安全阀，检查地面安全阀输出压力表落零	按要求完成关井操作	1. 未关闭地面安全阀紧急切断阀扣10分； 2. 未待地面安全阀压力为零操作井下安全阀，扣5分； 3. 关闭井下安全阀紧急切断阀方向错误，扣10分	20		
5	长期关井操作	1. 重复步骤3)； 2. 电动泵打到关闭状态； 3. 依次打开逻辑管线泄压阀、地面安全阀泄压阀、动力源压力泄压阀，观察压力落零	长期关井按要求完成各部位泄压操作	1. 未将电动泵打到关闭状态，扣4分； 2. 未泄除逻辑回路压力，扣4分； 3. 未泄除地面安全阀管线回路压力，扣4分； 4. 未泄除井下安全阀管线回路压力，扣4分	20		
6	填写报表，清理场地	1. 回收工具，清理现场； 2. 记录参数，填写报表	1. 记录参数，填写数据，字迹应正确、完整、清晰、无涂改； 2. 回收工具，清理现场	1. 少记录一项扣2分，错误一处扣1分，未记录扣5分； 2. 未回收工具一件扣1分，未回收工具扣5分； 3. 未清理现场扣5分	5		
7	安全文明操作	1. 遵守国家或企业有关安全规定； 2. 操作过程中严格遵守“四不伤害”原则	遵守国家或企业有关安全规定	1. 每违反一项规定，从总分中扣5分； 2. 严重违规取消考核； 3. 因操作不当造成人身伤害，从总分中扣20分 4. 工用具使用不当从总分中一次扣2分，最多扣20分			
备注							
合计					100		

考评员： 核分员： 年 月 日

七十一、抽油机井(堵水)挂抽操作

1. 考核要求

(1) 必须穿戴劳动保护用品。
(2) 工具、量具、用具准备齐全，正确使用。
(3) 操作规程符合安全文明操作。
(4) 按规定完成操作项目，质量达到技术要求。
(5) 操作完毕，做到“工完、料净、场地清”。

2. 准备要求

(1) 设备准备：

序号	名称	规格	数量	备注
1	抽油机井	12 型、14 型	1 口	
2	吊车	≥25t	1 辆	带悬重仪

(2) 材料准备：

序号	名称	规格	数量	备注
1	抽油杆悬挂器		1 个	
2	法兰阀门及钢圈	35MPa、70MPa、105MPa	1 套	
3	压力表丝堵		1 套	
4	耐震压力表	60MPa	2 块	
5	高压考克	60MPa	1 个	
6	盘根	28mm 或 38mm	若干	与光杆同型号
7	抽油杆短节	2m、1.5m、1m、0.5m	各 2 根	
8	高压盘根盒	28mm 或 38mm	1 个	与光杆同型号
9	双闸扳手动防喷器	21MPa 或 42MPa	1 个	与光杆同型号
10	方卡子	28mm 或 38mm	2 个	与光杆同型号

(3) 工具、用具准备(包含但不局限)：

序号	名称	规格	数量	备注
1	黄油	桶	1 桶	
2	生料带	卷	2 卷	
3	大布		2 块	

续表

序 号	名 称	规 格	数 量	备 注
4	手套		5 副	
5	平口起子	300mm	1 把	
6	双头梅花扳手	14~17、24~27、30~32、36~41	2 套	
7	敲击扳手	24、27、30、32、36、41、46	各 2 把	
8	活动扳手	300mm、375mm	各 2 把	
9	管钳	600mm、900mm、1200mm	各 2 把	
10	吊卡	1″、1⅛″、1½″	各 1 副	
11	抽油杆吊卡吊钩		1 个	
12	钢丝绳套	6m	2 根	
13	麻绳	6m	1 根	
14	合适加力杠	1m	2 根	
15	平板锉刀		1 把	
16	砂纸		1 张	
17	钢卷尺		1 把	
18	安全带		2 副	
19	牵引绳	5m	4 根	
20	警示牌		2 块	
21	注脂枪		1 套	
22	密封脂	桶	1 桶	

3. 操作程序说明

1）检查井口

（1）泄油、套压为零，井口无溢流，无气泡等现象。

（2）检查井口流程有无“跑、冒、滴、漏”现象。

2）拆卸井口

（1）拆卸 R35 主控阀门法兰螺栓。指挥吊车小勾将阀门移至地面。

（2）指挥吊车配合安装手动双闸板防喷器。

3）起出抽油杆柱

（1）清洁光杆，串换盘根盒，上紧防脱帽。

（2）上部打备卡，安装光杆吊卡。

（3）吊车平稳将光杆下放入井，与抽油杆短节对扣。

（4）将载荷转移至吊车，平稳上提光杆。

（5）上提光杆至抽油杆短节全部起出，手动防喷器上丝扣处安装护丝。

（6）安装抽油杆吊卡，下放光杆，将载荷转移至井口。

（7）拆除光杆及抽油杆短节，连接光杆及抽油杆柱。

4）挂抽

（1）吊车吃载，取出抽油杆吊卡及护丝。

（2）防喷器丝扣缠绕生胶带。

（3）缓慢下方光杆至合适位置，对扣上紧盘根盒，加好盘根，装好格兰、压帽。

（4）继续缓慢下放光杆至合适位置，核实原防冲距，安装悬绳器及负载卡子。

（5）下放光杆，将载荷转至悬绳器上，取出光杆吊卡。

5）起抽

（1）检查抽油机周围障碍物，打开安全销。

（2）验电、摘除警示牌，戴绝缘手套侧身合闸送电，缓慢松刹车，利用惯性启抽。

（3）记录启抽时间。

6）填写报表，清理场地

收拾工具，清理现场，记录相关数据。

4. 考核规定说明

（1）如发现操作过程中可能发生重大违章（如人身伤害、环境污染、设备损坏等），将终止操作。

（2）考核采用百分制，考核项目得分按鉴定比重进行折算。

（3）考核方式说明：本项目为实际操作题，考核过程按评分标准及操作过程进行评分。

（4）考评技能说明：本项目主要测试考生对抽油机井（堵水）挂抽技能掌握的熟练程度。

5. 考核时限

（1）准备工作：5min（不计入考核时间）。

（2）正式操作时间：60min。

（3）提前完成操作不加分，到时终止操作考核。

6. 评分记录表

抽油机井（堵水）挂抽操作评分记录表

操作时间：60min　　　　考生：　　　　操作用时：

序号	考核内容	操作规程	评分要素	评分标准	配分	扣分	得分
1	准备	1. 穿戴好劳动保护用品； 2. 准备工具：大布、手套、盘根、润滑脂、光杆、活动扳手、管钳、吊卡、钢丝绳套、麻绳、加力杠、生料带、方卡子、平板锉刀、砂纸、钢卷尺、试电笔、绝缘手套、警示牌	准备检查工具	1. 劳保穿戴不整齐扣5分； 2. 未准备工具及材料扣5分，多、少准备一件扣2分	5		

续表

序号	考核内容	操作规程	评分要素	评分标准	配分	扣分	得分
2	准备工作	1. 检查井筒无油气显示，泄油套压为零，井口无溢流，无气泡等现象； 2. 检查井口流程有无“跑、冒、滴、漏”现象	井口检查，确认安全	1. 未泄压扣10分； 2. 未观察井口确认安全扣10分	10		
3	拆卸井口	1. 拆卸R35主控阀门法兰螺栓； 2. 指挥吊车小勾将阀门移至地面； 3. 指挥吊车配合安装手动双闸板防喷器	拆阀门及安装防喷器	1. 工具使用方法不正确扣2分，吊装作业未用牵引扣4分； 2. 防喷器丝扣未缠生料带扣2分； 3. 未确认防喷器全封、半封开关状态扣2分	20		
4	起出抽油杆柱	1. 起出抽油杆柱，清洁光杆，串换盘根盒，上紧防脱帽； 2. 上部打背卡，安装光杆吊卡； 3. 吊车平稳将光杆下放入井，与光杆短接对扣； 4. 观察吊车载荷，负载后平稳上提光杆； 5. 上提光杆至光杆短接全部起出，手动防喷器上丝扣放护丝板，放吊卡卸载； 6. 安装抽油杆吊卡，下放光杆，将载荷转移至井口； 7. 拆除光杆及光杆短节，连接光杆及抽油杆柱	准确对扣操作	1. 取盘根方法不正确扣5分，未检查二级密封扣3分； 2. 上提过猛扣2分，距离不合适扣2分； 3. 未用大布做好防喷器防护扣3分，抽油杆吊卡未打好扣10分，转移载荷过猛扣5分； 4. 工具使用不当一次扣2分，转移过程中碰挂其他设备扣2分； 5. 节箍未上紧扣10分，造成井下落物终止操作	10		

续表

序号	考核内容	操作规程	评分要素	评分标准	配分	扣分	得分
5	挂抽	1. 吊车负载，取出抽油杆吊卡及护丝； 2. 防喷器丝扣缠绕生胶带； 3. 缓慢下方光杆至合适位置，对扣上紧盘根盒，加好盘根，装好格兰、压帽； 4. 吊车负载继续缓慢下放光杆至合适位置，核实原防冲距，安装悬绳器及负载卡子； 5. 下放光杆，将载荷转至悬绳器；取出光杆吊卡	载荷转移	1. 安装顺序错扣 2 分，光杆光余误差超过±10mm 扣 5 分，载荷卡子打反扣 5 分，未及时发现停止操作，防脱帽安装不到位扣 5 分，未检查防喷器丝扣扣 3 分，未缠绕生胶带扣 3 分； 2. 下放光杆磕碰井口扣 3 分，盘根盒未上紧扣 3 分，丝扣损坏扣 10 分，未加好盘根、格兰、压帽每处扣 2 分； 3. 未核实原防冲距扣 5 分，工具使用不当每次扣 2 分； 4. 未控制下放速度扣 3 分，悬绳器安装不正扣 5 分；	20		
6	挂抽恢复生产	1. 检查抽油机周围障碍物，打开安全销； 2. 验电、摘除警示牌，戴绝缘手套侧身合闸送电，缓慢松刹车，利用惯性启抽； 3. 记录启抽时间	规范启抽，恢复生产	1. 未检查障碍物扣 3 分，未打开安全销停止操作； 2. 未验电扣 3 分，未戴绝缘手套扣 3 分，未侧身拉闸一次扣 3 分，未摘警示牌扣 2 分，未控制刹车扣 2 分，未利用惯性启抽扣 5 分； 3. 未记录启抽时间扣 3 分	10		
7	启抽后检查	1. 检查抽油机各连接部位是否完好，抽油机运行情况是否正常； 2. 检查光杆上、下冲程有无挂碰现象，井口各连接处有无渗漏现象； 3. 光杆上行时用手背试光杆温度，光杆下行时涂抹黄油，调整盘根松紧度	巡回检查，调整到位	1. 未检查抽油机各连接部位是否完好扣 3 分，未检查抽油机运行情况扣 3 分； 2. 未检查光杆挂碰现象扣 3 分，未检查井口渗漏现象扣 3 分； 3. 未试温度扣 2 分，未涂抹黄油扣 2 分，未调整盘根松扣 2 分，操作方式错误一次扣 2 分	10		
8	填写报表，清理现场	1. 将相关数据填入班报表； 2. 收拾、擦拭工具，打扫场地卫生	规范填写报表，清理现场	1. 未填写报表扣 5 分，漏一项扣 2 分； 2. 未清理现场扣 5 分，工具少收一件扣 2 分	5		

续表

序号	考核内容	操作规程	评分要素	评分标准	配分	扣分	得分
9	安全文明操作	1. 遵守国家或企业有关安全规定； 2. 操作过程中严格遵守“四不伤害”原则	遵守国家或企业有关安全规定	1. 每违反一项规定，从总分中扣5分； 2. 因操作不当造成人身伤害、环境污染、设备损坏，从总分中扣20分； 3. 严重违规终止操作			
备注							
合计					100		

考评员： 核分员： 年 月 日

七十二、抽油机井(堵水)坐封操作

1. 考核要求

(1) 必须穿戴劳动保护用品。
(2) 工具、量具、用具准备齐全，正确使用。
(3) 操作规程符合安全文明操作。
(4) 按规定完成操作项目，质量达到技术要求。
(5) 操作完毕，做到“工完、料净、场地清”。

2. 准备要求

(1) 设备准备：

序 号	名 称	规 格	数 量	备 注
1	抽油机井		1口	
2	吊车	≥25t	1辆	带悬重仪

(2) 材料准备：

序 号	名 称	规 格	数 量	备 注
1	抽油杆悬挂器		1个	
2	法兰阀门及钢圈	35MPa、70MPa、105MPa	1套	
3	压力表丝堵		1套	
4	耐震压力表	60MPa	2块	
5	高压考克	60MPa	1个	
6	抽油杆短节	2m、1.5m、1m、0.5m	各2根	
7	手动双闸板防喷器	21MPa或42MPa	1个	
8	方卡子	28mm或38mm	2个	
9	防喷器护丝		1套	

(3) 工具、用具准备(包含但不局限)：

序 号	名 称	规 格	数 量	备 注
1	黄油		1桶	
2	生料带		2卷	
3	大布		2块	
4	手套		5副	

续表

序 号	名 称	规 格	数 量	备 注
5	平口起子	300mm	1把	
6	双头梅花扳手	14~17、24~27、30~32、36~41	2套	
7	敲击扳手	24、27、30、32、36、41、46	各2把	
8	活动扳手	300mm、375mm	各2把	
9	管钳	600mm、900mm、1200mm	各2把	
10	吊卡	1″、1⅛″、1½″	各1副	
11	抽油杆吊卡		1个	
12	钢丝绳套	6m	2根	
13	麻绳	6m	1根	
14	合适加力杠	1m	2根	
15	平板锉刀		1把	
16	砂纸		1张	
17	钢卷尺		1把	
18	安全带		2副	
19	牵引绳	5m	4根	
20	警示牌		2块	
21	注脂枪		1套	
22	密封脂		1盒	

3. 操作程序说明

1）检查井口

（1）检查井筒压井稳定后，泄油、套压为零，井口无溢流，无气泡等现象。

（2）检查井口流程有无“跑、冒、滴、漏”现象。

2）抽油机卸载

（1）停机，安装卸载器，启停抽油机卸抽油机负荷。

（2）拆卸悬绳器上部负载卡。

（3）拆卸悬绳器挡板。

（4）将悬绳器及悬绳移出井口，用麻绳固定在抽油机上。

3）移除卸载器

（1）光杆上部打备卡，安装光杆吊卡。

（2）吊车平稳上提光杆，将载荷转移至吊车上，井口备卡脱离卸载器。

（3）取出卸载器，拆卸备卡。

4）拆卸盘根盒、光杆

（1）拆除盘根盒。

（2）吊车平稳上提光杆，将抽油杆接箍提出双闸板防喷器上平面。

(3) 安装护丝及卸载器，将载荷转移至防喷器，拆卸光杆，将光杆转移至地面，卸下盘根盒；
(4) 在光杆下部安装抽油杆短，再将抽油杆短节与抽油杆柱连接。
(5) 吊车吃载，拆除卸载吊卡，下放光杆探泵底，拆除光杆。
5) 拆除防喷器、坐封井口
(1) 拆除、吊移双闸板防喷器至地面。
(2) 安装 R35 清蜡阀门，对角紧固好法兰螺栓。
(3) 安装压力表丝堵，安装压力表。
6) 填写报表，清理场地
收拾工具，清理现场，记录相关数据。

4. 考核规定说明

(1) 如发现操作过程中可能发生重大违章(如人身伤害、环境污染、设备损坏等)，将终止操作。
(2) 考核采用百分制，考核项目得分按鉴定比重进行折算。
(3) 考核方式说明：本项目为实际操作题，考核过程按评分标准及操作过程进行评分。
(4) 考评技能说明：本项目主要测试考生对抽油机井(堵水)坐封技能掌握的熟练程度。

5. 技术要求

(1) 下放悬挂器过程中要控制好速度缓慢下放，防止碰坏悬挂器与井内油管挂丝扣。
(2) 现场使用管钳达到操作要求，管钳必须打在快速提升装置专门打管钳位置。
(3) 旋转安装悬挂器过程中，控制吊车指重表悬重保持在比抽油杆原悬重低 0.1t 位置。
(4) 必须确保上扣方向正确。
(5) 施工现场压井，要做到压井平稳，注意井控风险。

6. 考核时限

(1) 准备工作：5min(不计入考核时间)。
(2) 正式操作时间：60min。
(3) 提前完成操作不加分，到时终止操作考核。

7. 评分记录表

抽油机井(堵水)坐封操作评分记录表

操作时间：60min　　　　考生：　　　　操作用时：

序号	考核内容	操作规程	评分要素	评分标准	配分	扣分	得分
1	准备	1. 穿戴好劳动保护用品； 2. 准备工具：大布、手套、盘根、润滑脂、光杆、活动扳手、管钳、吊卡、钢丝绳套、麻绳、加力杠、生料带、方卡子、平板锉刀、砂纸、钢卷尺、试电笔、绝缘手套、警示牌	准备检查工具	1. 劳保穿戴不整齐扣 5 分； 2. 未准备工具及材料扣 5 分，多、少准备一件扣 2 分	5		

续表

序号	考核内容	操作规程	评分要素	评分标准	配分	扣分	得分
2	准备工作	1. 验电、戴绝缘手套按停止按钮将驴头停在近下死点位置，拉紧刹车； 2. 戴绝缘手套侧身拉闸断电，关闭柜门，挂警示牌； 3. 观察井口无压力、无溢流，确认井口安全后方可进行下步工作	规范停机，确认安全	1. 未验电扣3分，未戴绝缘手套扣3分，未拉紧刹车、溜车扣5分，未侧身拉闸一次扣3分，未挂警示牌扣2分； 2. 未观察井口确认安全扣10分	10		
3	卸载	1. 清洁光杆，在光杆合适位置处安装卸载卡子； 2. 检查周围无障碍物； 3. 验电、摘警示牌，戴绝缘手套侧身合闸送电，验电，开启动柜门，缓慢松刹车，利用惯性启抽； 4. 将卸载方卡子坐在井口防喷盒上，把驴头载荷转移至卸载方卡子上； 5. 停抽、刹紧刹车，关启动柜门，侧身拉闸断电，挂警示牌； 6. 打好安全销； 7. 拆除悬绳器，用麻绳将悬绳器固定在抽油机支架上； 8. 打吊卡、穿钢丝绳，指挥吊车上提光杆，将载荷转移至吊车上	卸载步骤是否正确	1. 未清洁光杆扣2分，停机位置不合适一次扣3分，卸载卡子位置不合适扣3分，打滑扣5分，打反停止操作； 2. 未检查障碍物扣2分； 3. 未验电扣3分，未戴绝缘手套扣3分，未侧身拉闸一次扣3分，未摘警示牌扣2分，未控制刹车扣2分，未利用惯性启抽扣5分； 4. 卸载不成功一次扣5分； 5. 未拉紧刹车、溜车扣5分； 6. 未打安全销扣10分； 7. 工具使用不当一次扣2分，悬绳器固定不牢固扣3分； 8. 打吊卡、穿钢丝绳，指挥吊车上提光杆，将载荷转移至吊车上顺序错一处扣3分	20		
4	拆除盘根盒	1. 卸盘根压帽，取出旧盘根，检查二级密封，确认全开； 2. 拆盘根盒，使其与防喷器脱离	正确拆卸盘根盒	1. 取盘根方法不正确扣5分，未检查二级密封扣3分； 2. 工具使用不当一次扣2分	10		

续表

序号	考核内容	操作规程	评分要素	评分标准	配分	扣分	得分
5	拆除旧光杆	1. 将井口防喷器全封、半封闸板完全打开； 2. 指挥吊车缓慢将光杆提出防喷器，节箍距防喷器上端面大于200mm； 3. 在防喷器上部安装护丝，打好抽油杆吊卡，下放光杆，将载荷转移至井口； 4. 卸开光杆丝扣，做好牵引，转移至地面，取出吊卡； 5. 拆防脱帽、方卡子，取出盘根盒	慢提慢放，平稳操作	1. 未将井口防喷器全封、半封闸板完全打开扣5分； 2. 上提过猛扣2分，距离不合适扣2分； 3. 未用大布做好防喷器防护扣3分，抽油杆吊卡未打好扣10分，转移载荷过猛扣5分； 4. 工具使用不当一次扣2分，转移过程中碰挂其他设备扣2分； 5. 造成井下落物终止操作	10		
6	安装光杆短接组下杆柱	1. 拆下光杆安装光杆短接，丈量确认光杆光余，打好光杆载荷卡子，安装防脱帽； 2. 打好光杆吊卡，做好牵引，指挥吊车，将光杆转移至井口上方； 3. 对正丝扣，连接光杆与抽油杆短节，丝扣连接不易过紧； 4. 上提光杆，将载荷转移至吊车； 5. 取出抽油杆吊卡； 6. 缓慢下方光杆进行探底，探底结束后拆除光杆； 7. 指挥吊车，将光杆转移至地面，同时做好牵引	安装短节，探底	1. 安装光杆短接顺序错扣2分，载荷卡子打反扣5分，未及时发现停止操作； 2. 光杆吊卡未打好扣5分，转移光杆时碰挂其他设备扣3分； 3. 节箍未上紧扣10分，造成井下落物终止操作； 4. 上提光杆过快扣5分； 5. 下放光杆磕碰井口扣3分； 6. 工具使用不当每次扣2分； 7. 不控制下放速度扣3分	20		

续表

序号	考核内容	操作规程	评分要素	评分标准	配分	扣分	得分
7	坐封井口	1. 拆除手动双闸板防喷器，吊车小钩配合上提双闸板防器脱离井口，移植地面 2. 吊车小勾配合安装 R35 阀门； 3. 在 R35 阀门上部安装法兰、压力表丝堵及压力表； 4. 记录相关数据	规范启抽，恢复生产	1. 吊带使用不当扣 3 分； 2. 安装 R35 阀门未对角紧固螺栓扣 5 分，未清洁法兰钢圈扣 3 分，未安装停止操作； 3. 未记录数据扣 3 分	10		
9	填写报表，清理现场	1. 将相关数据填入班报表； 2. 收拾、擦拭工具，打扫场地卫生	规范填写报表，清理现场	1. 未填写报表扣 5 分，漏一项扣 2 分； 2. 未清理现场扣 5 分，工具少收一件扣 2 分	5		
10	安全文明操作	1. 遵守国家或企业有关安全规定； 2. 操作过程中严格遵守“四不伤害”原则	遵守国家或企业有关安全规定	1. 每违反一项规定，从总分中扣 5 分； 2. 因操作不当造成人身伤害、环境污染、设备损坏，从总分中扣 20 分； 3. 严重违规终止操作			
备注							
合计					100		

考评员： 核分员： 年 月 日

七十三、抽油机井(注气)挂抽操作

1. 考核要求

(1) 必须穿戴劳动保护用品。

(2) 工具、量具、用具准备齐全，正确使用。

(3) 操作规程符合安全文明操作。

(4) 按规定完成操作项目，质量达到技术要求。

(5) 操作完毕，做到“工完、料净、场地清”。

2. 准备要求

(1) 设备准备：

序号	名称	规格	数量	备注
1	抽油机井		1口	
2	吊车	≥25t	1辆	带悬重仪

(2) 材料准备：

序号	名称	规格	数量	备注
1	密封盘根	28mm 或 38mm	5个	
2	抽油杆短节	2m、1.5m、1m、0.5m	各2根	
3	盘根盒	28mm 或 38mm	1个	
4	双闸板防喷器	21MPa 或 42MPa	1个	
5	抱卡	28mm 或 38mm	2个	
6	大布		2块	

(3) 工具、用具准备：

序号	名称	规格	数量	备注
1	黄油		1桶	
2	生料带		2卷	
3	绝缘手套		1副	
4	钳形电流表		1块	
5	试电笔		1支	
6	平口起子	300mm	1把	

续表

序号	名称	规格	数量	备注
7	双头梅花扳手	14~17、24~27、30~32、36~41	2套	
8	打击单扳手	24、27、30、32、36、41、46	各2把	
9	活动扳手	300mm、375mm	各2把	
10	管钳	600mm、900mm、1200mm	各2把	
11	吊卡	1″、1⅛″、1½″	各1副	
12	卸载器		1副	
13	护丝板		1副	
14	钢丝绳套	6m	2根	
15	麻绳	6m	1根	
16	合适加力杠	1m	2根	
17	平板锉刀		1把	
18	砂纸		1张	
19	钢卷尺		1把	
20	牵引绳	5m	4根	
21	警示牌		2块	
22	注脂枪		1套	
23	BX154钢圈		1个	
24	笔、报表		若干	

3. 操作程序说明

1）检查井口

（1）检查井筒压井稳定后，泄油套压为零，井口无溢流，无气泡等现象。

（2）检查各处流程有无“跑、冒、滴、漏”现象。

2）拆井口清蜡闸门

（1）打开压力表泄压考克，无气无液，井筒稳定。

（2）拆70型清蜡闸门法兰螺栓并移除闸门。

（3）安装丝扣法兰片。

3）连接悬挂器

（1）组装快速提升装置，安装吊卡。

（2）吊车下放快速提升装置，下探悬挂器。

（3）对接悬挂器上端T形槽，并正转挂接牢固。

4）提取悬挂器

（1）缓慢上提快速提升装置，读取悬重数值至抽油杆原悬重±0.1t。

（2）上提快速提升装置，在抽油杆短节下部安装护丝板及抽油杆吊卡，拆取悬挂器及快速提升装置。

5）组下抽油杆

（1）按坐封记录安装恢复抽油杆柱。

（2）核实记录原悬重。

（3）加装抽油杆按设计要求探泵底核实防冲距，记录数据。

（4）吊卡悬挂抽油杆柱座放井口护丝板上。

6）组下光杆及双闸板防喷器

（1）检查防喷器出厂试压合格报告。

（2）在地面穿换原有双闸板防喷器及盘根盒并上好卡子将防喷器固定在光杆上。

（3）光杆上部测量光余并安装承载卡子。

（4）安装光杆吊卡，吊车上提光杆、防喷器及盘根盒组合垂直于井口之上。

（5）连接光杆与抽油杆短节并紧固。

（6）吊车上提光杆使抽油杆短节脱离吊卡，取下吊卡及护丝板。

（7）下放杆柱入井后，上紧防喷器及盘根盒。

7）联接悬绳器

（1）将悬绳器脱离抽油机三角支架，位于井口垂直面。

（2）上提光杆将承重卡子座在悬绳器上部，载荷转移至驴头。

（3）安装悬绳器挡板。

8）井口试压

（1）关闭双闸板半封。

（2）对井口连接部位进行试压合格。

9）启机试抽

（1）检查流程正确。

（2）起抽，上下冲程不碰不挂。

（3）录取电流及井口压力。

10）清理现场，填写报表

（1）清点清理工具。

（2）填写作业报表数据。

（3）现场污染治理。

4. 考核规定说明

（1）如发现操作过程中可能发生重大违章(如人身伤害．环境污染．设备损坏等)，将终止操作。

（2）考核采用百分制，考核项目得分按鉴定比重进行折算。

（3）考核方式说明：本项目为实际操作题，考核过程按评分标准及操作过程进行评分。

（4）考评技能说明：本项目主要测试考生对抽油机井注气井口挂抽步骤及悬挂器使用熟练度。

5. 考核时限

(1) 准备工作：5min(不计入考核时间)。
(2) 正式操作时间：60min。
(3) 提前完成操作不加分，到时终止操作考核。

6. 评分记录表

抽油机井(注气)井口挂抽操作评分记录表

操作时间：60min　　考生：　　操作用时：

序号	考核内容	操作规程	评分要素	评分标准	配分	扣分	得分
1	准备	1. 穿戴好劳动保护用品； 2. 准备工具用具：双头梅花扳手、打击单扳手、活动扳手、管钳、吊卡、护丝板、钢丝绳套、BX154 钢圈、麻绳、合适加力杠、安全带、牵引绳、警示牌、试压注脂枪、钢卷尺、盘根、抽油杆短节、盘根盒、双闸板防喷器、抱卡、生料带、绝缘手套、钳形电流表、试电笔、平口起子、润滑脂和丝扣油、大布、报表、记录笔	准备工具、量具、用具	1. 劳动保护用品穿戴不规范扣5分； 2. 未准备工具及材料扣5分，多、少准备一件扣1分	5		
2	检查井口	1. 检查井筒压井稳定后，泄油套压为零，井口无溢流，无气泡等现象； 2. 检查各处流程有无“跑、冒、滴、漏”现象	对生产流程的检查，确认作业安全	1. 未检查井口流程扣5分； 2.“跑、冒、滴、漏”一处未检查到位扣2分； 3. 机抽井不检查盘根盒渗漏情况扣5分	5		
3	拆井口清蜡闸门	1. 打开压力表泄压考克，无气无液，压力落零； 2. 拆清蜡闸门法兰螺栓并移除闸门； 3. 安装丝扣法兰片	清蜡闸门拆除步骤	1. 未进行考克泄压扣3分； 2. 螺栓未进行配对摆放扣3分； 3. 未更换 BX154 法兰钢圈扣5分； 4. 螺栓紧固未达到井控细则要求．未进行试压扣5分	15		

续表

序号	考核内容	操作规程	评分要素	评分标准	配分	扣分	得分
4	连接悬挂器	1. 组装快速提升装置，安装吊卡； 2. 吊车下放快速提升装置，下探悬挂器； 3. 对接悬挂器上端T形槽，并正转挂接牢固	悬挂器对接熟练程度	1. 工具使用不当，一次扣2分； 2. 未挂接牢固扣5分	10		
5	提取悬挂器	1. 缓慢上提快速提升装置，读取悬重数值至抽油杆原悬重±0.1t； 2. 上提快速提升装置，在抽油杆短节下部安装护丝及抽油杆吊卡，拆取悬挂器及快速提升装置	操作步骤准确，吊车提取吨位准确	1. 上提抽油杆悬重未达到原重的±0.1t进行卸操作扣5分； 2. 抽油杆短节下部未安装护丝扣5分	20		
6	组下抽油杆	1. 按坐封记录组下抽油杆柱； 2. 核实记录原悬重； 3. 加装抽油杆按设计要求探泵底核实防冲距，记录数据； 4. 吊卡悬挂抽油杆柱座放井口护丝上	按记录下放杆柱，核实防冲距	1. 未记录数量及长度扣5分； 2. 未核实原悬重扣5分； 3. 未探底核实防冲距扣5分，未记录数据扣3分 4. 未使用护丝扣3分	10		
7	组下光杆及双闸板防喷器	1. 检查防喷器出厂试压合格报告； 2. 在地面穿换原有双闸板防喷器及盘根盒并安装卡子固定； 3. 光杆上部测量光余并安装承载卡子； 4. 安装光杆吊卡，吊车上提光杆、防喷器及盘根盒组合垂直于井口之上； 5. 连接光杆与抽油杆短节并紧固； 6. 吊车上提光杆使抽油杆短节脱离吊卡，取下吊卡及护丝板； 7. 下放杆柱入井后，拆除下部固定卡子，连接防喷器下部丝扣并紧固	组下杆柱及防喷器	1. 现场查防喷器试压合格扣3分； 2. 地面穿换防喷器与盘根盒顺序不对扣5分； 3. 未测量光余扣5分； 4. 承载卡子出现滑扣扣5分； 5. 光杆组合下部未打抱卡扣5分； 6. 抽油杆连接光杆未上紧终止操作； 7. 防喷器下部丝扣未加生料带扣3分	10		

续表

序号	考核内容	操作规程	评分要素	评分标准	配分	扣分	得分
8	联接悬绳器	1. 将悬绳器脱离抽油机三角支架，位于井口垂直面； 2. 上提光杆将承重卡子座在悬绳器上部，载荷转移至驴头； 3. 安装悬绳器挡板	联接悬绳器步骤准确	1. 悬绳器脱离支架未缓慢松绑绳扣3分； 2. 载荷转移松刹车未缓慢操作扣5分； 3. 悬绳器挡板螺丝未上紧扣3分	5		
9	井口试压	1. 关闭双闸板半封； 2. 对井口连接部位进行试压合格	试压要求	1. 未对称开关防喷器半封扣3分； 2. 未对防喷器上部连接部件进行试压合格扣5分	5		
10	起机试抽	1. 检查流程正确； 2. 起抽，上下冲程不碰不挂； 3. 录取电流井口压力	启机检查	1. 流程未倒准确扣5分； 2. 未检查杆柱碰挂情况扣3分； 3. 未检测电流判平衡扣3分	5		
11	清理场地，填写报表	1. 清洁现场，收拾工具； 2. 做好相应记录	填写班报表，收拾工具，清洁场地	1. 未清理现场扣5分，工具少收一件扣2分； 2. 未填写报表扣5分	5		
12	安全文明操作	1. 遵守国家或企业有关安全规定； 2. 操作过程中严格遵守“四不伤害”原则	遵守国家或企业有关安全规定	1. 每违反一项规定，从总分中扣5分； 2. 因操作不当造成人身伤害、环境污染、设备损坏，从总分中扣20分； 3. 严重违规终止操作			
备注							
合 计					100		

考评员：　　　　核分员：　　　　年　月　日

七十四、抽油机井(注气)井口坐封操作

1. 考核要求

(1) 必须穿戴劳动保护用品。
(2) 工具、量具、用具准备齐全，正确使用。
(3) 操作规程符合安全文明操作。
(4) 按规定完成操作项目，质量达到技术要求。
(5) 操作完毕，做到“工完、料净、场地清”。

2. 准备要求

(1) 设备准备：

序 号	名 称	规 格	数 量	备 注
1	抽油机井		1口	
2	吊车	≥25t	1辆	带悬重仪

(2) 材料准备：

序 号	名 称	规 格	数 量	备 注
1	抽油杆悬挂器		1个	
2	阀门、法兰及钢圈	70MPa、105MPa	1套	
3	压力表丝堵	3½	1套	
4	耐震压力表	60MPa	2块	
5	高压考克	60MPa	1个	

(3) 工具、用具准备：

序 号	名 称	规 格	数 量	备 注
1	黄油	桶	1桶	
2	双头梅花扳手	14~17、24~27、30~32、36~41	2套	
3	打击单扳手	24、27、30、32、36、41、46	各1把	
4	活动扳手	300mm、375mm	各1把	
5	管钳	600mm、900mm、1200mm	各1把	

续表

序 号	名 称	规 格	数 量	备 注
6	吊卡、吊钩	1″、1⅛″、1½″	各1副	
7	卸载器		1副	
8	护丝板		1副	
9	钢丝绳套	6m	2根	
10	麻绳	6m	1根	
11	合适加力杠	1m	2根	
12	安全带		2副	
13	牵引绳	5m	4根	
14	警示牌		2块	
15	注脂枪		1套	
16	试电笔		1支	
17	绝缘手套		1副	
18	大布		若干	
19	笔、报表		若干	

3. 操作程序说明

1）检查井口

（1）检查井筒压井稳定后，泄油套压为零，井口无溢流，无气泡等现象。

（2）检查井口流程有无“跑、冒、滴、漏”现象。

2）抽油机卸载

（1）启机，安装卸载器，停机卸抽油机负荷。

（2）拆卸悬绳器挡板。

（3）将悬绳器及悬绳移出井口垂直面，用麻绳固定在抽油机三角支架上。

3）移除卸载器

（1）在光杆承载卡子下部安装光杆吊卡。

（2）吊车平稳上提光杆，井口防脱备卡脱离卸载器。

（3）取出卸载器。

4）拆卸光杆及双闸板防喷器

（1）拆除盘根盒。

（2）吊车平稳上提光杆，将抽油杆接箍提出双闸板防喷器上平面。

（3）安装护丝及卸载器，将载荷转移至防喷器，拆卸光杆，将光杆转移至地面，卸下盘根盒。

（4）按设计要求拆除或安装抽油杆短节，拆除光杆。

5）连接抽油杆悬挂器

（1）抽油杆短节连接并紧固悬挂器。

（2）吊车上提悬挂器快速提升装置，逆时针旋转与抽油杆悬挂器上端T形槽挂接牢固。

6）座放悬挂器

（1）吊车上提快速提升装置50～100cm，卸掉抽油杆吊卡。

（2）缓慢下放悬挂器杆柱，吊车吨位下降0.2t时停止下放，缓慢上提，再次下放，重复3次，确认悬挂器下到油管挂预定位置。

（3）吊车下放吨位至0，取出抽油杆悬挂器放送杆柱。

7）安装70型清蜡阀门及丝堵压力表

（1）清理钢圈槽，安装70型闸门。

（2）法兰及闸门试压并合格。

（3）安装清蜡闸门上部丝堵法兰及压力表。

8）清理现场，填写报表

（1）清点清理工具。

（2）填写作业报表数据。

（3）现场污染治理。

4. 考核规定说明

（1）如发现操作过程中可能发生重大违章(如人身伤害、环境污染、设备损坏等)，将终止操作。

（2）考核采用百分制，考核项目得分按鉴定比重进行折算。

（3）考核方式说明：本项目为实际操作题，考核过程按评分标准及操作过程进行评分。

（4）考评技能说明：本项目主要测试考生对抽油机井(注气)井口坐封技能熟练度。

5. 考核时限

（1）准备工作：5min(不计入考核时间)。

（2）正式操作时间：90min。

（3）提前完成操作不加分，到时终止操作考核。

6. 评分记录表

抽油机井(注气)井口坐封操作评分记录表

操作时间：90min　　　　考生：　　　　操作用时：

序号	考核内容	操作规程	评分要素	评分标准	配分	扣分	得分
1	准备	1. 穿戴好劳动保护用品； 2. 准备工具用具：抽油杆悬挂器、阀门、法兰及钢圈、压力表丝堵、耐震压力表、高压考克、双头梅花扳手、打击单扳手、活动扳手、管钳、吊卡、卸载器、护丝板、钢丝绳套、麻绳、合适加力杠、安全带、牵引绳、警示牌、试压注脂枪、大布、报表若干、记录笔	准备工具、量具、用具	1. 劳动保护用品穿戴不规范扣5分； 2. 未准备工具及材料扣5分，多、少准备一件扣1分	5		

续表

序号	考核内容	操作规程	评分要素	评分标准	配分	扣分	得分
2	检查井口	1. 检查井筒压井稳定后，泄油套压为零，井口无溢流，无气泡等现象； 2. 检查井口流程有无“跑、冒、滴、漏”现象	对井控安全检查，确认操作安全	1. 未检查油套压扣2分； 2.“跑、冒、滴、漏”一处未检查到位扣2分； 3. 不检查井口有无溢流．气泡现象扣5分	10		
3	抽油机卸载	1. 启机，安装卸载器，停机卸抽油机负荷； 2. 拆卸悬绳器挡板； 3. 将悬绳器及悬绳移出井口垂直面，麻绳固定在抽油机三角支架上	抽油机卸载工具的使用、作业面的布置	1. 抽油机驴头未停在接近下死点扣5分； 2. 悬绳器未移出垂直作业面扣5分	5		
4	移除卸载器	1. 在光杆承载卡下部安装光杆吊卡； 2. 吊车平稳上提光杆，井口防脱备卡脱离卸载器； 3. 取出卸载器	吊卡的选用	1. 未选择光杆吊卡扣5分； 2. 未在承载卡下部安装吊卡扣5分； 3. 吊车未停止上提取卸载器扣5分	5		
5	拆卸光杆及双闸板防喷器	1. 卸盘根盒与双闸板防喷器连接丝扣并脱离； 2. 吊车平稳上提光杆，提光杆连接短节双闸板防喷器上平面； 3. 安装护丝板．抽油杆吊卡，下放光杆，载荷移至吊卡； 4. 卸扣光杆连接短节脱离光杆； 5. 吊移光杆及盘根盒至地面	拆卸光杆及防喷设备	1. 光杆短节未出防喷器上平面扣5分； 2. 吊卡下面未安装护丝板扣5分； 3. 光杆未拉安全绳扣5分； 4. 拆除至光杆及防喷器在地面未摆放平整扣5分	15		
6	连接抽油杆悬挂器	1. 抽油杆短节连接并紧固悬挂器； 2. 吊车上提悬挂器快速提升装置，逆时针旋转与抽油杆悬挂器上端T形槽挂接牢固	录取抽油杆数量、悬重，连接悬挂器	1. 悬挂器未上紧扣5分； 2. 悬挂器未挂牢扣5分	5		

续表

序号	考核内容	操作规程	评分要素	评分标准	配分	扣分	得分
7	座放悬挂器	1. 吊车上提快速提升装置 50 ~ 100cm，卸掉抽油杆吊卡； 2. 缓慢下放悬挂器杆柱，吊车吨位下降 0.2t 时停止下放，缓慢上提，再次下放，重复 3 次，确认悬挂器下到油管挂预定位置； 3. 吊车下放吨位至 0t，取出抽油杆悬挂器放送杆柱	悬挂器座放的步聚熟练程度	1. 卸吊卡未在 50 ~ 100cm 之间扣 3 分； 2. 下放吨位未达到 0.2t 要求扣 5 分； 3. 未重复下放 3 次扣 5 分	20		
8	安装 70 型清蜡阀门及丝堵压力表	1. 清理钢圈槽，安装 70 型清蜡闸门； 2. 法兰及闸门试压合格； 3. 安装丝堵法兰及压力表； 4. 打开采油树主阀	法兰安装	1. 未清理钢圈扣 3 分； 2. 法兰试压未达到承压 80% 扣 5 分； 3. 法兰紧固选用工具规格不正确．未对角紧固扣 5 分	5		
9	清理场地，填写报表	1. 清点清理工具； 2. 填写作业报表数据； 3. 现场污染治理	填写作业记录，收拾工具，清洁场地	1. 未清理现场扣 5 分，工具少收一件扣 2 分； 2. 未填写报表扣 5 分	5		
10	安全文明操作	1. 遵守国家或企业有关安全规定； 2. 操作过程中严格遵守“四不伤害”原则	遵守国家或企业有关安全规定	1. 每违反一项规定，从总分中扣 5 分； 2. 因操作不当造成人身伤害、环境污染、设备损坏，从总分中扣 20 分； 3. 严重违规终止操作			
备注							
合　计					100		

考评员：　　　　核分员：　　　　年　月　日